要点整理から攻略する

AWS認定 セキュリティ - 専門知識

NRIネットコム株式会社
佐々木 拓郎、上野 史瑛、小林 恭平【著】

注記

●試験範囲は予告なく変更されることがございます。受験時には必ず最新の試験範囲をご確認くださいませ。

●本書記載の情報は2020年7月現在の確認内容に基づきます。クラウドサービスという特性上、お客様のお手元に届くころにはWebサービス上の操作画面は異なっている可能性がございますこと、ご容赦くださいませ。

●本書の内容は細心の注意を払って記載、確認致しました。本書の執筆範囲外の運用に当たっては、お客様自身の責任と判断で行ってください。執筆範囲外の運用の結果について、マイナビ出版および著者はいかなる責任も負いません。

●書籍のサポートサイト

書籍に関する訂正、追加情報は以下のWebサイトで更新させていただきます。

https://book.mynavi.jp/supportsite/detail/9784839970949.html

はじめに

本書を手に取っていただきありがとうございます。Amazon Web Services（AWS）およびそのセキュリティに興味を持っていただけたこと、嬉しく思います。「AWS認定セキュリティ - 専門知識」に合格することを主な目的として本書を書いていますが、実際にはAWSを安全に使用するための考え方や設定方法も詰め込まれています。

AWSを安全に使いたい、AWSのセキュリティを正しく理解したい、そんな方にも読んでいただけたら幸いです。

これまでオンプレミス環境でシステム構築を行ってきた方については、AWSやパブリッククラウド環境では全く異なるセキュリティの考え方も存在しますので、そういった違いも含めて理解していくことが大切です。

例えばAWSでは「責任共有モデル」というものがあり、これはセキュリティとコンプライアンスはAWSと利用者で共有される責任になるという考え方になります。こういったパブリッククラウドの根本的な考え方も合わせて理解し、学習していくと良いでしょう。

責任共有モデル

https://aws.amazon.com/jp/compliance/shared-responsibility-model/

AWSには本書執筆時点で160を超えるサービスが存在し、AWSを利用してさまざまなシステムを構築することが可能です。どのサービスを使用する場合も、どのようなシステムを作る場合も、セキュリティについてはセットで考える必要があります。

本書を読むことでAWS認定セキュリティ - 専門知識に合格し、セキュリティへの理解も深め、安全で便利なシステムをたくさん作っていきましょう。

2020年7月 上野 史瑛

Contents

3章　インフラストラクチャのセキュリティ　069

Contents

5章　ログと監視　173

Contents

本書の使い方

「AWS認定 セキュリティ 専門知識」の合格に向けて、本書を効果的に使用いただく方法をここで紹介いたします。学習を始める前に、まずは本項の確認からはじめてください。

1.学習の進め方を理解する

1章では学習の進め方や学習ウェイトの置き方を丁寧に解説しています。本書の効果的な使い方とどんな学習をしていくべきかを学ぶことができます。

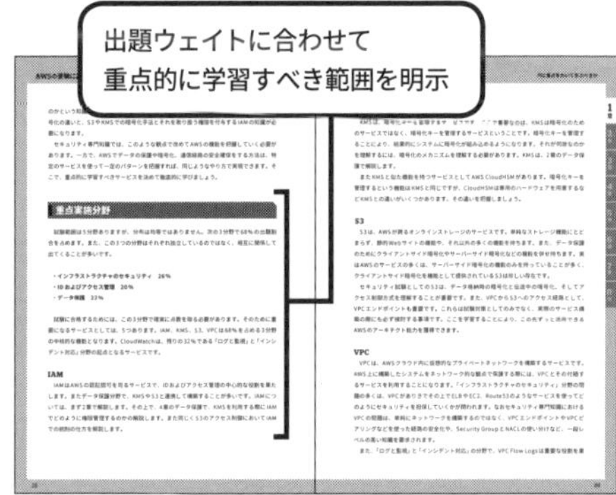

2.サービスごとの学習を進める

2～7章は出題範囲にあわせてAmazon Web Servicesのサービスを解説しています。十分に理解している範囲は「確認問題」と「ここは必ずマスター！」だけを確認し、理解度に応じて読み飛ばしてください。

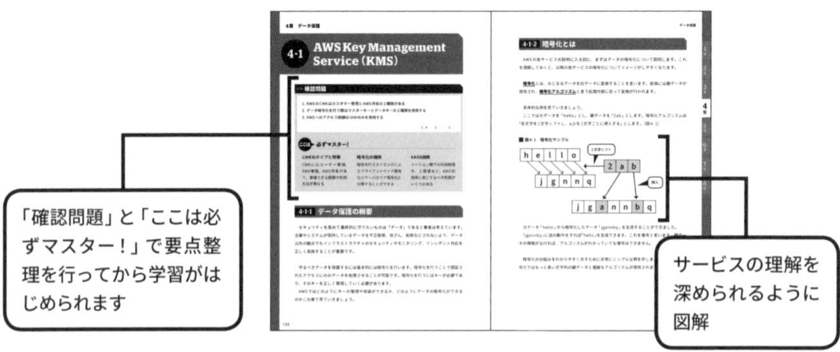

3.試験に臨むための準備

8章は練習問題の掲載だけでなく、試験に取り組むにあたって必要となる知識を解説しています。練習問題に取り組む前に、必ず確認して問題の解き方のコツを身につけましょう。また、専門知識（スペシャリティ）特有の癖も紹介しています。

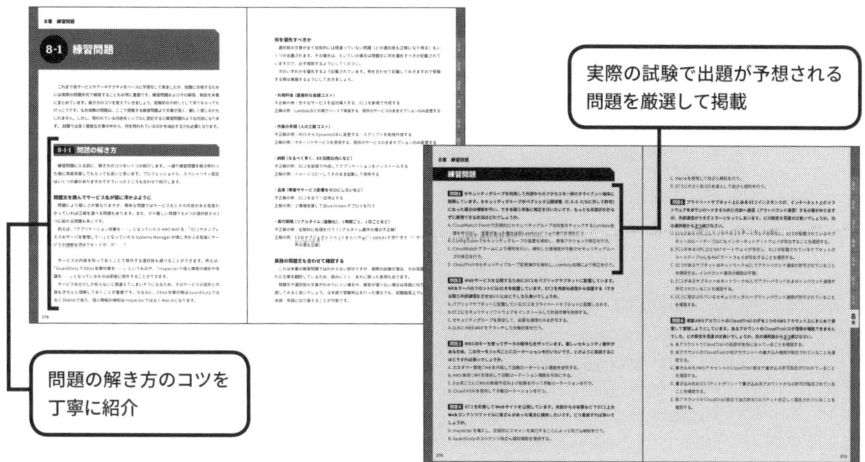

4.振り返って確認

正答できなかった練習問題は該当サービスの項目を読み返すことや、実際のサービスに触れることで繰り返し学習し、サービスに関する理解を深めましょう。

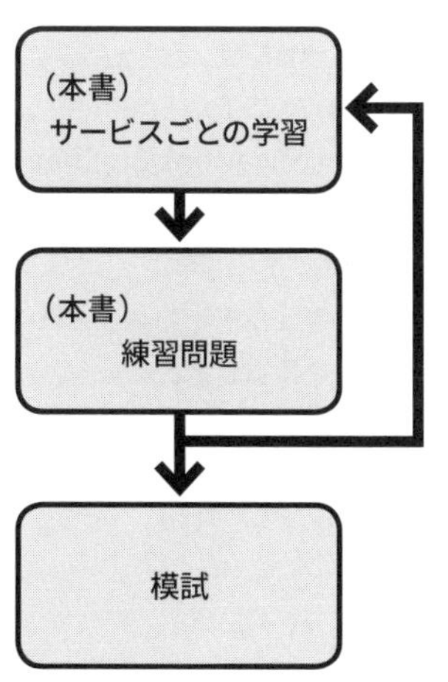

サービスの学習を終えたら練習問題に取り組みましょう。正答できなかった問題はサービスの学習に戻り、正答が導き出せるようになるまで練習問題とサービスの学習を繰り返しましょう。

著者紹介

佐々木 拓郎

NRIネットコム株式会社所属 AWSに関する技術や情報発信が評価され、2019年よりAPN Ambassadorsに選ばれている。

APN Ambassadorsは、2020年現在で日本で20人しかいない。本職はクラウドを中心とした周辺分野のコンサルティングから開発運用などと、その組織のマネージメントに従事している。

得意とする分野はアプリケーション開発や開発環境周辺の自動化などであったが、最近はすっかり出番もなくなり、AWSのアカウント・ID管理の方法論を日々考えている。

共著者からのプレッシャーに負けて、AWS認定試験を全部取りました。ドヤ!!

本書においては、主に1章：AWS試験概要と学習方法、2章：IDおよびアクセス管理の執筆を担当した。

上野 史瑛

NRIネットコム株式会社入社後、システム基盤の設計・構築・運用業務に携わる。AWS環境とオンプレミス環境両方を経験。

AWS認定試験はセキュリティを含めた12個の認定を全て取得している。AWS以外では、GCP、Azureについてもそれぞれ基本レベルの認定を1つずつ、IPAの情報処理技術者試験は高度試験6区分を保持している。

認定資格や社外への登壇活動がAWSにも認められ、2020年にAPN Ambassadors、AWS Top Engineers、ALL AWS Certifications Engineerに選出された。

本書においては、主に4章：データ保護、6章：インシデント対応、7章：AWS Well-Architectedの執筆を担当した。

小林 恭平

NRIネットコム株式会社入社後、アプリケーションエンジニアとして業務系基幹システムの開発・運用に従事。

のちに配置転換によりECサイト、証券システムなどのシステム基盤の設計・構築・運用業務に携わる。

オンプレミス、クラウド、モバイルアプリ、組み込みシステムなど幅広いプラットフォームでのアプリケーション開発やシステム基盤構築の経験あり。

IPAの情報処理技術者試験全13区分、AWS認定全12区分を制覇。

2021年にはAPN AWS Top Engineers、APN ALL AWS Certifications Engineerに選出された。

本書においては、主に3章：インフラストラクチャのセキュリティおよび5章：ログと監視の執筆を担当した。

1

AWS試験概要と学習方法

1-1 AWS認定試験の概要

AWS認定試験とは？

AWS認定試験は、AWSに関する知識・スキルを測るための試験です。レベル別・カテゴリー別に認定され、基礎コース・アソシエイト・プロフェッショナルの3つのレベルと、ネットワークやセキュリティなど分野ごとの専門知識（スペシャリティ）があります。またアソシエイトとプロフェショナルは、アーキテクト・開発者・運用者の3つのカテゴリーを用意し、それぞれの専門にあった知識を問われます。基本的にはITエンジニア向けの試験ですが、基礎コースにあたるクラウドプラクティショナーのように、営業職や経営者・管理職に推奨されている資格もあります。

クラウドプラクティショナーは、クラウドの定義や原理原則・メリットなど、これからAWSを学んでいく上で入門的な内容の試験となります。

本書の対象であるAWS認定セキュリティのような専門知識を問う認定試験は年々増えています。これはAWSのサービスが多岐にわたり、一人の人間で全てをカバーする事が難しくなっているためでしょう。専門分野の認定をすることにより、個人の得意とすることを客観的に証明できます。

■ 図1-1　AWS認定試験

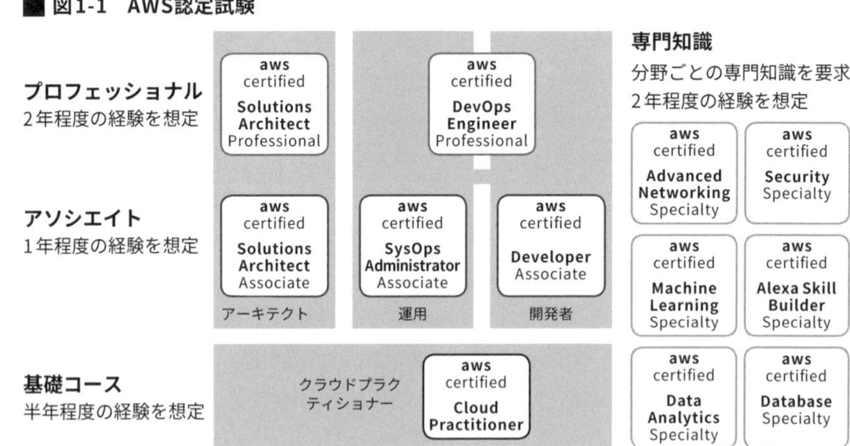

資格の種類

AWS認定試験は、2020年7月現在で12種類の資格があります。

- **AWS認定 ソリューションアーキテクト アソシエイト**
- **AWS認定 ソリューションアーキテクト プロフェッショナル**
- **AWS認定 SysOpsアドミニストレータ　アソシエイト**
- **AWS認定 デベロッパー　アソシエイト**
- **AWS認定 DevOpsエンジニア　プロフェッショナル**
- **AWS認定 高度なネットワーキング 専門知識**
- **AWS認定 データアナリティクス 専門知識**
- **AWS認定 セキュリティ 専門知識**
- **AWS認定 機械学習 専門知識**
- **AWS認定 Alexa スキルビルダー 専門知識**
- **AWS認定 データベース 専門知識**
- **AWS認定 クラウドプラクティショナー**

レベルとしては、基礎コース・アソシエイト・プロフェッショナルの3種類があります。現時点で基礎コースに該当するのはクラウドプラクティショナーのみです。プロフェッショナルはアソシエイトの上位資格となります。以前は、アソシエイトを取得済みの人のみが受験可能でしたが、今ではその制限はなくなっています。

しかし難易度が高いので、それぞれの分野のアソシエイトを取得後に挑戦するのが良いでしょう。クラウドプラクティショナーは半年程度のAWSの実務経験、アソシエイトはそれぞれの分野において1年、プロフェッショナルは2年の実務経験を積んだ想定での試験となっています。

また、専門知識認定は、ネットワーク・セキュリティ・データベースなど特定分野ごとのAWSサービスに習熟したことを証明する資格となります。こちらもプロフェッショナルに準じたレベルとなり、２年間程度の実務経験が推奨されています。

なお、AWS認定試験は3年ごとに更新する必要があります。アソシエイトの場合は、同じ試験を再受験するか、上位の資格であるプロフェッショナルを受験し合格することにより再認定を受けることが可能です。プロフェッショナルおよび専門知識は、再認定の試験を受ける必要があります。

本書では、AWS認定 セキュリティ 専門知識の取得を目標に、試験範囲の知識と考え方について解説します。

取得の目的

AWS認定試験の勉強を始める前に、まず認定を受ける目的を確認してみましょう。主に下記のメリットがあります。

- **試験勉強を通じて、AWSに関する知識を体系的に学びなおせる**
- **AWSに関する知識・スキルを客観的に証明される**
- **就職・転職に有利**

まず試験を通じてAWSの体系的な知識を学べる点です。AWS認定試験はカテゴリ別・専門別に試験が別れているものの、それぞれ相関する部分も多く広範囲の知識が必要となります。とくにソリューションアーキテクトは仮想サーバー（EC2）、ストレージ（S3,EBS）、ネットワークサービス（VPC）といったAWSの最も基本的なサービスを中心に扱っている関係上、関係するサービスが多くもっとも広範囲な試験範囲となっています。

また試験に合格するには、それぞれのサービスの詳細な動作を把握している必要があります。試験の勉強をすることにより、実務でAWSの設計・操作をする上での手助けになります。

AWSの認定試験に合格するには、広範囲の知識とサービスの実際の挙動の2つを理解する必要があります。必然的に合格したものに対しては、AWSに関する知識・スキルを客観的に証明されることとなります。

事実、AWS認定試験の評価は高く、米Global Knowledge Training社が発表した稼げる認定資格トップ15（15 Top-Paying Certifications for 2018）によると、AWS認定ソリューションアーキテクト アソシエイトは2位で資格取得者の平均年収は12万1292ドルとなっています。また2つのプロフェッショナル資格を持っている人の平均年収は20万ドルと言われています。

それでは、AWS認定セキュリティ-専門知識の試験について、詳しくみていきましょう。

AWS認定 セキュリティ 専門知識

AWS認定 セキュリティ 専門知識は、その名の通りセキュリティロールを遂行する人を対象としており、AWSプラットフォームのセキュリティ保護に関する理解度が問われます。

試験のガイドラインによると、下記の知識が問われます。

- **データ保護・暗号化の手法と、それをAWSで実現する手法・知識**
- **セキュアなインターネットプロトコルを利用した通信と、それをAWSで実現する手法・知識**
- **AWSのセキュリティ関連サービスを利用して、AWSをセキュアに運用していく手法・知識**
- **コスト・セキュリティ・導入の難易度のバランスを勘案しながら、アーキテクチャを決定する能力**
- **セキュリティの運用とリスクに関する知識**

セキュリティは、AWSが最も重視する項目の一つです。堅牢なシステムを構築するため、またそれを維持し運用するために、AWSはさまざまなサービスを提供しています。一方で、それを適切に選択し運用していくには高度な知識が必要とされます。

AWS認定 セキュリティ 専門知識の試験を通じて、体系的なセキュリティに関する知識と、関連するAWSのサービスを理解することができます。

出題範囲と割合

AWS認定セキュリティ – 専門知識

https://aws.amazon.com/jp/certification/certified-security-specialty/

試験ガイドには試験の範囲と割合が記載されており、以下のとおりです。

項番	分野	割合
分野1	インシデント対応	12%
分野2	ログと監視	20%
分野3	インフラストラクチャのセキュリティ	26%
分野4	IDおよびアクセス管理	20%
分野5	データ保護	22%

試験時間：170分
回答方式：
択一選択問題/複数選択問題
合格ライン：
750点（得点範囲：100～1000点）

1-2　学習教材

AWSの認定試験に受かるには、次の２つの力が不可欠です。

- 試験範囲のサービスの知識
- サービスを組み合わせてアーキテクチャを考える能力

本書はAWS認定 セキュリティ 専門知識を合格するための指南書として、試験に合格するために必要な教材や勉強の仕方をお伝えします。しかし、試験の範囲は広く、本書を一冊読めば合格するといったものではありません。

これから紹介する資料やツールを使いながら、本書をガイドとして勉強を進めていってください。

公式ドキュメント

今ではAWSに関する情報は、様々なところで得られるようになりました。しかし、仕様の１次情報は、公式の英語ドキュメントであるということは必ず覚えておきましょう。AWSは頻繁にサービスのアップデートがされます。その為、2次情報であるブログや解説サイト、書籍等では古い情報を元に解説されている場合が、あるいは既に古くなっている可能性があります。AWSの公式日本語ドキュメントでも更新が間に合っていない場合もあります。

調べていて現状と違う、あるいは差異がないか気になった場合は、必ず公式の英語ドキュメントを確認しましょう。

https://aws.amazon.com/jp/documentation/

一方で、公式ドキュメントの量は膨大です。また、個々の仕様を正確に正しく伝えるために、冗長な部分もあります。そのため、全貌を理解していない段階で公式ドキュメントを読んでも、なかなかざっと理解するのが難しい部分があります。そのため、AWSの効率的な学習という点では、このあと紹介するオンラインセミナーやオンライントレーニングを最初に利用することをお勧めします。

また試験対策のテクニックという点で読むべきドキュメントとしては、公式ドキュメントのよくある質問（FAQ）がお勧めです。仕様を抑えるうえで重要な点が、Q&A形式で短くまとめられています。対象の機能を一通り学んだ後に、よくある質問を読んで知らない事があるかや、質問されている事に対して自分の言葉で答えられるかを確認すると、短い時間で理解を深めることができます。試験対策に限らず、お勧めの学習方法です。

オンラインセミナー（AWS Black Belt他）

AWSの各機能を理解するために、最初に見ることをお勧めするのがオンラインセミナーであるAWS Black Beltです。Black Beltは日本のAWSのソリューション・アーキテクトが、オンラインセミナー（Webinar）形式でサービス・分野ごとに解説するトレーニング資料です。解説映像のほかに、PDF形式で資料も公開されることが多いです。この資料が、概念図など視覚的になっていて非常に理解しやすくなっています。

動画であれば、だいたい１時間以内に収まるようになっています。またPDFを読むだけであれば、20～30分もあれば充分目を通せるようになっています。サービスの概要を理解するには最適に資料です。注意点としては、同一テーマでも定期的に更新され新しいBlack Beltとして公開されます。検索でトップに出てきた資料が古かったという事も多々あるので、日付の範囲指定なので検索して新しい資料がないかの確認もした方が良いでしょう。

AWS クラウドサービス活用資料集

https://aws.amazon.com/jp/aws-jp-introduction/

オンライントレーニング

またオンラインの学習資材として、Black Beltシリーズ以外にも多数あります。無料で受けられる試験対策やサービス別のハンズオンなど、近年急速に充実しています。レベル・職種別に様々なコースがあり、最近では日本語で受けられるものも増えてきています。AWSアカウントがあれば無料で受けられるので、是非一度受けてみてください。講義形式のスタイルなので、サービスを体系的に理解するのに最適です。

■ 図1-2　オンライントレーニング

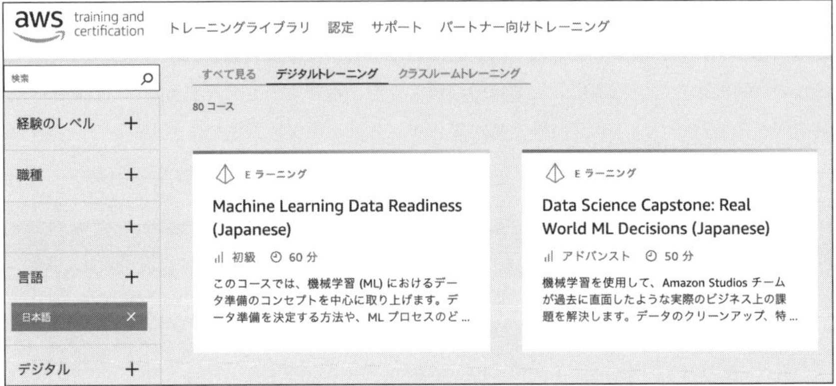

デジタルコースの紹介
https://aws.amazon.com/jp/training/course-descriptions/

オンライントレーニングは、通勤などの移動時間に受講することをお勧めします。後述しますが、AWSの学習にはWebコンソールやCLIから、実際にサービスを触ることが必須です。その時間を捻出するために、移動時間など画面を触れない時に講義を聞いておくというのが効率的です。

試験準備のためのオンライン講座

オンライントレーニングの中には、試験準備のためのオンライン講座があります。ベーシック・アソシエイトレベルのみならず、プロフェッショナルやスペシャリティの準備講座も用意されています。

この準備講座では、試験範囲の解説や解答の形式、試験に対して何を準備すればよいのかが解説されます。AWS認定 セキュリティ 専門知識用のコースも日本語化されて用意されています。

Exam Readiness: AWS Certified Security - Specialty (Japanese)
https://www.aws.training/Details/eLearning?id=45684

このオンラインコースは、インシデント対応・ログ記録とモニタリング・インフラストラクチャのセキュリティ・Identity and Access Management・データ保護という5つの分野ごとに、10分程度の動画と解説資料によって構成されています。

また、それぞれの分野の最後に、確認テストがあります。それに加えて模擬テストも24題も用意されていて、最後に得点もわかるようになっています。この模擬試験を受けるだけでも、充分試験の傾向と対策がわかるようになっています。

コンテンツの日本語化もされており、すべて通して受けても4時間程度で受講できます。まず最初にこれを受講して、セキュリティ 専門知識の概要を把握することをお勧めします。

■ 図1-3　AWS認定 セキュリティ 専門知識の準備講座

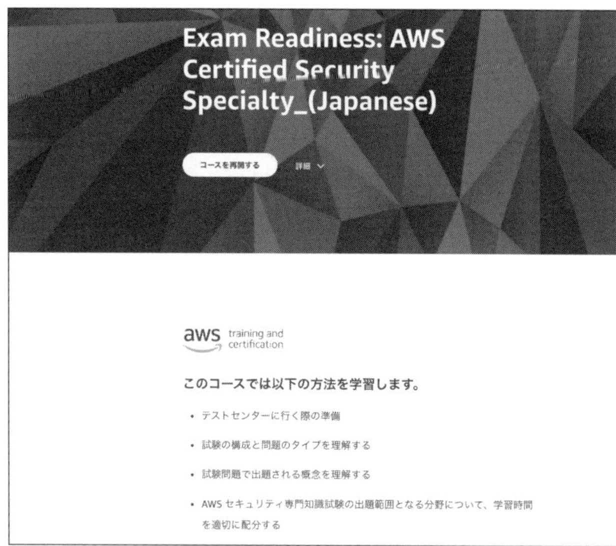

実機での学習　ハンズオン(チュートリアル&セルフペースラボ)

オンラインセミナーやトレーニングでサービスの説明を聞くと、かなり理解した気持ちになると思います。しかし、それだけではスキルや知識としては定着しません。やはり実際に手を動かして触ってみることが重要です。そのための学習資材として、ハンズオン形式でのトレーニングが有効です。ハンズオンとは、用意されたカリキュラムに沿って手を動かしながら学んでいく手法です。

AWSでは、多くのサービスで公式ドキュメントの中でチュートリアルが用意されています。指示に従ってAWSを操作すると、サービスを起動・操作できます。説明を読んで腑に落ちない部分も、実際に動かすことにより理解できるようになることもあります。新しいサービスを利用する際は、時間の許す限り、まずチュートリアルを実施してみましょう。

ex) AWS IAM チュートリアル
https://docs.aws.amazon.com/IAM/latest/UserGuide/tutorials.html

学習のためにハンズオンはお勧めですが、そのためにはAWSアカウントが必要です。様々な事情で自前のアカウントが用意しづらい場合もあると思います。また、起動したリソースなどを消さずにおくと思わぬ費用が発生することや、不用意なセキュリティ設定をしたためにAWSアカウントを危険に晒されることもあり得ます。そういったリスクを回避するために、AWSではセルフペースラボというものを用意されています。

セルフペースラボは、Qwiklabsという外部のサービスと提携して提供されています。AWSアカウント開設不要で、AWS環境を無料で実際に動かして学べます。多数のコースがあり、無料のコースも多数あります。また、コースで作成した環境は、学習が終わると自動で全て削除されます。そのため、消し忘れて想定外の費用が請求されたといったAWS初心者によくあることを防ぐことができます。そういった点からもお勧めです。

セルフペースラボ
https://aws.amazon.com/jp/training/self-paced-labs/

ホワイトペーパー

AWS認定 セキュリティ 専門知識の試験は、利用してAWSのアカウントとその中に作られたシステムを、AWSのサービスを安全に構築・運用できる力があるかを確認するための試験です。そのため、AWSのセキュリティ関連のサービスを理解するということも必要ですが、それ以前にセキュリティ・コンプライアンスに関する正しい知識が必須となります。

そういった知識を得るのに最適なのがAWSが出しているホワイトペーパーです。ホワイトペーパーでは、セキュリティなどの周辺知識を解説した上で、AWSのサービスをどのように使って実現するかといった解説がされています。AWS認定の中で、特にセキュリティ試験はホワイトペーパーを読むことが重要になるでしょう。

AWSホワイトペーパー
https://aws.amazon.com/jp/whitepapers/

AWS関連書籍

書籍はテーマに沿って必要な事項が網羅的にまとめられているので、学習教材として利用すると効率がよくなります。一方で、本書の対象となるセキュリティ試験は、AWSの中でも中・上級者向けの内容となっています。日本の技術書の商業誌において、中・上級者向けの書籍は比較的少ないのが現状です。

そんな中で意外にお勧めなのが、技術同人誌という分野です。技術同人誌はニッチな分野に対して、少部数もしくは電子版のみで出版する形態が多いです。中・上級者向けの書籍も多く、商業誌で目当てのものが見つからなかった場合に探してみると良いでしょう。

手前味噌ですが、筆者も部数の関係で出版しにくいセキュリティ分野の本を出しています。

AWSの薄い本II アカウントセキュリティのベーシックセオリー
https://booth.pm/ja/items/1919060

1-3 学習の進め方と本書の構成

本書はAWS認定セキュリティ専門知識に合格するための対策本です。しかし、試験に合格するのが本質的な目的ではなく、セキュリティの知識とAWSのスキルを身につけることが重要です。その2つを試験という客観的な指標を通じて効率的に身につけることを目標としましょう。

AWS認定セキュリティ専門知識　合格へのチュートリアル

AWS認定セキュリティの対象となるセキュリティの知識やAWSのサービスは非常に多岐に渡ります。残念ながら本書を読むだけで合格するといった甘いものでもありません。先に述べたように、本書を学習のためのガイドとして、本書以外の教材を併用しながら学習をしましょう。

本書では、認定試験の対象のサービスについて、網羅的に取り扱っています。本書を一読した上で、対象となるサービスのBlack Beltを読みます。そして、AWSが提供するチュートリアルを実施してください。そこまですれば、サービスについて6～7割の理解まで到達できるでしょう。その上で、より詳細の部分は公式ドキュメントやホワイトペーパーを読んで補ってください。

また理解度のチェックとしては、公式サイトのよくある質問（FAQ）や本書付属の練習問題、AWSの模擬試験を受けてください。解らない部分も多数あると思いますので、その際は本書やAWSの資料に立ち戻って確認するという流れです。

■ 図1-4　合格へのチュートリアル

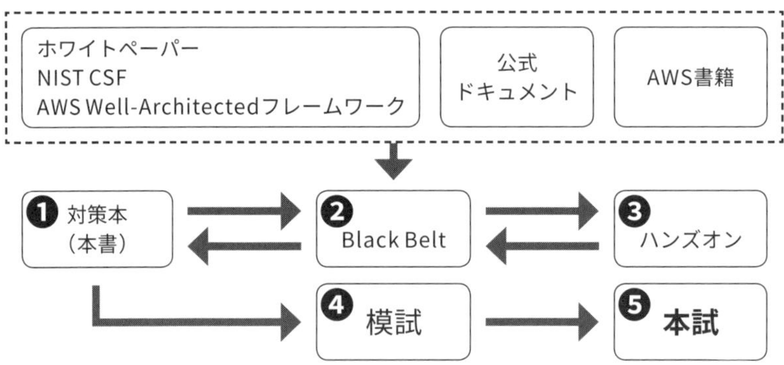

ITセキュリティ・コンプライアンスに関する知識

AWS認定セキュリティ専門知識に合格するには、AWSの知識のみならず、ITセキュリティやコンプライアンスの知識が必須となります。システムが複雑・巨大化している今日、セキュリティ・コンプライアンスについても非常に多岐にわたる知識が必要となります。短時間で効率的に読むには、セキュリティのフレームワークを抑えることが重要になります。

米国国立標準研究所が提供するサイバーセキュリティフレームワーク、通称NIST CSFというものがあります。これは、2014年2月に1.0版が公開されたサイバーセキュリティ対策に関するフレームワークで、企業・組織がサイバーセキュリティ対策を向上させるための指針として利用されています。

AWSもサービス設計の上でNIST CSFを重視しているようで、『NIST サイバーセキュリティフレームワーク (CSF)　AWSクラウドにおけるNIST CSFへの準拠』としてリファレンス資料もでています。

AWSクラウドにおけるNIST CSFへの準拠
https://d1.awsstatic.com/whitepapers/compliance/JP_Whitepapers/NIST_Cybersecurity_Framework_CSF_JP.pdf

NIST CSFは、コア、ティア、プロファイルという3つの要素で構成されています。

- **コア…分類ごとにまとめられたサイバーセキュリティ対策の一覧**
- **ティア…分類ごとに対策状況を数値化し、その成熟度評価基準（4段階）**
- **プロファイル…組織のサイバーセキュリティに対する対応状況の現在と目標**

コアには「特定（Identify）」「防御（Protect）」「検知（Detect）」「対応（Respond）」「復旧（Recover）」と5つの分類がされています。それぞれに複数のカテゴリーが含まれて合計23個のカテゴリがあります。

■ 図1-5　NIST CSFのコアとカテゴリ

特定	防御	検知	対応	復旧
・資産管理 ・ビジネス環境 ・ガバナンス ・リスク評価 ・リスク評価戦略 ・サプライチェーンリスク管理	・アクセス制御 ・意識向上およびトレーニング ・データセキュリティ ・情報を保護するためのプロセスおよび手順 ・保守 ・保護技術	・異常とイベント ・セキュリティの継続的なモニタリング ・検知プロセス	・対応計画の作成 ・コミュニケーション ・分析 ・低減 ・改善	・復旧計画の作成 ・改善 ・コミュニケーション

NIST CSFの資料は20ページ強ですが、この資料を読むとセキュリティはどのようなプロセスで守るべきか、またAWSのサービスがプロセスに対してどのように対応しているかよく解ります。試験対策としては、少し遠回りに思えるかもしれませんが、この資料をまず読むことでAWSのセキュリティサービスの設計思想が理解しやすくなります。まずは頑張って読んでみましょう。

これ以外には、AWS Well-Architectedフレームワークも重要です。Well-Architectedフレームワークについては、7章で改めて解説します。

本書の構成

本書では、アーキテクチャカットでAWSのサービスを解説しています。切り口は認定セキュリティ試験の試験ガイドのカテゴリーに即しています。章ごとに何を守るべきなのかを解説した上で、それぞれAWSではどのようなサービスを使うのかを解説しています。

2章　IDおよびアクセス管理
3章　インフラストラクチャのセキュリティ
4章　データ保護
5章　ログと監視
6章　インシデント対応

また7章は、AWSのセキュリティの考え方のベストプラクティスであるWell-Architectedの解説を行っています。8章では問題の解き方として、練習問題とそれを解く際の考え方の筋道を紹介しています。

1-4 何に重点をおいて学ぶべきか

AWS認定セキュリティ専門知識は、単純にEC2やS3といった各サービスの機能概要を把握しているだけでは試験に合格出来ません。AWS上にいかに安全なシステムを構築・運用できるかが問われます。それでは、安全なシステムとは何でしょうか？　そこを理解しないと、問題の答えを導くことができません。

ここで改めて試験ガイドから、AWSが求めるセキュリティ・スペシャリスト像を整理してみましょう。

- **データ保護・暗号化の手法と、それをAWSで実現する手法・知識**
- **セキュアなインターネットプロトコルを利用した通信と、それをAWSで実現する手法・知識**
- **AWSのセキュリティ関連サービスを利用して、AWSをセキュアに運用していく手法・知識**
- **コスト・セキュリティ・導入の難易度のバランスを勘案しながら、アーキテクチャを決定する能力**
- **セキュリティの運用とリスクに関する知識**

筆者が見るところ、セキュリティ専門知識で特に重視しているのは、データの保護と暗号化、そして通信経路の保護です。その上でログ取得や監視など運用が行えること、またAWS自体の管理を正しくできることを、AWSのサービスを実現することが求められます。その点を意識して、学習の仕方を考えてみましょう。

サービスを学ぶ観点

それでは、具体的にどのようなことが問われるのでしょうか？例えば、ソリューションアーキテクト アソシエイトでは、『ELBとEC2を使って可用性の高いシステムを作るにはどうしたらよいのか』というようなことを問われることが多いです。これがセキュリティ専門知識では、『クライアントアプリからアプリケーションまでの全て暗号化した状態で通信を行わせたい。どうしたらよいか』と問われます。

或いは、『S3のデータをクライアント側で暗号化して保存したい。どうしたらよいか』と言ったようなことが問われます。前者は、SSL終端の概念とELBの実装はどうなっているのかという知識が必要になります。後者は、サーバーサイド暗号化とクライアントサイド暗号化の違いと、S3やKMSでの暗号化手法とそれを取り扱う権限を付与するIAMの知識が必要になります。

セキュリティ専門知識では、このような観点で改めてAWSの機能を把握していく必要があります。一方で、AWSでデータの保護や暗号化、通信経路の安全確保をする方法は、特定のサービスを使って一定のパターンを把握すれば、同じようなやり方で実現できます。そこで、重点的に学習すべきサービスを決めて徹底的に学びましょう。

重点実施分野

試験範囲は5分野ありますが、分布は均等ではありません。次の3分野で68%の出題割合を占めます。また、この3つの分野はそれぞれ独立しているのではなく、相互に関係して出てくることが多いです。

- **インフラストラクチャのセキュリティ　26%**
- **IDおよびアクセス管理　20%**
- **データ保護　22%**

試験に合格するためには、この3分野で確実に点数を取る必要があります。そのために重要になるサービスとしては、5つあります。IAM、KMS、S3、VPCは68%を占める3分野の中核的な機能となります。CloudWatchは、残りの32%である「ログと監視」と「インシデント対応」分野の起点となるサービスです。

IAM

IAMはAWSの認証認可を司るサービスで、IDおよびアクセス管理の中心的な役割を果たします。またデータ保護分野で、KMSやS3と連携して構築することが多いです。IAMについては、まず2章で解説します。その上で、4章のデータ保護で、KMSを利用する際にIAMでどのように権限管理するのかの解説します。また同じくS3のアクセス制御においてIAMでの統制の仕方を解説します。

KMS

KMSは、暗号化キーを管理するサービスです。ここで重要なのは、KMSは暗号化のためのサービスではなく、暗号化キーを管理するサービスということです。暗号化キーを管理することにより、結果的にシステムに暗号化が組み込めるようになります。それが何故なのかを理解するには、暗号化のメカニズムを理解する必要があります。KMSは、4章のデータ保護で解説します。

またKMSと似た機能を持つサービスとしてAWS CloudHSMがあります。暗号化キーを管理するという機能はKMSと同じですが、CloudHSMは専用のハードウェアを用意するなどKMSとの違いがいくつかあります。その違いを把握しましょう。

S3

S3は、AWSが誇るオンラインストレージのサービスです。単純なストレージ機能にとどまらず、静的Webサイトの機能や、それ以外の多くの機能を持ちます。また、データ保護のためにクライアントサイド暗号化やサーバーサイド暗号化などの機能を併せ持ちます。実はAWSのサービスの多くは、サーバーサイド暗号化の機能のみを持っていることが多く、クライアントサイド暗号化を機能として提供されているS3は珍しい存在です。

セキュリティ試験としてのS3は、データ格納時の暗号化と伝送中の暗号化、そしてアクセス制御方式を理解することが重要です。また、VPCからS3へのアクセス経路として、VPCエンドポイントも重要です。これらは試験対策としてのみでなく、実際のサービス構築の際にも必ず検討する事項です。ここを学習することにより、この先ずっと活用できるAWSのアーキテクト能力を獲得できます。

VPC

VPCは、AWSクラウド内に仮想的なプライベートネットワークを構築するサービスです。AWS上に構築したシステムをネットワーク的な観点で保護する際には、VPCとその付随するサービスを利用することになります。「インフラストラクチャのセキュリティ」分野の問題の多くは、VPCがありきでその上でELBやEC2、Route53のようなサービスを使ってどのようにセキュリティを担保していくかが問われます。なおセキュリティ専門知識におけるVPCの問題は、単純にネットワークを構築するのではなく、VPCエンドポイントやVPCピアリングなどを使った経路の安全化や、Security GroupとNACLの使い分けなど、一段レベルの高い知識を要求されます。

また、「ログと監視」と「インシデント対応」の分野で、VPC Flow Logsは重要な役割を果たします。本書では5章で解説をしています。VPC Flow Logsは、実際に構築・運用する際にはログ取得の機能をオンにするのみで、活用されていないケースも多々見られます。しかし重要な機能であり、この試験対策を機会に活用方法を学び改めて運用を見直しましょう。

CloudWatch

CloudWatchは、AWSリソースとその上で実行するアプリケーションをモニタリングするサービスです。様々なメトリクスやログの収集・追跡や、イベントを検知して他のサービスとの連携の橋渡しを行います。AWSのセキュリティサービスと呼ばれるAWS Security HubやAmazon GuardDuty、Amazon MacieなどはCloudWatchと連携する前提でサービス設計がされています。CloudWatchについては、5章のログと監視で機能の解説を行い、6章のインシデント対応で、ほかのサービスとの連携しての活用を紹介します。

まとめ

セキュリティ専門知識には、様々なAWSのサービスが登場します。それらのサービスを網羅的に把握することはもちろん重要ですが、中核となる5つのサービスを意識してアーキテクチャを考えられるようになることが効率的です。試験対策のみでなく、実際にシステムを構築・運用する際にも、同じように利用します。

つまりセキュリティ専門知識に合格できる実力を身につけることで、一段上のセキュリティレベルでAWSを構築できるようになります。それを念頭に試験対策の勉強をすすめてください。

IDおよびアクセス管理

2-1 IDおよびアクセス管理

それではいよいよ、具体的なソリューションの学習の開始です。まず最初に「ID およびアクセス管理」の分野です。言葉が省略されているため少しピンとこない部分があるので、試験ガイドで確認すると「AWS リソースへのアクセスを実現する拡張性の高い認証および権限付与のシステムの設計と実装。」とあります。

つまりAWSリソースを利用するために、誰が使っているのかそして何を使わせるのかをハッキリさせるということです。

一般的には、これらの事項は認証認可という言葉にまとめられます。認証は誰であるのか、認可は何を使わせるのかを司ります。AWSにおいては認証認可の機能としては、AWS Identity and Access Management（IAM）とAmazon Cognito（Cognito）があります。

IAMはAWSリソースに対する認証認可であるのに対し、CognitoはAWS上に作るシステムに対しての認証認可の機能を提供します。認定セキュリティ 専門知識の試験範囲としては、IAMが中心的になります。

本章で、IAMの基本的な機能と使い方、そしてそれ以外の幾つかのサービスについて把握しておきましょう。IAMについては、この後の章でも他サービスとの連携で何度も出てくることになります。それくらい重要なサービスなのです。

2-2 AWS IAM

確認問題

1.IAMグループを利用することで、同一の役割を持つIAMユーザーをグループ化できる
2.IAMポリシーは、AWSリソースへのアクセス許可を定義するものである
3.IAMを使うとAWS上で構築したシステムのユーザーや権限の管理ができる

1.○　2.○　3.×

ここは必ずマスター！

IAMとは何か

IAMはAWSリソースに対する認証認可の機能を司る。AWSを利用する際には必ず利用する重要なサービス

IAMロールを使い一時的な権限を付与する

IAMロールを使うことによりAWSリソースや外部アカウントに一時的な利用権限を付与できる。セキュリティ上、非常に重要

IAMのベストプラクティス

IAMの利用方法についてはAWSが公式にベストプラクティスとしてとりまとめている。事前に必ず読むこと

2-2-1 概要

AWS Identity and Access Management（以下IAM）は、AWSのサービスとリソースに対する認証認可を提供するサービスです。IAMを利用することで、AWSのユーザーとグループを作成および管理し、アクセス権を使用してAWSリソースへのアクセスを許可および拒否できます。

またロールを利用することで、他のAWSアカウントやMicrosoft Active Directoryなどの社内の既存のIDシステムと連携し、AWSを利用することが可能となります。

2-2-2 IAMの機能

IAMはAWS操作をセキュアに行えるように、認証・認可の仕組みを提供します。IAMには大小様々な機能がありますが、まず次の4つの機能の認知と理解しておくことが重要です。

- **IAMユーザー**
- **IAMグループ**
- **IAMポリシー**
- **IAMロール**

ユーザーやグループ、ポリシーなど名前から機能が想像できるものもありますが、ロールは一見しただけで理解しにくいのではないでしょうか。それでは、それぞれの役割について確認してみましょう。

IAMユーザー

認証を司るのは、IAMユーザーです。IAMユーザーの認証は2種類あり、ID・パスワードの組み合わせと、アクセスキーID・シークレットアクセスキーの組み合わせが利用できます。

AWSマネージメントコンソールへのログインはID・パスワードを利用し、API操作についてはアクセスキーIDとシークレットアクセスキーを利用します。認証をより安全にするために、Multi-Factor Authentication（MFA）をオプションとしてつけることができます。

MFA（多要素認証）を利用することで、セキュリティをより強固にできます。MFAは、ハードウェアMFAとか仮想MFAが利用可能です。

またIAMユーザーは、かならず利用者ごとに作成しましょう。共用すると誰が操作したかの追跡ができなくなります。

• IAMユーザーのアクセスキーについて

IAMユーザーを利用の上で、特に注意が必要なのがアクセスキーとシークレットアクセスキー（キーペア）の取り扱いです。アクセスキーは、主にAWS外のリソースからコマンドラインインターフェース（CLI）やサードパーティー製のツールを通じてAWSを操作する際に利用します。IDとパスワードの組み合わせと同じ扱いなので、この2つが流出するとそのIAMユーザーの権限内でAWSが自由に操作されてしまいます。そのため、特に注意が必要です。

ユーザー起因のセキュリティインシデントとして多いのは、キーペアをGitHubなどのパブリックのリポジトリにプログラムと一緒に誤って登録してしまい、そのキーペアが不正利用されAWSを操作されることです。

悪用されると多くの場合、ビットコイン採掘用のEC2インスタンスを大量に構築され、多額の請求につながります。被害を受けないような対策としては、次のような方法が考えられます。

- **キーペアが設定されているIAMユーザーに対して、IPアドレス等の利用制限をする**
- **流出の被害を最小化するために、最小権限のみ付与する**
- **キーペアをハードコーディングしないで済む方式、IAMロールやCognitoで代替する**
- **キーペアを利用する場合は、プログラムに埋め込むのではなく環境変数に設定する**
- **AWS提供の機密情報を誤ってcommitすることを防ぐgit-secretsを導入する**

事故を防ぐために、極力アクセスキーは使わないようにしましょう。AWSのベストプラクティスとしても、アクセスキーはできるだけ使わないという方向になっています。実運用上や試験の解答の考え方としては、使わずに他の方法で代替できるものは何かということをまずは考えるようにしましょう。

また、アクセスキーについては、特に定期的なローテーションを求められています。一定期間が過ぎたら過去のキーを廃止し、新しいキーを使うといった運用を検討しましょう。

• IAMユーザーやアクセスキーの利用履歴を確認する

AWSアカウントを守るためには、IAMの取り扱いが重要です。AWSを安全に扱うには、IAMポリシーによる権限設計や、ユーザーごとにIAMユーザーを発行する、などが必要です。

それ以外にも、個々のIAMユーザーやIAMロールの利用状況を定期的に確認するという地道な作業も重要です。

IAMユーザーやIAMロールのダッシュボードから、それぞれ最後にいつ使われたのか確認することができます。想定されていない利用パターンや、逆に既に利用されていないものの棚卸しなどを行いましょう。また、認証情報レポートから全IAMユーザーの利用状況をCSV形式でダウンロードすることも可能です。

■ 図2-1 アクセスキーの利用状況の確認

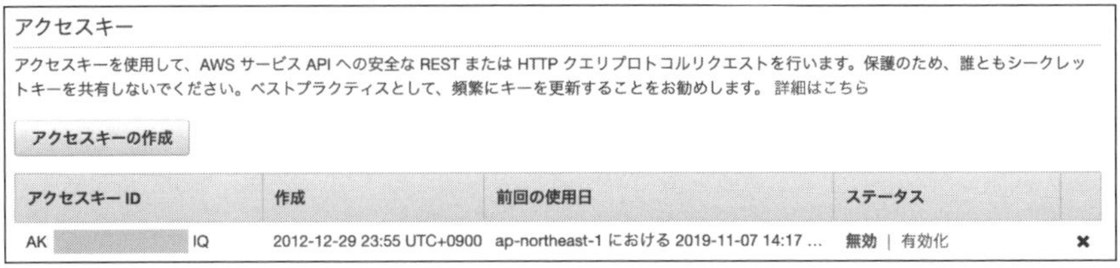

アクセスキー

アクセスキーを使用して、AWS サービス API への安全な REST または HTTP クエリプロトコルリクエストを行います。保護のため、誰ともシークレットキーを共有しないでください。ベストプラクティスとして、頻繁にキーを更新することをお勧めします。 詳細はこちら

アクセスキーの作成

アクセスキー ID	作成	前回の使用日	ステータス	
AK IQ	2012-12-29 23:55 UTC+0900	ap-northeast-1 における 2019-11-07 14:17 ...	無効 | 有効化	✖

IAMユーザーなどの利用状況のチェックですが、Config Rulesを利用することで自動でチェックすることも可能です。例えば、iam-user-unused-credentials-checkというルールを使えば、指定した日数以内に使用されたことのないパスワードまたはアクティブなアクセスキーを検知することができます。

ほかのAWSサービスを併用して、洗い出し・対処を自動化することも可能です。

IAMグループ

IAMグループは、同一の役割を持つIAMユーザーをグループ化する機能です。IAMユーザー同様にアクセス権限を付与するができます。グループに権限を付与しIAMユーザーを参加させることにより、役割別グループを作成できます。

例えば、全ての権限をもった管理者グループや、インスタンスの操作ができる開発者グループといった具合です。また、IAMユーザーは複数のグループに所属することもできます。

IAMグループを利用することにより、権限を容易に、かつ、正確に管理することができます。IAMユーザーに直接権限を付与すると、権限の付与漏れや過剰付与など、ミスが発生する確率が高くなります。

一般的なIAMの運用として、IAMユーザーには直接権限を付与せず、IAMグループに権限を付与することを推奨されています。権限の付与方法については、管理ポリシーとインラインポリシーがあります。

インラインポリシーは、IAMユーザー・IAMグループ間で共用することが出来ないので、基本的には管理ポリシーを利用しましょう。

IAMポリシー

IAMポリシーは、AWSリソースへのアクセス権限を制御権限をまとめたものです。ポリシーはJSON形式で記述しますが、AWSが提供するビジュアルエディタにより選択式で作成することも可能です。「Action（どのサービスの）」「Resource（どういう機能や範囲を）」「Effect（許可 or 拒否）」という3つの大きなルールに基づいて、AWSの各サービスを利用

する上でのさまざまな権限を設定します。

AWSが最初から設定しているポリシーをAWS管理ポリシー（AWS Managed Policies）といい、各ユーザーが独自に作成したポリシーをカスタマー管理ポリシー（Customer Managed Policies）と呼びます。作成されたポリシーはIAMユーザー、グループ、ロールに付与することで、AWSのリソースの利用制御を行います。

次のコードは、IAMポリシーの記述例です。logsというリソースに、ログの作成権限とS3へのフルアクセス権限を許可しています。

```
{
  "Version": "2012-10-17",
  "Statement": [
    {
      "Effect": "Allow",
      "Action": [
        "logs:CreateLogGroup",
        "logs:CreateLogStream",
        "logs:PutLogEvents",
        "s3:*"
      ],
      "Resource": "arn:aws:logs:*:*:*"
    }
  ]
}
```

認定セキュリティ 専門知識には、IAMポリシーの権限をみて判断する必要があるので、記述方法とそれぞれの意味を理解しておきましょう。

• AWS管理ポリシーとカスタマー管理ポリシー、インラインポリシー

IAMポリシーには、内部的には3つの種類に分類することができます。まず管理（マネージド）ポリシーとインラインポリシーです。インラインポリシーは、対象ごとに作成・付与するポリシーで、複数のユーザー・グループに付与することはできません。

これに対して管理ポリシーは、1つのポリシーを複数のユーザーやグループに適用することができます。

■ 図2-2　管理ポリシーとインラインポリシーの違い

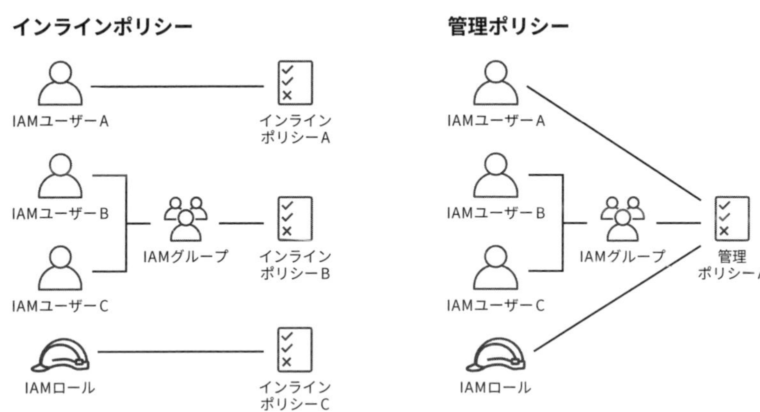

管理ポリシーはさらにAWS管理ポリシーとカスタマー管理ポリシーの2つに分類できます。

AWS管理ポリシーは、AWS側が用意しているポリシーで管理者権限やPowerUser、ReadOnlyAccess、サービスごとのポリシーなどがあります。

これに対してカスタマー管理ポリシーはユーザー自身で管理するポリシーです。記述方法自体は、インラインポリシーと同じです。またカスタマー管理ポリシーは、最大過去5世代までのバージョンを管理することができます。変更した権限に誤りがあった場合、即座に前のバージョンの権限に戻すといったことが可能になります。

使い分け方としては、AWS管理ポリシーで基本的な権限を付与し、カスタマー管理ポリシーでIPアドレス制限など制約を掛けるといった方法があります。インラインポリシーについては、管理が煩雑になるので基本的には使わない方向が良いですが、一時的に個別のユーザーに権限を付与する時に利用するといった方法が考えられます。

・職務機能のAWS管理ポリシー

AWS管理ポリシーの中に、職能機能のAWS管理ポリシーと呼ばれるものがあります。このポリシーはAWSのサービス・機能ベースでまとめられたポリシーではなく、利用する人の役割を元にそのロールで必要となるAWSサービスを横断的にまとめているAWS管理ポリシーになります。

2020年7月現在で、職能機能のAWS管理ポリシーには下記10種類のポリシーがあり、必要に応じて増えることもあります。この中にある管理者や閲覧専用ユーザーなどは、皆さんも普段から利用しているのではないでしょうか。

- **管理者**
- **Billing (料金)**
- **データベース管理者**
- **データサイエンティスト**
- **開発者パワーユーザー**
- **ネットワーク管理者**
- **セキュリティ監査人**
- **サポートユーザー**
- **システム管理者**
- **閲覧専用ユーザー**

職能機能のAWS管理ポリシーの注意点としては、ポリシーの中で定義された権限がAWSサービスの増加とともに増えることがある点です。その傾向が顕著なのが、閲覧専用ユーザーです。閲覧専用ユーザー（ReadOnlyAccess）は、その名のとおり全てのAWSサービスの参照権限が定義されています。

その実体は、サービスごとのGetやListなどの羅列です。AWSのサービスが増えるたびに、その定義が追加されます。

結果的にポリシーで定義していた権限がどんどん増えていくことになります。管理面で許容できないのであれば、自分で厳選したReadOnlyAccessのようなものを作る必要があります。一方で、カスタマー管理ポリシーの方にはポリシーあたりの文字数制限があるので、どう作るか悩みどころではあります。

試験対策としては、ネットワーク管理者やセキュリティ監査人など役割が明確化された人に対するポリシー設計を問われた場合、職能機能のAWS管理ポリシーが利用できないか検討してみましょう。

• MFAを利用しているか判別する

IAMポリシーの記述の中でお勧めの手法として、MFAを利用しているかどうかの判別があります。ID・パスワード以外の多要素での認証は、より強固なセキュリティを実現します。

IAMも多要素認証（MFA：Multi-Factor Authentication）に対応しており、ポリシー内で判別ができます。

次のようにCondition句でMFAを利用してログインしているかどうか判別して、ポリシーの動作を変えるというのが常套手段です。試験でもMFAの利用を問われる事が多いので、IAMポリシーの書き方としても把握しておきましょう。

```
"Condition":{
  "BoolIfExists":{
    "aws:MultiFactorAuthPresent": "false"
  }
}
```

IAMロール

IAMロールはAWSサービスやアプリケーションに対して一時的なAWSリソースの操作権限を与える仕組みです。例えば、EC2に対してIAMロールを割り与えることにより、EC2上で実行するアプリはIAMユーザーのアクセスキーID・シークレットアクセスキーを設定することなく、そのEC2に割り当てられたAWSの操作権限を利用することができます。

また、サーバーレスのコード実行基盤であるLambdaや、コンテナサービスであるECSなど、実行している個々のタスクに対してIAMユーザーを割り振れないようなサービスに対してもIAMロールを利用します。

IAMユーザーはAWSを利用する上で必須といえる機能ですが、IAMロールは使わないでも何とかなることが多いです。そういった理由で使わずに過ごす人も多いのですが、IAMロールを正しく使うことにより、AWSの安全性も利便性も格段に高まります。

認定セキュリティ 専門知識では、IAMロールの使い方を問う問題が頻出します。この試験を契機に是非マスターしましょう。

• IAMロールの深堀り

IAMロールはAWSのサービスを理解する上でも、非常に重要な役割を果たします。ここで少し、IAMロールを役割や動きを深堀りして見てみましょう。

• ロールによる権限の委任の仕組み

IAMロールは、AWSのサービスやアプリケーションに対して、一時的なAWSリソースの操作権限を与える仕組みです。この操作権限の付与は、AWS Security Token Service（AWS STS）を利用し、一時的認証情報（Temporary security credential）を発行することにより実現しています。一時的認証情報の実体は、有効期限が短いアクセスキーとシークレットアクセスキー、セッショントークンです。

AWSサービスやアプリケーションは、受け取った一時的認証情報を使いS3やKMSといった対象のAWSリソースを利用します。

■ 図2-3　IAMロール利用時の動作

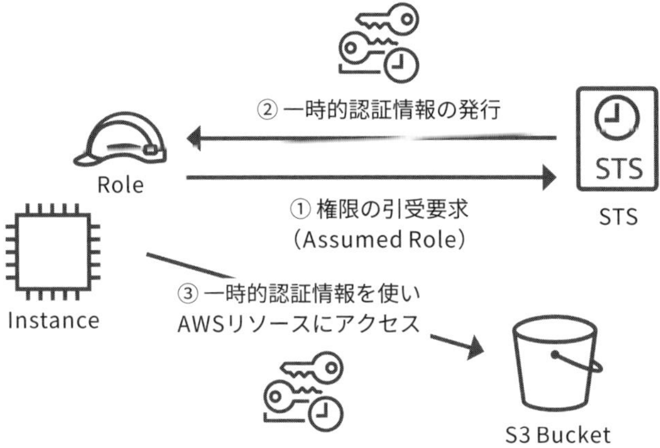

• **信頼関係（Principal）の設定**

IAMロールがSTSを使って役割を引き受ける仕組みについて理解できたと思います。しかし、IAMロール側に誰がそのロールを利用できるのかを制限しておかないとセキュリティ的に非常に危険な状態になります。その指定方法が、Principal（信頼関係）です。

IAMロールには、アクセス権限（ポリシー）以外に信頼関係という設定項目があります。信頼関係は、誰がそのロールを利用できるのかを指定するものです。次の例は、EC2インスタンスに付与するロールの信頼関係です。Principalの部分でAWSのサービスのEC2から使えると指定しています。そして、アクションとして許可するのは、sts:AssumeRoleです。

```
{
  "Version": "2012-10-17",
  "Statement": [
```

```
    {
     "Effect": "Allow",
     "Principal": {
      "Service": "ec2.amazonaws.com"
     },
     "Action": "sts:AssumeRole"
    }
   ]
  }
```

信頼関係は、基本的にはこのPrincipalを編集して利用します。AWSのサービスであったりADでログインしたユーザーであったりと様々な指定方法があります。

2-2-3 AWSアカウント・IAMの設計運用原則

IAMについての主要な機能については解説したので、ここでAWSアカウントやIAMの設計と運用の原則についての考え方を説明します。IAMの設計や運用については、試験でも重点的に問われます。

また、実際にAWSを利用する上でもとても大切になってきます。ルートユーザーの取り扱いと設計運用原則について、それぞれ確認していきましょう。

ルートユーザーの取り扱いについて

AWSのユーザーアカウントは、アカウント自体の所有者であるルートユーザーとIAMユーザーがあります。ルートユーザーとは、AWSアカウントを作成した際に設定したメールアドレスとパスワードでログインできるユーザーです。

ルートユーザーは、より上位のOrganizationsのSCPで制限しない限り、AWSアカウントに対する全ての操作が可能です。さらに、ルートユーザーのみでしか行うことができない操作も幾つかあります。

- **AWSアカウント全体の設定変更（ルートアカウントのメールアドレス／パスワード変更など）**
- **AWSサポートのプラン変更**
- **請求に関する設定**

- **AWSアカウントの停止**

Admin権限を付与したIAMユーザーでも、これらの操作はできません。一方で、これらの操作以外を行う際に、ルートユーザーを使うことは推奨されていません。1つのAWSアカウントにルートユーザーは1つしか作れず、利用者ごとに個別のアカウントを割り当てることができません。

そのため、ルートユーザーを使って日常的な作業をすると、必然的にアカウントの共用がされることになります。また、ルートユーザーがもつ権限は非常に大きいものです。誰が設定変更したかの追跡も困難になり、かつルートユーザーの機能制限は原則できないため、ルートユーザーでの運用はセキュリティの観点で問題が発生します。

AWSアカウントを作ったら、まずはじめにAdmin権限をもつIAMユーザーを払い出し、それ以降の作業はこのIAMユーザーで行うようにしましょう。ルートユーザーは二要素認証をかけ、ルートユーザーが必要な時以外は使わないという運用を徹底してください。

IAMを利用した権限管理の原則

AWSアカウントやIAMの設計運用原則は、AWS公式に『IAMでのセキュリティのベストプラクティス』としてまとめられています。少し数は多いのですが、どれも重要なので読んで理由を説明できるようにしておきましょう。

- **AWS アカウントのルートユーザー アクセスキーをロックする**
- **個々の IAM ユーザーの作成**
- **IAM ユーザーへのアクセス許可を割り当てるためにグループを使用する**
- **最小権限を付与する**
- **AWS 管理ポリシーを使用したアクセス許可の使用開始**
- **インラインポリシーではなくカスタマー管理ポリシーを使用する**
- **アクセスレベルを使用して、IAM 権限を確認する**
- **ユーザーの強力なパスワードポリシーを設定**
- **MFA の有効化**
- **Amazon EC2 インスタンスで実行するアプリケーションに対し、ロールを使用する**
- **ロールを使用したアクセス許可の委任**
- **アクセスキーを共有しない**
- **認証情報を定期的にローテーションする**
- **不要な認証情報を削除する**
- **追加セキュリティに対するポリシー条件を使用する**

- **AWS アカウントのアクティビティの監視**
- **IAM ベストプラクティスについてビデオで説明する**

個々の内容について、一番最後のビデオで説明する以外は、この章で説明しています。IAMの設計や運営する上でも、試験の解答を考える際にも、この原則に沿っているか考えることが重要です。

2-2-4 パーミッションバウンダリー

最初にIAMの主要機能は4つと説明しましたが、2018年7月に一風変わった機能が登場しました。IAMの移譲権限を制限するPermissions Boundary（パーミッション・バウンダリー）です。

バウンダリーは、IAMユーザーまたはIAMロールに対するアクセス制限として動作します。付与した権限と、Boundaryで許可した権限と重なりあう部分のみ有効な権限として動作します。概念的に解りにくい部分があるので、次の図を参照してください。

■ 図2-4　パーミッションバウンダリー利用時の権限の動作

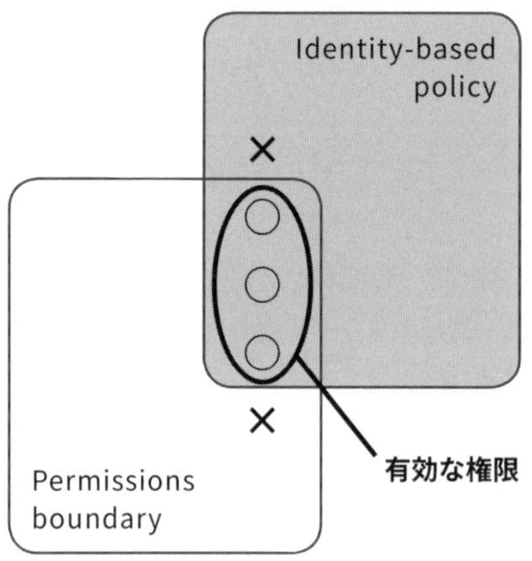

バウンダリーで設定していない権限については、IAMユーザーやIAMロールでどのように権限を付加しても一切使うことができなくなります。かなり強力な制限のため、使い道についてはよく考える必要があります。

一般的な利用例としては、組織外の他者に権限を委任する場合です。この際も、もともと限定した権限のIAMユーザーなどを貸与するのが必須ですが、バウンダリーを利用することにより2重の制限となり、意図した以上の権限を渡すことを防ぐことができます。

AWSのマネージドサービスを使ったシステム構築は、IAMロールの設定が欠かせません。しかし、IAMの権限を使える人は限定したいというジレンマがあります。そういった際に、パーミッションバウンダリーを使うことにより、限定的なIAMロールしか作れないといったような事が実現可能となります。

パーミッションバウンダリーは非常に難解な機能で、試験対策という意味ではそれほど必要ないかもしれないですが、どういった事が出来るかは把握しておいてください。

2-2-5 IAMアクセスアナライザー

IAMロールの節で、IAMロールの肝は信頼関係にあると説明しました。信頼関係とは、誰がそのロールを利用できるのか設定したものです。その設定の妥当性を確認しやすくするツールとして、2019年末にIAMアクセスアナライザーが発表されました。IAMアクセスアナライザーは、外部のAWSリソースに対して、共有しているリソースを検出する機能です。

2020年7月現在では、下記のリソースについて調査できます。

- **S3バケット**
- **IAMロール**
- **KMSキー**
- **Lambda**
- **SQS**

図2-5 IAMアクセスアナライザーによる外部からの信頼関係の検出

ダッシュボードでは、外部からの信頼関係は外部プリンシパルと表現されています。IAMアクセスアナライザーを理解する上で、外部とは何か定義を理解することが重要です。

IAMアクセスアナライザーの機能を有効にすると、アナライザーは対象とした組織もしくはアカウントに対して信頼ゾーンと呼ばれるものを作成します。この信頼ゾーン内の分析対象リソース（S3バケット、IAMロールなど）に対して、信頼ゾーンの外部からアクセスしてきたものを外部プリンシパルと呼びます。

外部プリンシパルの例としては、別のAWSアカウントやAWSリソース、フェデレーションユーザー（ADなどで認証したユーザー）などがあります。

なお、IAMアクセスアナライザーは、アクセスログからではなく設定の状況を調べるものです。実際のアクセスがどうであったかは、CloudTrailを利用します。2019年末に発表と非常に新しいサービスなので、試験対策という点では重要度は低いです。

しかし、運用する上では重要なので、ぜひ設定しておきましょう。

2-2-6 アカウント間でのスイッチロールによるAWS利用

IAMユーザーなどから、別のIAMロールに切り替えることをスイッチロールと呼びます。そして、2つのAWSアカウントがあり、1つのアカウントのIAMユーザーが、もう1つのアカウントのIAMロールにスイッチロールする用途で作られた場合、そのロールはクロスアカウントロールと呼びます。

スイッチロールの際の内部の動きはほかのIAMロールを利用時と同じですが、クロスアカウントロールはスイッチロール用のURLが発行されます。

■ 図2-6　クロスアカウントロール時のスイッチロールの動作

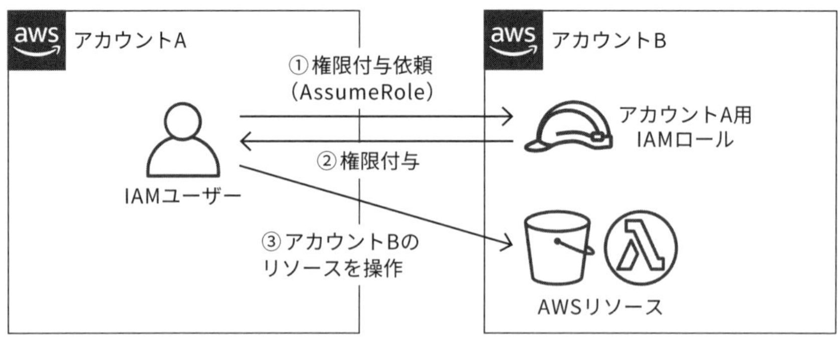

クロスアカウントロールを上手く使うことにより、複数のAWSアカウントを効率的に管理することができます。利用するAWSアカウントが多い場合、それぞれのAWSアカウントにIAMユーザーを作成すると管理が煩雑で難しくなります。

そういった際に、スイッチロール元となる踏み台AWSアカウントを用意して、IAMユーザーはそこに集約します。そして、ほかのAWSアカウントにはIAMロールのみ作成するといった運用が考えられます。

2-2-7 まとめ

認定セキュリティ 専門知識は、AWSをいかに安全に扱うかという試験です。そして、AWSリソースへの認証認可を担うIAMは非常に重要な役割を果たします。IAMユーザーやグループの機能と、ポリシーの記述方法をしっかり理解することが必須となります。

またIAMロールの動作の仕組みを理解していないと、この後で出てくるAWSのセキュリティサービスとの連携の部分が理解できなくなります。

本書では、IAMの触りの部分しか紹介できないので、チュートリアルの実施や公式ドキュメントにあるベストプラクティスは、かならず参照してください。

IAMのチュートリアル

https://docs.aws.amazon.com/ja_jp/IAM/latest/UserGuide/tutorials.html

IAMのベストプラクティス

https://docs.aws.amazon.com/ja_jp/IAM/latest/UserGuide/best-practices.html

2-3 AWS Directory Service

▶▶ 確認問題

1.Simple ADはMicrosoft ADのサブセット機能があり小規模なユーザー管理に最適である
2.AD Connectorは、AWS上にMicrosoft ADを構築するマネージドサービスである
3.AWSリソース利用の際の認証機能に、ADを利用することが可能である

1.○ 2.× 3.○

ここは 必ずマスター!

AWSが提供するADサービスの一覧

マネージドADサービスであるManaged Microsoft AD互換のSimple AD既存ADへのプロキシ機能を果たすAD Connector

オンプレミス上のADとAWS上のシステムの統合

オンプレミス上のADとの連携は主にADの双方向の推移的信頼関係を結ぶ方法とAD Connectを使いオンプレのADを参照する方法がある

ADを使ったIAMロールとの連携しユーザーIDの一元管理

既存システムとAWSの利用者のIDの一元管理をしたい場合はIAMユーザーではなくADによる認証とIAMロールの連携をする

2-3-1 概要

AWS Directory Serviceは、AWS内でマネージド型のMicrosoft Active Directory(以後AD)を利用するためのサービスです。AWSを利用する上でも、ADは重要な役割を果たします。AWSにおけるADのサービスと利用パターン、そして注意点を確認していきましょう。

2-3-2 AWSにおけるActive Directory関係のサービス一覧

AWSには用途に応じて3種類のAD関連サービスを使うことができます。

サービス名	概要
AWS Managed Microsoft AD	AWS上にマネージド型のMicrosoft ADを構築するサービス
Simple AD	Linux-Samba Active Directoryで構築されたマネージド型ディレクトリサービス
AD Connector	既存のAD（主にオンプレ）に対してリダイレクトするADのプロキシサービス

AWS上にフルスペックのMicrosoft ADを構築する場合は、AWS Managed Microsoft ADを利用します。シンプルな要件のユーザーID・パスワード管理のみで利用する場合はSimple ADを利用します。そして、オンプレ上など既存のADを利用したい場合の選択肢として、AD Connectorがあります。

システム上でADを利用する場合、どのサービスを選択するかが非常に重要になります。

既存のシステムと連携する必要がなく、Amazon WorkSpacesやAmazon WorkDocsのようなADを必要とするサービスを利用する場合は、Simple ADで充分なケースが多いです。一方でADを利用する場合の多くは、既存のユーザーID・パスワードを活用したい場合がほとんどです。その場合、既存のADがオンプレミス側にあることが多いです。そういった時に、どうアーキテクチャを考えるのが、実際の構築の現場でも試験でも問われます。

それでは、オンプレミスとのADの接続パターンを整理してみましょう。

2-3-3 オンプレミスとの接続パターン

オンプレミスとの接続パターンは、主に2種類あります。AD Connectorを使って既存のADに対して認証プロキシとして動作させるパターンと、Managed Microsoft ADを構築し既存のADと双方向の推移的信頼関係を構築する方法です。

どちらのパターンもネットワークの要件としては、VPCを利用してVPNや専用線接続をするのが一般的です。使い分けの違いとしては、想定のアクセス規模であったり耐障害性の観点です。

■ 図2-7　既存ADドメインとの連携

Managed Microsoft ADを利用した推移的信頼関係の構築

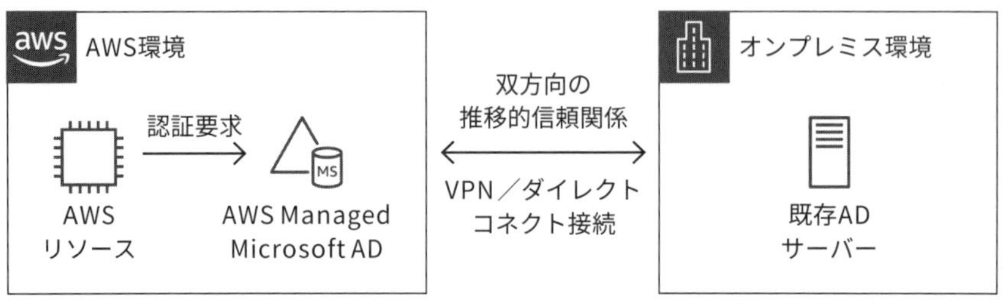

AD Connectorを利用した認証プロキシ機能

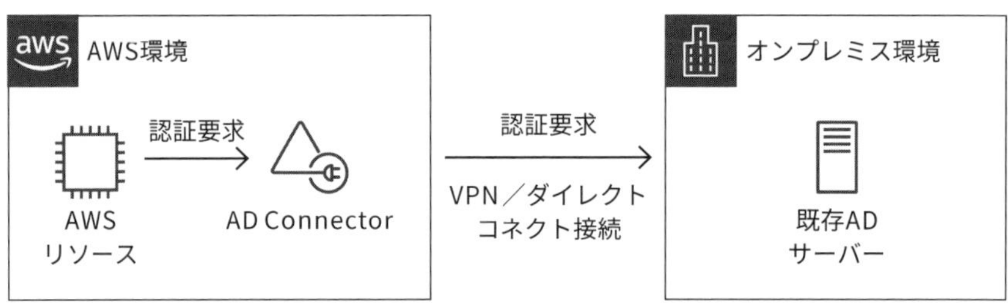

AD Connectorは、認証要求の都度にオンプレミスのADに問い合わせにいきます。ネットワーク的な遅延（レイテンシー）も考慮する必要もありますし、オンプレミスのADの性能・拡張性の考慮が必要です。

これに対し、Managed Microsoft ADで双方向の推移的信頼関係で構築するパターンは、同一のリージョンで稼働するのでレイテンシーについてはほぼ考慮不要です。性能・拡張性についても、AWS側のみで完結して設計できるようになります。

2-3-4 AWSにおけるActive Directoryの利用パターン

AWSにおけるADの利用パターンとしては、主に2種類あります。1つ目は、AWS上で構築するシステム自体にADが必要なパターンです。2つ目は、AWSを利用するユーザーの管理にADを利用するパターンです。

1つ目は一般的なシステム構築の話なので、AWS Directory Serviceの機能を抑えた上で、ADを使ったシステム構築の方法を把握しておけば大丈夫です。

2つ目の、AWSを利用するユーザーの管理で利用するパターンについては、AWS特有の認証機能であるIAMと深く関係します。AWSを利用するユーザーが多い場合や、複数のAWSアカウントを利用する場合、AWSアカウント内にIAMユーザーをつくっていくことは、ユーザーが複数のID・パスワードを管理する必要になるので避けるべきです。

それを回避する方法として、認証認可のうち認証の機能としてADを利用することが可能です。

■ 図2-8　ADを利用したユーザー認証とIAMロールとの関連付け

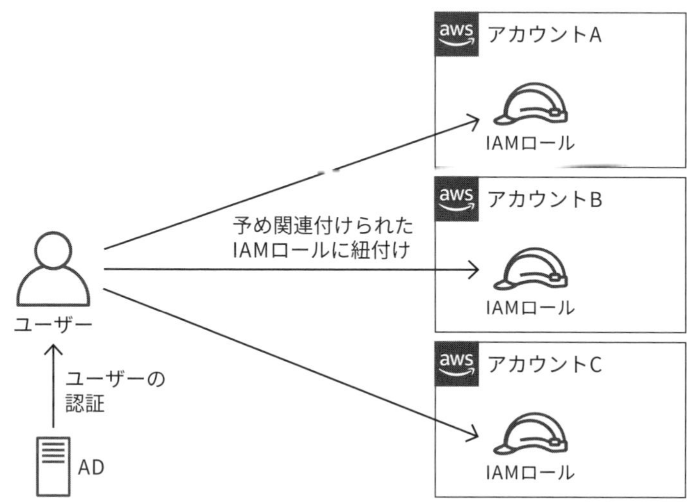

IAMユーザーの代わりにADを利用し、その認証済みのユーザーに対してIAMロールを割り当てます。IAMロールの利用条件にMFAを利用したといった条件も付けることができます。

2-3-5 まとめ

AWSでMicrosoft ADを利用したい場合は、AWS Directory Serviceを利用します。AWS Directory Serviceには、AWS Managed Microsoft ADとSimple AD、AD Connectorの３種類のタイプのサービスがあります。

また利用パターンとして、AWS上にADを使うシステムを構築する以外に、AWSを利用するユーザー管理のためにADを使うケースが多いです。その使い分けができるようにしておきましょう。

2-4 Amazon Cognito

▶▶ 確認問題

1.CognitoはOAuth2ベースの外部IDプロバイダーと連携できる
2.Cognito IDプールはフェデレーションの機能を提供する
3.Cognitoを利用するとAWS上に構築したシステムの認証認可の機能を提供できる

1.× 2.○ 3.○

ここは 必ずマスター!

Cognitoを利用した認証認可の流れ

Cognitoを利用することにより、システムを利用するユーザーの認証と、認証済みユーザーに対するトークン管理、アクセス権限の付与など一連の機能をシームレスに実現できる

ユーザーディレクトリを提供するCognitoユーザープール

Cognitoユーザープールは、ユーザーのID・パスワードを管理するディレクトリサービス。ディレクトリサービスであるADと機能は重複する部分があるが、よりCognitoの機能と一体化している

認証済みのユーザーに対してIAMの一時的な権限を付与する

Cognitoで認証されたユーザーに対してAWSリソースの割当が可能である。
その管理の実体はIAMロールである

2-4-1 概要

Amazon Cognito(以下、Cognito)は、Web/モバイルアプリのユーザーの認証・認可を行うサービスです。Cognitoは幾つもの機能がありますが、重要なのはユーザーのID・パスワードを管理するディレクトリサービスであるCognitoユーザープールと、認証されたユーザーに一時キー(Temporary Credentials)を払い出しAWSリソースの操作権限を与えるフェデレーションと呼ばれる機能です。

IAMは、AWSを利用するユーザーに対しての認証認可のサービスですが、CognitoはAWS上のシステムに対しての認証認可のサービスです。違いをしっかりと理解しましょう。

2-4-2 Cognitoと認証認可の流れ

Cognitoを利用しての認証認可の処理フローは、一見非常に難解です。登場人物として、次の4つの要素があります。

- **利用者：アプリの操作**
- **Identity Provider：ユーザーの認証を行う**
- **Federated Identities：認証時に取得したトークンを元に一時キーを取得**
- **IAM：一時的に付与する権限の管理**

利用者はアプリなどから認証要求をIdentity Providerに行います。Cognitoが提供するディレクトリサービスであるCognitoユーザープールのほかに、FacebookやTwitter、独自のIDプロバイダが利用可能です。このIdentity Providerは、OpenID Connectの仕様に沿っていれば利用可能です。独自のIDプロバイダとして、OpenID Connectのプロトコルを介することによりADの認証情報を利用するといったことも可能です。

Identity ProviderはIDとパスワードの組み合わせなどでユーザーの本人性が確認できると、トークンを返却します。

Identity Providerから取得したトークンを元に、Federated Identitiesを介してAWSを操作する一時キーを取得します。Federated Identitiesはトークンの有効性を確認し、STSにAWSの操作権限を要求します。STSはIAMロールと紐付いた一時キー（Temporary security credential）を発行します。

ユーザーは、この一時キーを利用することにより、あらかじめ認められた範囲でAWSリソースの操作ができるようになります。

■ 図2-9　Cognitoの処理フロー

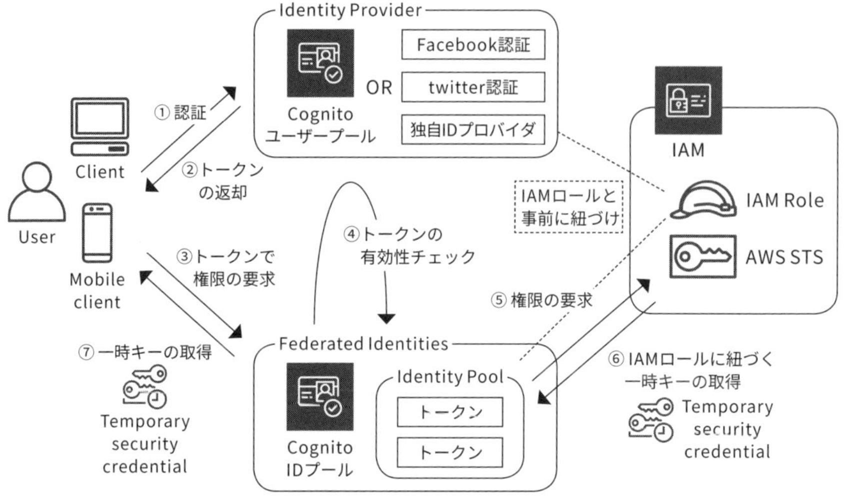

Cognitoによる処理フローは、難解に見えます。実際の利用時には、SDKなどに隠蔽されて中の動作を意識することはあまりありません。しかし、セキュリティ上非常に重要な要素がつまっているので、しっかりと理解していきましょう。

それでは、Cognitoの個別の機能をみていきましょう。

2-4-3 Cognito ユーザープール

Cognitoユーザープールは、ID・パスワードを管理するディレクトリサービスと、それを元にユーザー認証機能を提供するフルマネージドなIDプロバイダサービスです。Cognitoユーザープールには、次のようにユーザー認証に関わる一通りの機能が提供されています。

- **ユーザー名とパスワードを使用したサインアップ・サインイン機能**
- **ユーザープロファイル機能**
- **トークンベースの認証機能**
- **SMSもしくはMFAベースの多要素認証**
- **電話番号やメールアドレスの有効性確認**
- **パスワード紛失時のパスワード変更機能**

またCognitoユーザープールは、イベント駆動のコンピュートエンジンであるAWS Lambdaと連携する事が可能です。サインアップ前やユーザー確認前、認証の前後のトリガーと関連付けることにより独自の処理を実装することも可能です。

2-4-4 Cognito IDプール（Federated Identities）

次は、Cognito IDプールです。英語では、Cognito Federated Identitiesと呼ばれており、Federated Identitiesの方が機能を忠実に表現しているので、こちらの名前についても覚えておいてください。

Cognitoユーザープールが認証機能を提供したのに対し、Cognito IDプールは認可の機能を担当します。

IDプールはAWSリソースを操作するための一時キーであるTemporary security credentialを払い出す役割をもちます。Cognitoを利用せずとも、IAMとSTSを利用することでAWSリソースの操作をすることは可能ですが、Cognitoを利用することで認証機能と認可機能がシームレスに利用できます。

IAMとSTSをラップして、SDKから簡単に利用できるようにしたのがIDプールと理解してもよいです。ちなみにCognitoの最初のリリースでは、ユーザープールは提供されずCognito IDプールが提供されました。

つまりIDプールこそCognitoの一番重要な機能ということです。

IDプールでは、UserPools以外に次のIDプロバイダーと連携することができます。

- **パブリックプロバイダ**
  - **Twitter/Digits**
  - **Facebook**
  - **Google**
  - **Login with Amazon**
- **Open ID Connect プロバイダー**
- **SAML ID プロバイダー**

Cognitoは、これ以外にもCognito Syncというアプリケーション間のユーザーデータの同期の機能もあります。セキュリティにフォーカスした機能ではないので、ここでは割愛します。

2-4-5 まとめ

AWSの認証認可のサービスとしては、IAMとCognitoがあります。

IAMはAWSリソースに対しての認証認可を担当し、Cognitoはシステムの認証認可が担当です。システムからAWSのリソースを利用する事も多く、その場合はCognitoとIAMが連携してシステムに対して認可を割り当てます。

Cognitoの機能はいくつかありますが、セキュリティ観点ではCognitoユーザープールとCognito IDプール（Federated Identities）の2つを必ず理解しておきましょう。

Cognitoユーザープールは、ID・パスワードを管理するディレクトリサービスです。

Cognito IDプールはAWSリソースを操作するための一時キーであるSTSを発行するフェデレーションの役割を果たします。Cognito IDプールはユーザー認証の機能は外部のサービスに依存し、Cognitoユーザープールや外部サービスであるTwitterやFacebook、GoogleなどのOpenID Connectベースのプロトコルと連携することができます。

2-5 AWS Organizations

▶▶ 確認問題

1.Organizationsは、AWSアカウント単体を管理するサービスである
2.IAMユーザーのみならずルートアカウントの権限に制限をつけられる
3.複数のAWSアカウントをグループ化し、管理の一元化ができる

1.×　2.○　3.○

ここは▶ 必ずマスター!

複数のAWSアカウントの管理

Organizationsを利用することにより、複数のAWSアカウントに対して環境の一元管理をすることができる。
従来からあった一括請求機能から発展したサービスである

AWSアカウントを組織化して管理する組織単位(Organizational Unit:OU)

組織単位（OU）を使うことにより、同一のシステムや役割をグループ化することができる。グループ化・階層化することができる

サービスコントロールポリシー（SCP）を利用してアカウント全体に対する権限制限

サービスコントロール(SCP)を利用することで、アカウントに対して利用できるサービスを限定することができる。またOUに対して適用することで、複数のアカウントに対してまとめての権限制限ができる。Cognitoで認証されたユーザーに対してAWSリソースの割当が可能である。その管理の実体はIAMロールである

2-5-1 概要

AWS Organizationsは、複数のAWSアカウントをまとめるためのサービスです。Organizationsは、従来からあった一括請求機能を内包して、かつ複数のAWSアカウントの管理と統制するための機能を提供しています。

AWS Organizationsには、ルートと呼ばれるマスターアカウントと、それに紐づく子アカウントであるメンバーアカウントの2種類のアカウントがあります。

またメンバーアカウントを階層化するための組織単位（OU）という機能と、アカウントに対するポリシーという形でホワイトリスト／ブラックリスト形式で権限の管理するサービスコントロールポリシー（SCP）という機能があります。上位で決めたポリシーは、個々のアカウント単位で打ち消すことはできません。

この機能があるために、AWSアカウントに対して強力な統制を掛けることができるのです。

2-5-2 AWS Organizationsの構成要素

AWS Organizationsは、次のような要素で構成されています。

分類	カテゴリー
組織	AWS Organizationsで管理する対象の全体。具体的には、参加するAWSアカウント全て
マスターアカウント	AWS Organizationsを設定したAWSアカウント（組織内に1つのみ）
メンバーアカウント	組織内のマスターアカウント以外の全てのAWSアカウント
組織単位（OU）	組織内の論理的なグループ
管理用ルート（root）	組織内の階層の最上位
サービスコントロールポリシー（SCP）	組織内で利用できるAWSサービスの制御を記述したポリシー

アカウントの種類と組織単位、サービスコントロール（SCP）など、用語が指す意味を最初に理解しておきましょう。

2-5-3 組織単位（OU）と階層構造

まずOrganizationsの管理単位についての解説です。Organizationsでは、組織単位（OU）という単位で管理します。このOUは階層構造を取ることが可能で、かつ上位階層の設定は、下位の階層のOUに引き継がれます。

また、最上位の階層については、管理用ルート（root）となります。ここに直接メンバーアカウントを配置することも可能ですし、後述のサービスコントロールポリシー（SCP）を適用することも可能です。

　ただし、管理用ルートにポリシーを設定すると、組織内全てに適用されることになります。そのため、管理用ルートについてはメンバーアカウントを配置せず、かつポリシーも適用しない方が良いでしょう。

■ 図2-10　組織単位と階層構造

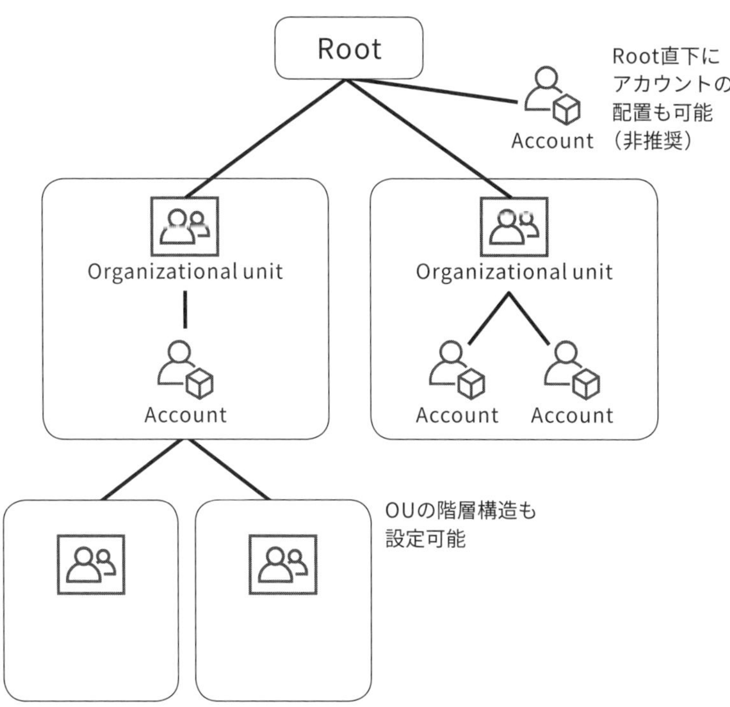

2-5-4 サービスコントロールポリシー（SCP）

論理的なグループは、OUとして管理するということでした。これに対してサービスコントロールポリシー（SCP）は、どのようなAWSリソースを利用可能あるいは禁止とするのかを記述するものです。

IAMと対比すると、IAMグループとIAMポリシーに似た関係になります。SCPはOUもしくはメンバーアカウントに設定します。OUに設定すると、そのOU内の全てのメンバーアカウントに適用されます。

また、上位のOUの設定は、下位のOUにも引き継がれます。

■ 図2-11　サービスコントロールポリシー（SCP）

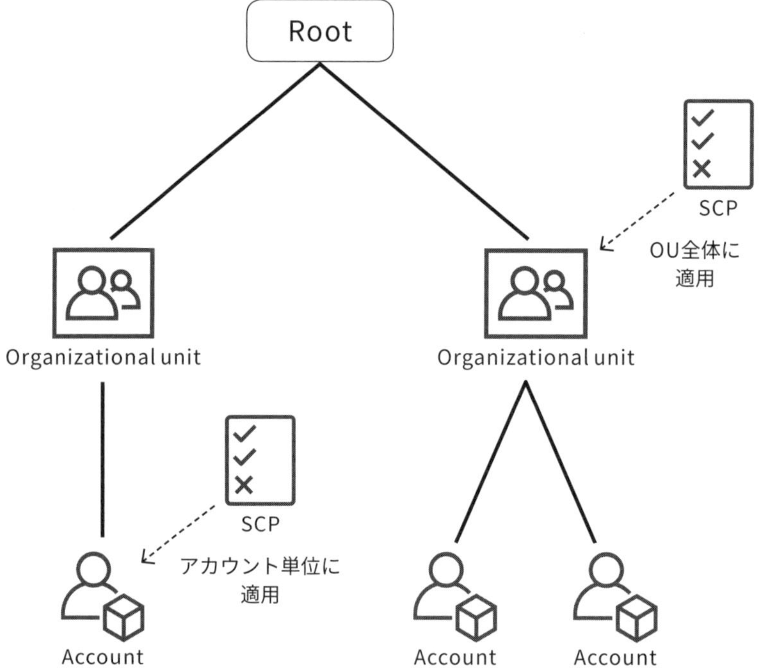

IAMの場合と同様に、個々のメンバーアカウントで設定するのではなく、OUに対してポリシーを設定していきましょう。OUに対して適用することにより、SCPの効率的な管理と、抜け漏れを防止することができます。

2-5-5 階層構造の組織単位によるSCPの継承

前述の通り、組織単位（OU）は階層構造をとることができます。そして組織単位に付与されたSCPも、下位の組織単位に継承されます。これを利用して、効率的なポリシー設計をすることができます。

例えば、上位のOUに共通設定的なSCPを適用し、その下のOUでプロジェクト固有のSCPを作成し適用します。こうすることにより、プロジェクトごとのSCPの記述量は削減でき、変更があった際には上位のSCPのみで済みます。

■ 図2-12 階層構造の組織単位によるSCPの継承

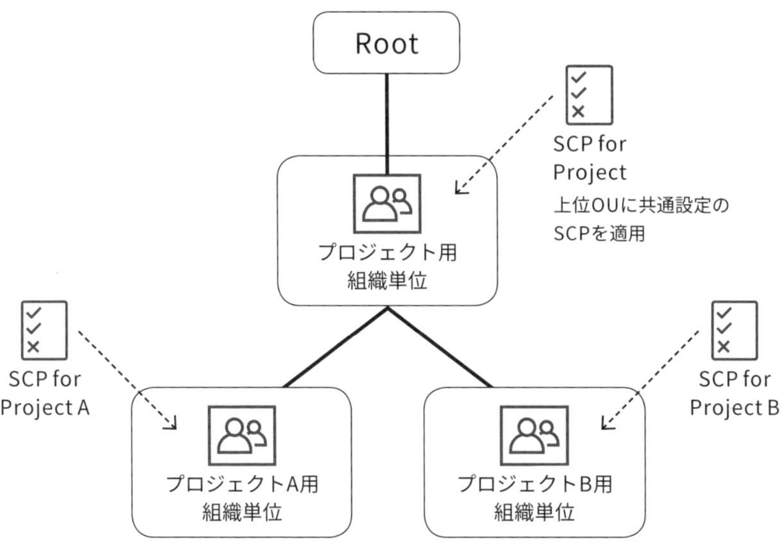

Rootに対してもSCPの適用は可能です。しかし、筆者としてはお勧めしません。Rootに必須のSCPを配置して、すべてのアカウントに抜け漏れなく適用させるというのは1つの手段です。

一方で、例外的なアカウントも作れなくなります。将来的に利用方法の変化が生じたときに対処しづらくなります。もしRootにSCPを付けたくなったのであれば、Root直下に組織単位を用意しそこに適用しましょう。その組織単位の下位に新たな組織単位を追加していくのがお勧めです。

将来、例外的なアカウントが必要となった場合は、最上位の組織単位と同列でもう1つ組織単位を作ることで対応可能となります。

2-5-6 SCPとIAMのアクセス許可の境界

Organizationsの重要な機能がSCPです。SCPを利用することで、AWSアカウント全体に制約を加えることができます。SCPの制約は、マスターアカウント以外のメンバーアカウントに設定可能です。

また制約の対象は、IAMのみでなくルートユーザーをも含みます。

SCPを設定すると、権限の範囲をSCPで許可した範囲のみの機能が有効になります。もともと全ての権限を持っているルートユーザーやIAMで与えた権限も、SCPと重なる範囲のみ有効となります。

■ 図2-13　SCPとIAMのアクセス許可の境界

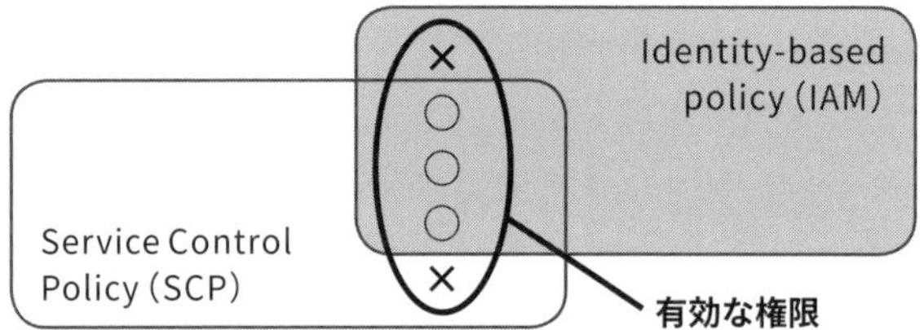

SCPは、IAMのパーミッションバウンダリーと同じような役割を果たします。パーミッションバウンダリーはIAMロールレベルの制約で、SCPはアカウントレベルの制約と対象とするレイヤーが異なります。

そういった意味で、SCPの方がより強い制約となりますので、必ず禁止する必要があるものについてはSCPで制限するのが良いでしょう。

2-5-7 まとめ

Organizationsは、複数のAWSアカウントを対象とするサービスです。個々の開発者が日常的に利用することは少なく、馴染みが薄い部分もあると思います。しかし、複数のAWSアカウントにセキュリティとガバナンスを効かせるためには、SCPのようなサービスは欠かせません。

また、Organizationsを前提としたControl Towerといったサービスや、Cloud FormationとOrganizationsの連携といった機能などが出てきています。今後、Organizationsの利用機会も増えると予想されるので、是非これを機会にマスターしてください。

2-6 IDおよびアクセス管理に関するインフラストラクチャのアーキテクチャ、実例

2-6-1 最小権限付与の原則を守る

AWSのセキュリティを守る上で、IAMは極めて重要な役割を果たします。正しいIAMの使い方を理解する上で、まずはAWSの出すIAMのベストプラクティスを読むことをお勧めします。その上で、特に意識して取り組んで欲しいのが最小権限付与の原則です。これは文字通り、ユーザーやロールに必要以上に大きなロールを付与しないで、最小限のロールを付与しましょうということです。

次の図は、EC2インスタンスからS3にデータを保存するための権限が必要な際に、EC2インスタンスに紐付けるIAMロールにどのような権限を与えるべきかの例です。

■ 図2-14 最小権限付与の原則

権限の範囲が広く危険

管理者権限を付与

```
{
  "Version": "2012-10-17",
  "Statement":[
    {
      "Effect": "Allow",
      "Action": "*",
      "Resource": "*"
    }
  ]
}
```

最小の権限のみで安全性が高い

管理者権限を付与

```
{
  "Version": "2012-10-17",
  "Statement":[
    {
      "Effect": "Allow",
      "Action": "s3:PutObject",
      "Resource": "am:aws:s3:::ExampleBucket/*"
    }
  ]
}
```

どのような権限を必要とするか設計をせず、とりあえず管理者権限（全権限）を付与するケースも見られます。不用意に管理者権限を付与するのは非常に危険です。

例えば、ロールが付与されたEC2インスタンスが乗っ取られた場合、このインスタンスを通じてS3バケットの一覧を取得し全データの情報漏えいする危険性があります。

　また、EC2上のプログラムのバグなどで、誤って全データを削除してしまうという可能性も否定できません。

　それを防ぐには、必要最小限の権限を付与するのが正しい設計です。EC2からデータを保存するだけであれば、Put（保存）の権限だけで充分です。プログラムから保存先である目的のバケットが解っているのであれば、一覧取得の権限も不要です。そうすればEC2の操作からは、削除や他のバケットからデータを取ってくるということができず、セキュリティとしては高まります。
　またIAMロールは汎用のものを使い回すのではなく、原則的には目的に応じて個別個別につくっていきましょう。

　なおS3のデータ保護という点では、IAMだけの対策では不十分です。重要なデータを守る場合は、IAMの権限の絞り込みとS3バケットのバケットポリシーで接続元の制限をします。
　２重で防御をすることにより、どちらかの設定が誤っていた場合でも直ちに重大な危機に直面することから回避することができます。

■ 図2-15　バケットポリシーでの防御

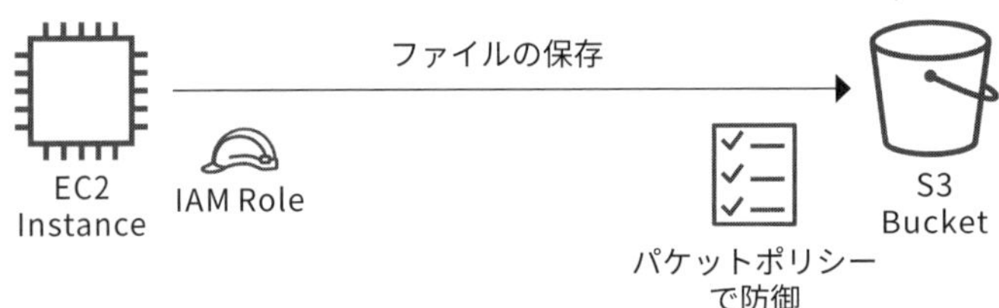

2-6-2 サービスからのIAMロールの利用を理解する

先述の通りAWSのセキュリティでIAMは重要な役割を果たします。IAMを使いこなす上では、2つのポイントがあります。1つは、適切な権限を付与できるようにIAMポリシーの記述の仕方を理解すること。もう1つはIAMロールを利用して、AWSのサービス間での権限設計ができることです。

IAMポリシーは理解しているが、IAMロールの概念がよく理解できていないという人が多いので、ここで少しおさらいしておきます。

次の図は、LambdaからのIAMロールの利用例です。このLambda関数は、S3に読み書きする権限と、Lambdaの実行時のログを保存するためにCloudWatchの権限を必要とすると仮定しておきましょう。

■ 図2-16　Lambdaに紐付けられたIAMロール

Lambdaに必要な権限は、IAMポリシーに記述します。では、そのIAMロールが何故Lambdaから利用できるのでしょうか？それは信頼関係（Principal）でLambdaのサービスのエンドポイント（lambda.amazonaws.com）への利用を許可しているからです。

信頼関係とはつまり、権限の委譲を定義するものです。権限の管理はIAMポリシー、権限の委譲の管理はIAMロールの信頼関係と理解しておいてください。

2-6-3 予防的統制と発見的統制

セキュリティ分野における予防的統制とは、セキュリティインシデントなどが発生しないように、未然に防ごうとする統制手続のことです。

AWSアカウントセキュリティの予防的統制を一番強力に効かせるのが、Organizationsのサービスコントロールポリシー（SCP）です。SCPを設定すると、対象のアカウント全体に統制を効かせられます。その効力は、IAMユーザー・ロールのみならず、ルートユーザーの行動すら制約することができます。

IAMのパーミッションバウンダリーでも似たようなことができますが、パーミッションバウンダリーの効果範囲がIAMユーザーのみという違いがあります。

また、パーミッションバウンダリーは、自由度を与えつつ禁止したい権限を剥奪するのは、なかなか設計が難しいのです。そういった点で、SCPで強力に統制を効かせるのは良い方法ではないでしょうか。

予防的統制と対をなすのが発見的統制です。発見的統制はリスクが発生した際に、それを発見して対処する手法です。事前にリスクが発生しないように全て予防的統制で防げば良いではないか、と思われるかもしれませんが、現実的には全てのリスクを事前に予見して対処することは難しいです。

そのため、予防適当製で大きなリスクを事前に防ぎ、それ以外の部分については発見的統制で対処するというのが現実的です。

次の図は、予防的統制と発見的統制の組み合わせ例です。予防的統制としてOrganizationsのSCPを使って、ルートユーザーのアクセスキーは発行できないようにしています。そして、IAMのMFAが有効になっているかについては、Config RulesとSystems Managerで検知対処しています。

IAMユーザーのMFAは、発行と同時に設定することができないので、発見的統制が有効になります。

■ 図2-17　予防的統制と発見的統制

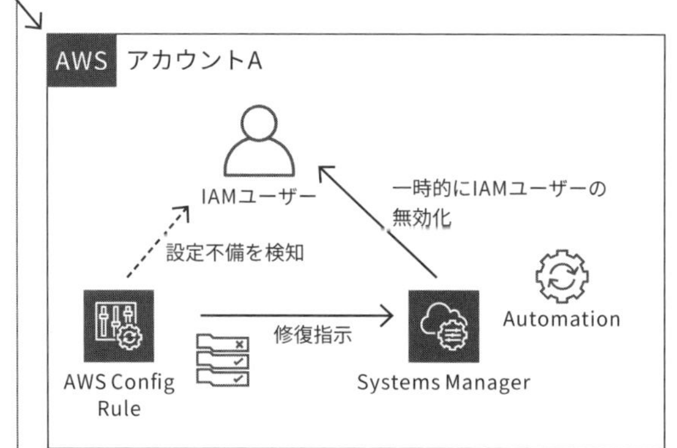

2-6-4 まとめ

IDおよびアクセス管理に関するインフラストラクチャのアーキテクチャ、実例を見てきました。AWSアカウントを守る上では、IAMがセキュリティの要となります。

IAMの基本機能であるIAMユーザー、IAMグループ、IAMポリシー、IAMロールをまず理解しましょう。その上で、特に重要となる最小権限の原則や、IAMロールの発展的な利用方法を身に着けていきましょう。

特に、AWSのマネージド・サービスを利用するには、実用性でも試験対策としてもIAMロールを理解することが重要です。役割として一時的に付与されるロール、またその権限の委譲を定義する信頼関係（Principal）の構造を理解しましょう。

2-7 IDおよびアクセス管理まとめ

本章ではAWSにおける、IDおよびアクセス管理をするためのサービスについて説明しました。

特にIAMはAWSを利用するための要としてのサービスで、AWSを使う上では避けては通れないサービスです。実際の開発の現場でも当然必要となりますし、セキュリティ認定試験でもIAM単体もしくはほかのサービスとして関連しての使い方が問われます。

IAMは主要機能としては4つですが、それぞれの機能が深く、また相互に関係しながら設計・設定をする必要があります。ドキュメントを読むだけでは理解しづらい分野でもあるので、セキュリティには細心の注意を払いながら、自分自身でも設定していってください。

また、その際に手助けとなるのが、AWSが公開している『IAMのベストプラクティス』です。必ず事前に読んで概要を把握しておきましょう。その上で、定期的に読み直して、ベストプラクティスから外れていっていないか確認してください。

IAM以外のサービスとしては、ディレクトリサービスであるAD関係のサービスと、システムの認証認可を提供するCognito、複数のAWSアカウントを管理するOrganizationsを紹介しました。これらのサービスは、AWSを利用開始した当初は、それほど使わないかもしれません。しかし、AWSの利用範囲が広がるにつれ、必要度が増していくサービスです。まずは概要レベルを把握した上で、必要に応じて利用していきましょう。

本章で紹介した構成の実例や練習問題をとおして、IDおよびアクセス管理の概念と実際の使い方を把握しておきましょう。

本章の内容が関連する練習問題

2-2 → 問題17、18、21

2-3 → 問題19

2-4 → 問題11

2-5 → 問題15、40

2-6 → 問題9

インフラストラクチャのセキュリティ

3-1 AWS WAF

▶▶ 確認問題

1. AWS WAFではAWSによって提供されたルールのみで攻撃をブロックする
2. AWS WAFが攻撃を検知したことをCloudWatchに連携することができる
3. AWS WAFでは一般的な攻撃をブロックするためのルールが提供されている

1.×　2.○　3.○

ここは 必ずマスター！

WAFとは何か

WEBアプリケーションへのリクエストをチェックして攻撃のパターンが含まれていればブロックする 機能

AWS WAFは一部のAWSサービスを保護する

AWS WAF は Amazon CloudFront、ALB、Amazon API Gatewayに対応している

既成のルールと自作のルールを設定して使う

ベンダーの提供するマネージドルールとユーザー定義ルールを組み合わせて、保護の条件を指定する

3-1-1 概要

AWS WAFはWAF（Web Application Firewall）のマネージドサービスです。

WAFとはWEBアプリケーションに対するリクエストの内容をチェックし、攻撃のパターンに合致するリクエストをブロックすることでシステムを防御するファイアーウォールです。

■ 図3-1　WAFとは

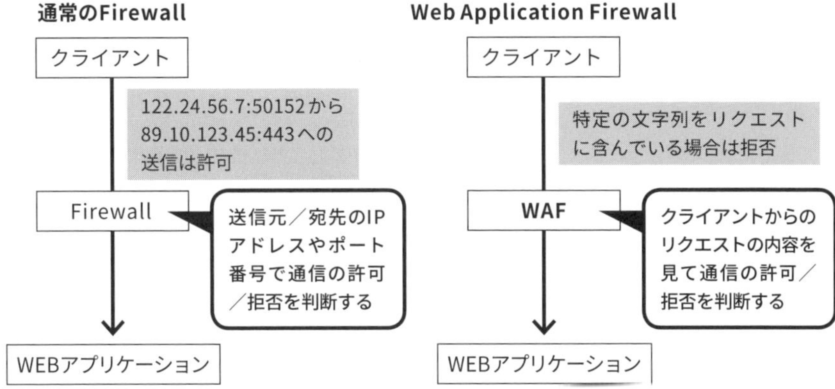

AWS WAFではSQLインジェクションやクロスサイトスクリプティングのような一般的な攻撃に対するルールが提供されており、それらに自身で作成したルールを追加することでシステムごとの通信内容に応じたセキュリティを確保することができます。

また、CloudWatchと連携させることで、リアルタイムに攻撃を検知したり、攻撃の分析を行う事が可能となります。

AWS WAFはAmazon CloudFront、ALBやAmazon API Gatewayの保護に利用することができます。

■ 図3-2　AWS WAFの設置例

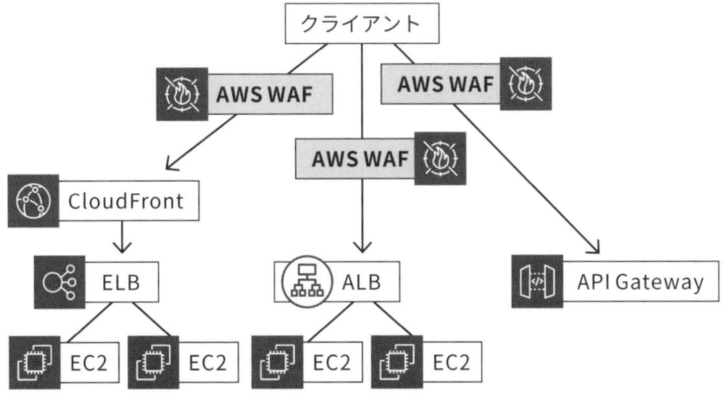

3-1-2 攻撃検知のルール

AWS WAFの攻撃検知はマネージドルールとユーザー定義ルールを組み合わせて行います。

マネージドルール

マネージドルールはセキュリティベンダーが各々の知見を基に作成した複数のルールをひとまとめにしたルールのセットです。AWS Marketplaceにて提供されており、購入したものをAWS WAFに適用して利用します。

また、AWSからもマネージドルールが提供されており、AWF WAFを利用する際はすぐにマネージドルールを適用することができます。

通常、WAFを導入・運用する際にはルールの作成・更新に専門的な知識や検証の工数が必要となります。しかし、AWS WAFではマネージドルールを利用することで容易にルールの適用を行うことができるだけでなく、マネージドルールがベンダーによって自動的に更新されることから運用の手間も少なくなります。

ユーザー定義ルール

攻撃検知のルールはユーザーが独自に作成することも可能です。AWS WAFでは下記のルールを作成することができます。

- **IP制限**
- **レートベースルール**
- **特定の脆弱性に関するルール**
- **悪意のあるhttpリクエストを判別するルール**

「IP制限」のルールでは特定のIPアドレスからの接続制限を、「レートベースルール」では同一IPアドレスからの接続数の制限を行います。

「特定の脆弱性に関するルール」ではSQLインジェクションやクロスサイトスクリプティングといったWEBアプリケーションの脆弱性に関するリクエストの制限を行います。

「悪意のあるhttpリクエストを判別するルール」ではhttpリクエストの要素のサイズや文字列といった内容について、不正とみなす条件を設定することで制限を行います。

3-1-3 AWS WAF以外のWAF

AWSではEC2として動作させるバーチャルアプライアンス型のWAFもセキュリティベンダーより提供されています。

こちらも同様にWAFとして利用することができますが、通常のEC2インスタンスの運用と同様に冗長化やスケーリングの考慮が必要となります。

AWS WAFはマネージドサービスのため、これらの考慮が必要ないということが強みですが、逆に細かい設定ができないため、カスタマイズ性を重視する場合はバーチャルアプライアンス型のWAFも選択肢に入ってきます。

■ 図3-3 アプライアンス型の設置例

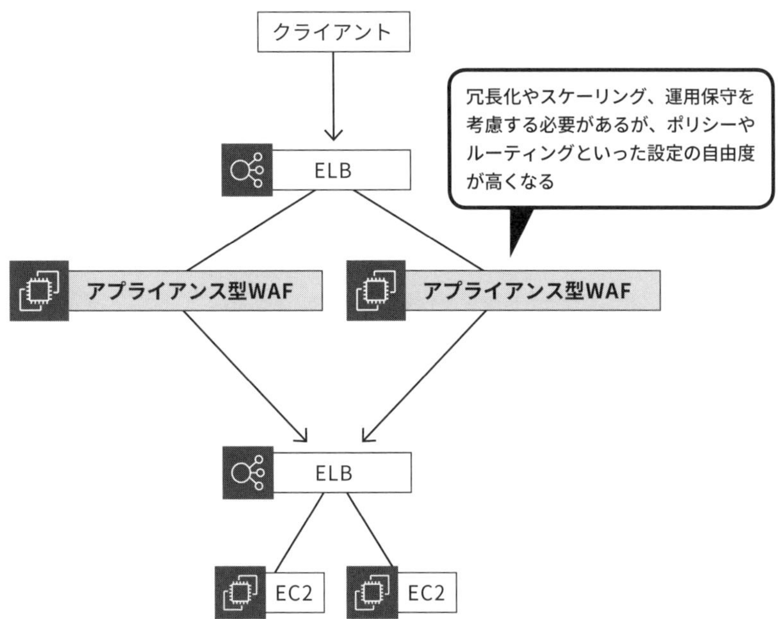

3-1-4 WAF v1とv2について

2019年11月にAWS WAFがアップデートされ、それまで使用していたAWS WAFはv1またはAWS WAF Classicと呼ばれるようになりました。マネージドルールとユーザー独自のルールを適用して使用するという基本的な使用方法は変わっていません。

主な変更点は以下の通りです。

- **AWSが無料のマネージドルールを提供開始**
- **v1では上限10ルールであったが、WAF Capacitiy Unit（WCU）という単位に変更され、より複雑なルールが設定可能になった。**
- **OR条件など、より複雑なルールの記述が可能になった**
- **ログ情報の拡張**

最初にあるAWSのマネージドルールが一番インパクトが大きかったと思います。無料といいつつも、AWS WAFの基本料金は発生しますので注意してください。

ほかのセキュリティベンダーが提供するマネージドルールは利用するだけでサブスクリプション料金がかかりますが、そこの料金がAWS提供のマネージドルールでは無料になりますので、まずはこちらを利用してみると良いでしょう。

3-1-5 WAFを使ったアクセス制限

AWS WAFでは、ユーザー定義ルールを利用することでhttpリクエストの内容によってアクセス制限を行うことができます。これを利用することで「特定のhttpヘッダがリクエストに含まれていなければアクセスを拒否する」といったルールをつくり、その条件を知っているクライアントにのみアクセスを許可するということが可能です。

具体的には、クライアントアプリケーションを常に特定のカスタムヘッダを付与してhttpアクセスを行うように実装しておき、AWS WAFでそのカスタムヘッダが含まれないアクセスをすべて拒否する設定とします。こうすることでそのクライアントアプリケーションからでないと接続できないシステムを構成することができます。

「3-5 Amazon CloudFront」においてもこの使い方に触れますので確認しておいてください。

3-2 AWS Shield

▶▶ 確認問題

1. AWS ShieldはDDoS攻撃への対策を行うためのサービスである
2. AWS Shield Standardはユーザーが対象を選定し個別に適用する必要がある
3. AWS Shield Advancedでは専門のチームに攻撃対策を任せることができる

1.○　2.×　3.○

ここは▶ 必ずマスター!

AWS ShieldはDDoS攻撃への対策を提供する

ネットワークおよびトランスポートレイヤーのDDoS攻撃からシステムを保護するサービス

AWS Shield Standardは無償で適用される

AWS上のシステムは一般的なパターンの攻撃からは自動的に保護される状態となります

AWS Shield Advancedはコスト増加も補償する

Advancedを有効化すると、DDoS攻撃を受けてオートスケールしてしまった分の料金は返還されます

3-2-1 概要

AWS ShieldはDDoS攻撃からシステムを守るためのサービスです。

無料で自動的に適用されるStandardと有償でより高レベルな保護を受けることのできるAdvancedの2種類のプランがあります。

Standardではネットワークおよびトランスポートレイヤーの一般的なDDoS攻撃からの保護が提供されますが、Advancedではさらに高度なDDoS攻撃からの保護が提供され、DDoS攻撃に起因するコスト増加についても保護されます。

さらに専門のDDoS対策チーム（AWS DDoS レスポンスチーム（DRT））のサポートを受けることができるようになります。

3-2-2 AWS Shield Standard

AWS Shield StandardはAWSの受信トラフィックを検査・分析することで悪意のあるトラフィックをリアルタイムで検知します。

また、自動化された攻撃緩和技術が組み込まれており、ネットワークおよびトランスポートレイヤーにおける一般的な攻撃に対する保護が期待できます。

AWS Shield Standardの保護対象はすべてのインターネットに面したAWSサービスです。

AWS WAFを利用することでアプリケーションレイヤーのDDoS対策ができるので、AWS Shield StandardとAWS WAFを併用することで基本的なDDoS攻撃をカバーすることができます（AWS WAFの利用料金は別途かかります）。

3-2-3 AWS Shield Advanced

AWS Shield AdvancedではEC2、ELB、CloudFront、Global Accelerator、Route 53を対象とした、より高度な攻撃検出機能を利用することができます。

具体的には対象リソースのトラフィックからベースラインを作り、異常なトラフィックを検知するアノマリー型検知が実現でき、高度な攻撃を検知することが可能となります。

また、攻撃と緩和の状況を可視化できるため、攻撃に対する対応が行いやすくなります。

DRTのサポートを24時間365日受けることができるため、WAFのルールの追加などの攻撃緩和対策にあたっては専門家のサポートを受けつつ実施できるというメリットもあります。DRTに緩和策の適用を任せてしまうことも可能です。

また、AWS Shield Advancedの場合は追加料金無しでDDoS対策のためにAWS WAFを利用することができます。

Advancedを利用している場合、DDoS攻撃によってオートスケールするサービスの予期せぬスケールアップが発生したことで利用料が急増するという被害を被った場合、増加分の料金の調整リクエストを行うことができます。

■ 図3-4　Shieldの全体像

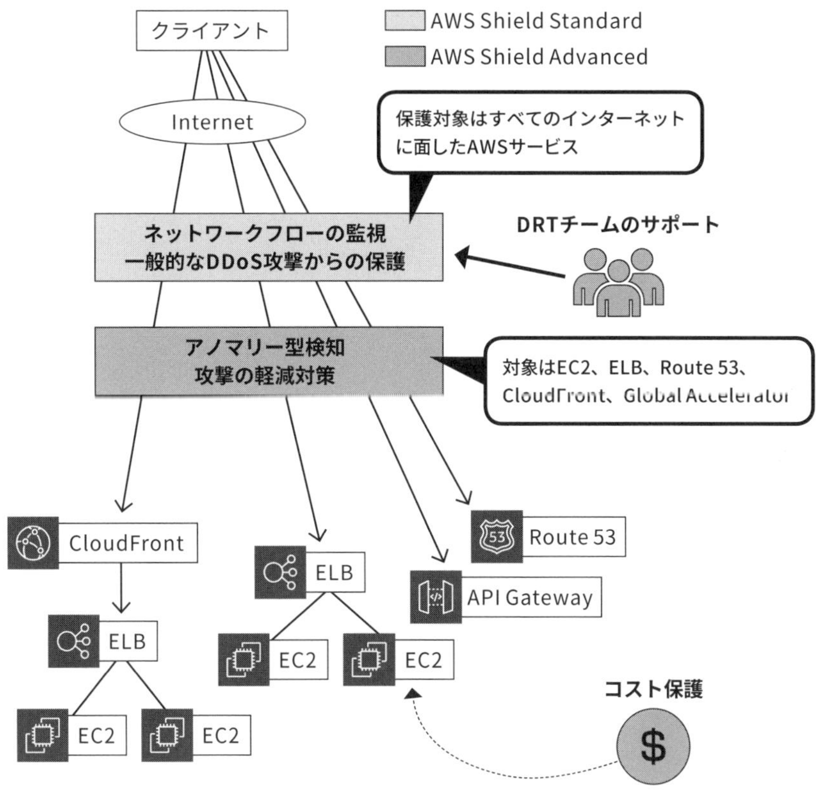

3-2-4 まとめ

　基本的にはAWS Shield Standardによって一般的なDDoS攻撃からの保護が提供されるため、小規模なシステムではこれで十分なことが多く、高額かつ1年間のサブスクリプション契約を必要とするAWS Shield Advancedを利用することはほとんどないと思います。

　しかし、規模が大きくDDoS攻撃に狙われやすい、かつサービス停止による影響が大きなシステムにおいてはコストを掛けてでもAWS Shield Advancedを利用し、DDoS攻撃を受けたときのリスクを最小限に留めるという選択肢が出てきます。

3-3 AWS Firewall Manager

▶▶ 確認問題

1. AWS Firewall ManagerはAWS WAFのルールの制御を行う
2. AWS Firewall Managerでは別のAWSアカウントのリソースの制御も可能である
3. AWS Firewall ManagerではSecurity Groupの変更管理を行うことができる

1.○　2.○　3.○

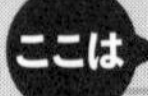

必ずマスター！

Firewall Managerの扱うサービス

複数のAWSアカウントのAWS WAF、AWS Shield Advanced、VPC Security Groupを一元的に管理する

複数アカウントの管理はAWS Organizations

AWS Organizationsに参加しているAWSアカウントを統合管理の対象とする

変更の監視はAWS Config

対象となるリソースの変更監視はFirewall Managerの作成したAWS Configルールによって行われる

3-3-1 概要

AWS Firewall ManagerはAWSにおけるファイアーウォールにあたる、AWS WAF、AWS Shield Advanced、Amazon VPC Security Groupのポリシーを一元管理するためのサービスです。

あらかじめセキュリティルールを定義しておくことで、新規に作成されたリソースやアプリケーションに自動的にルールを適用できるようになります。

また、AWSアカウントを一元管理するためのサービスであるAWS Organizationsと統合されており、複数アカウントにまたがって上記の操作を一元的に行うことができます。

3-3-2 管理対象となるルール

AWS Firewall Managerで管理することのできるサービスは下記の3つです。

- **AWS WAF**
- **AWS Shield Advanced**
- **Amazon VPC Security Group**

AWS WAFのマネージドルールおよびユーザー定義ルール、AWS Shield Advancedの保護や共通のSecurity Groupを新規リソースに自動適用したり、適用されていないリソースが作成されたときに通知を受けたりすることができます。

ルールの適用状況のチェック、設定内容の監査はAWS Configルールを用いて行われます。設定に応じてAWS Firewall ManagerにてAWS Configルールが自動作成され、存在するリソースが組織のセキュリティルールに従っているかを継続的に監視することが可能です。

3-3-3 アカウントをまたいだ管理

ひとつの組織において用途に応じた複数のAWSアカウントをもつことは今では一般的となっています。また、セキュリティに関するノウハウやデザインパターンも広く認知されるようになったことから、組織ごとにセキュリティポリシーが規定されていることも多く、そういった組織では所有しているAWSアカウントそれぞれに対して同じような設定を施すことになります。

AWS Firewall Managerでは、そのような設定を一元的に管理し、複数のアカウントに自動的に適用することで容易にセキュリティポリシーを遵守させることができます。

管理対象のアカウントはAWS Organizationsで管理されます。管理対象としたいアカウントをAWS Organizationsに参加させることで、1つのアカウントのAWS Firewall Managerから各アカウントのセキュリティルール管理を行うことができるようになります。

3-4 Amazon Route 53

▶▶ 確認問題

1. Route 53では名前解決先の正常稼働のチェックを行うことができる
2. Route 53は条件によって必ず1つの値を返すように名前解決を行う
3. Route 53は最も早くレスポンスを受ける名前解決先を選定することができる

1.○　2.×　3.○

ここは▶ 必ずマスター!

状況に応じたルーティングが可能

振り分け先の状態、ユーザーの状態、ランダム条件などでの振り分け先の変更が可能

設定のビジュアル的な確認・変更ができる

Traffic Flowという機能を使うことで複雑に設定したルーティングをビジュアル的に管理できる

IPアドレス以外にもAWSサービスに変換可能

DNSとして単にドメイン名→IPアドレスの変換でなくAWSサービスへのルーティングが可能

3-4-1 概要

Amazon Route 53（以下、Route 53）はDNSのマネージドサービスです。

AWSのインフラを用いて構成されているため、非常に高い可用性と信頼性をもち、システム内外における名前解決がボトルネックとなることを防ぎます。

また、単純な名前解決だけではなく、エンドポイントの状態やリクエストを行ったユーザーの地理的な場所などを考慮したルーティングが可能であることも大きな特徴です。

また、re:Invent 2020での発表からRoute53がDNSSECに対応しました。DNSSEC署名を設定しておくことで、名前解決するクライアント側で応答が改ざんされていないことの検証が行えるため、ドメインの信頼性を向上させることができます。

3-4-2 ルーティングポリシー

Route 53は標準のDNSとしての名前解決（シンプルルーティング）のほかに、さまざまな条件で名前解決の結果を動的に変えることが可能です。

■ 図3-5　シンプルルーティング

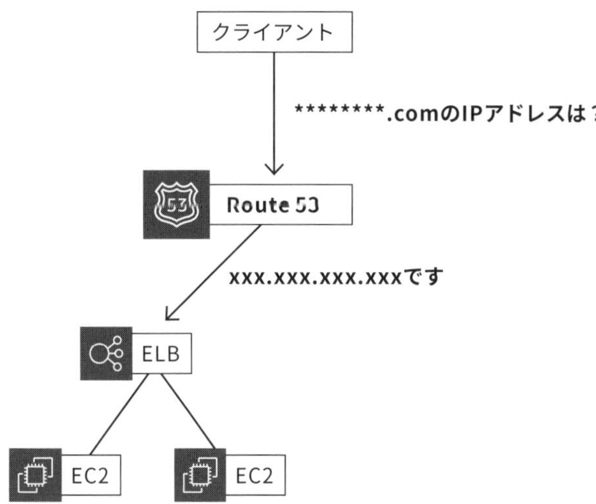

フェイルオーバールーティング

通常時の名前解決先のヘルスチェックを設定したうえで、そのリソースが正常でない場合の名前解決先を設定することができます。

この機能を利用することで「サービスの異常時に自動的にSorryページに名前解決する」といったことができるようになります。

■ 図3-6　フェイルオーバールーティング

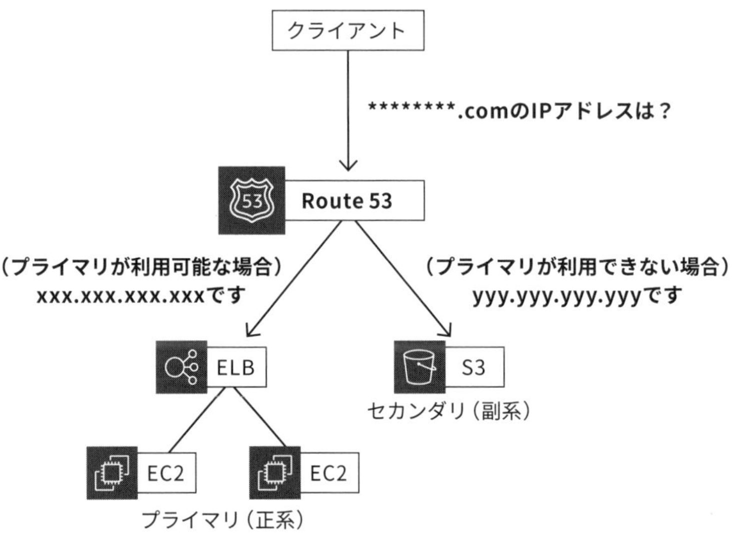

位置情報ルーティング

DNSリクエストを送信したユーザーの地理的な場所に基づいて名前解決の結果を変えることができます。

例えば日本からのアクセスの場合は日本向けのコンテンツに、アメリカからのアクセスにはアメリカ向けのコンテンツに、といった振り分けをすることでユーザーに提供するサービスの内容を変えることができます。

また、日本限定のサービスであれば日本からのアクセスのみを正規のコンテンツに振り分け、それ以外の国からのアクセスはSorryページに振り分けることでアクセスを制限することができ、意図した地域からのアクセスにのみリソースを割くことができるようになります。

位置情報ルーティングにおいて指定できる地理的場所は、大陸別、国別（アメリカではさらに州別の指定も可能）となっています。

■ 図3-7　位置情報ルーティング

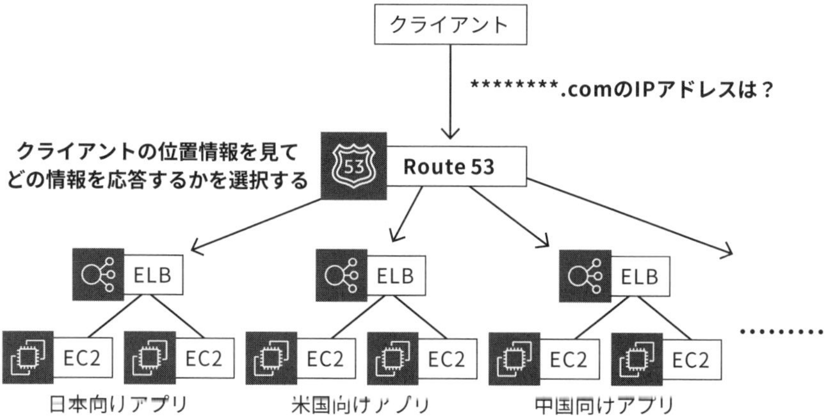

レイテンシーに基づくルーティング

アプリケーションが複数リージョンでホストされている場合はネットワークレイテンシーが最も低くなるように名前解決を行います。

ネットワークレイテンシーは、アクセス時のネットワークの状況によって変化するため、単純に地理的に近いリージョンへの名前解決になるとは限らず、地域や時間帯によっては前回のアクセス時と異なるリージョンに名前解決されることもあります。

■ 図3-8　レイテンシーに基づくルーティング

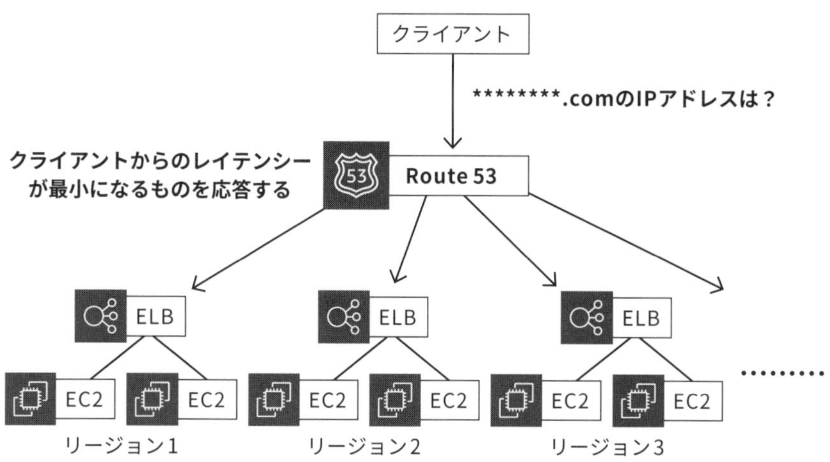

複数値回答ルーティング

シンプルルーティングの場合は、1レコードに複数の値を設定してもRoute 53はその中からランダムな値を1つ返します。

複数値回答ルーティングを設定すると、1レコードに複数の値を設定しておくことで、1つのDNSクエリに対して一度に複数の値を返すことができます。

また、複数値回答ルーティングではヘルスチェックを設定しておくことにより、設定された複数の値のうち正常なリソースの値のみを返すことも可能です。

■ 図3-9　複数値回答ルーティング

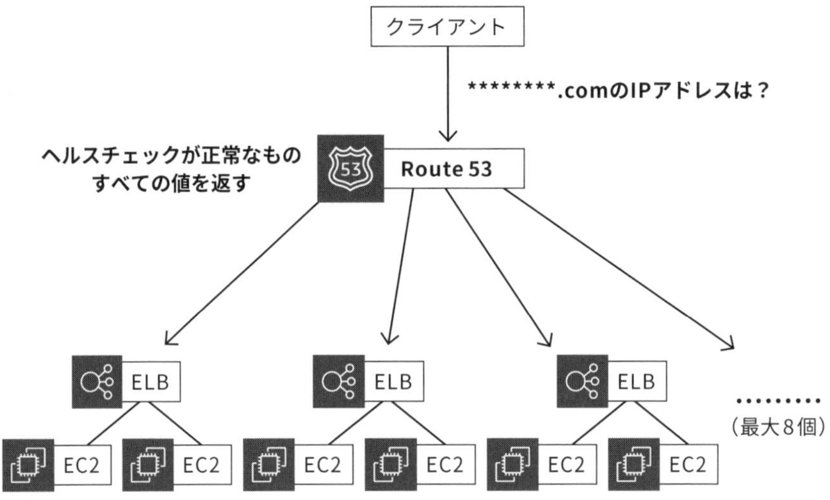

加重ルーティング

名前解決先を複数設定し、その振り分けの割合を指定することができます。

例えば、大量のトラフィックが発生することが予想される場合の負荷分散として、全リクエストの10%はSorryサーバーに誘導するように設定することで、サービスへの負荷を軽減することができます。

また、アプリケーションの新しいバージョンをリリースする際に、一部のリクエストのみを新バージョンに振り分け、問題がないことを確認しながら段階的に全ユーザーに公開していくリリース手法（カナリアリリース）に用いることもできます。

■ 図3-10　加重ルーティング

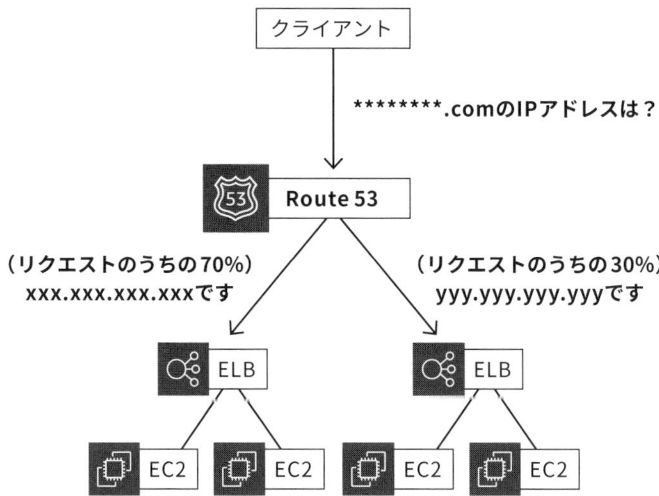

Amazon Route 53 Traffic Flow

上記で紹介した複数のルーティングを組み合わせることで、柔軟に名前解決の条件を設定することは可能ですが、複雑化するとRoute 53のコンソール上だけではレコード間の関係性を把握することは困難です。

そこで、Route 53ではTraffic Flowという機能で、ルーティングの状況をビジュアル的に確認・変更ができるようになっています。

3-4-3 AWSに特化した機能

AWSのサービスの一部であるため、ほかのAWSサービスとの連携が充実しています。

- **単なるドメイン名→IPアドレスの変換だけでなく、EC2やELB、S3、CloudFrontといったさまざまなサービスへのルーティングの設定が簡単に行える**
- **AWS CLIに対応しているため、Lambdaなどのプログラムからの DNS設定変更も可能**
- **インターネット向けの名前解決だけではなく、VPCと紐付けることでVPN内での名前解決を実装することが可能**
- **権限管理にはIAMのポリシーが利用でき、操作するユーザーの権限を細かく設定できる**

3-4-4 セキュリティ向上のためのRoute53

ここで説明したようにRoute53は柔軟な名前解決機能を提供します。単にサービスの機能向上のために利用する以外に、この柔軟な名前解決機能を利用することでセキュリティの向上を図ることができます。

例えば、ヘルスチェックを設定した複数値回答ルーティングを設定しておくことにより、正常に応答ができるリソースのみへルーティングしたり、フェイルオーバールーティングにを用いて正系システムの異常時に副系システムへルーティングすることで、システムの可用性を向上させることができます。

また、特定の地域限定向けのサービスであれば、位置情報ルーティングを設定してサービス提供地域外からの名前解決はSorryページに振り分けるなどの設定を行い、サービス提供地域外からのアクセスが行えないようにしておくことで不必要な攻撃を未然に防ぐことができます。

■ 図3-11　特定の地域限定向けサービス

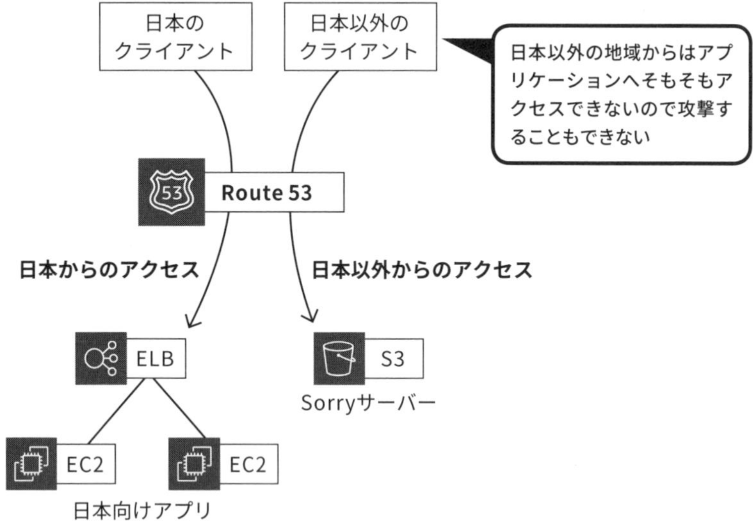

Route 53自体の可用性も非常に高く、大量のリクエストを捌くために自動でスケールする設計となっているため、Route 53を使うこと自体が、システム内外で名前解決がボトルネックとなってシステムの可用性やレスポンスが低下することを防ぐことにつながります。

3-5 Amazon CloudFront

▶▶ 確認問題

1. Amazon CloudFrontの配信対象は静的データのみである
2. Amazon CloudFrontとAWS内のオリジン間にはデータ転送料金がかからない
3. Amazon CloudFrontのどのエッジサーバーを使うかはユーザーが選択する

1.× 2.○ 3.×

ここは 必ずマスター!

ユーザーへはCloudFrontのもつキャッシュを転送

ユーザーに実際のコンテンツにアクセスさせることなく、サービスを提供することができる

導入することでユーザーへのレスポンスが向上する

グローバルに展開されており、ユーザーから近い位置のサーバーが応答するため、レスポンスが高速になる

署名付きURL、署名付きCookieは機能的に同じ

利用シーンによって向き不向きが存在するので、それを考慮してどちらを使うか決める必要がある

3-5-1 概要

Amazon CloudFront (以下、CloudFront) は静的データおよび動的データを高速に配信するためのContents Delivery Network (CDN) サービスです。

ユーザーと実際のコンテンツ (オリジン) の間に位置し、転送すべきコンテンツをCloudFrontがキャッシュしておくことで、ユーザーからのリクエストに対し、キャッシュのデータをレスポンスすることで高速に配信します。リクエスト対象がキャッシュにない場合はCloudFrontがオリジンから対象のデータを取得し、ユーザーへレスポンスします。

また、CloudFrontはグローバルに展開されているため、ユーザーのアクセス元に応じてより高速に応答できる位置にあるCloudFrontエッジサーバーがデータを処理することができるため、オリジンとユーザーの地理的位置に関係なく高速な配信が行えます。

■ 図3-12　CloudFront 構成図

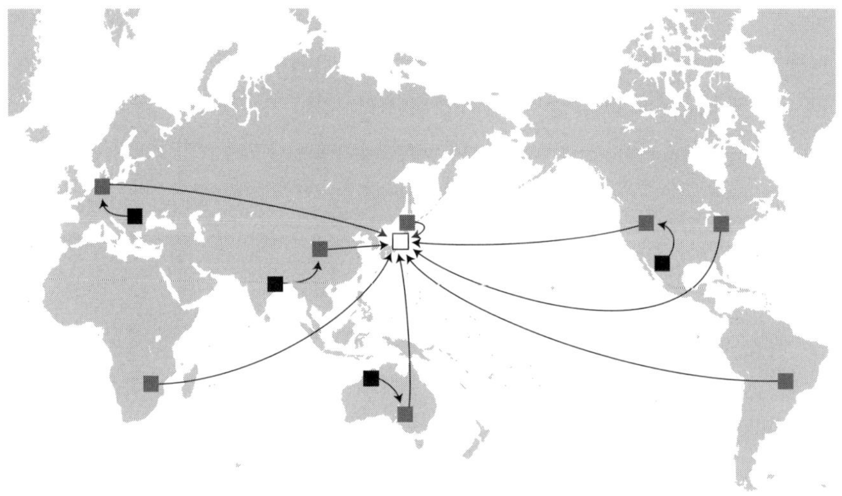

CloudFrontはAWS内のオリジン（S3、ELB/EC2など）を利用する場合はそれらのサービスとの間のデータ転送に料金が発生しないので、低コストで導入することができます。

3-5-2 オリジンの保護

大きな目的としては上述のとおり、コンテンツの高速配信ではありますが、CloudFrontを利用することで、エンドユーザーが直接オリジンにアクセスすることがなくなるため、オリジンのリソースやデータを保護するという効果もあります。

■ 図3-13　オリジンの保護

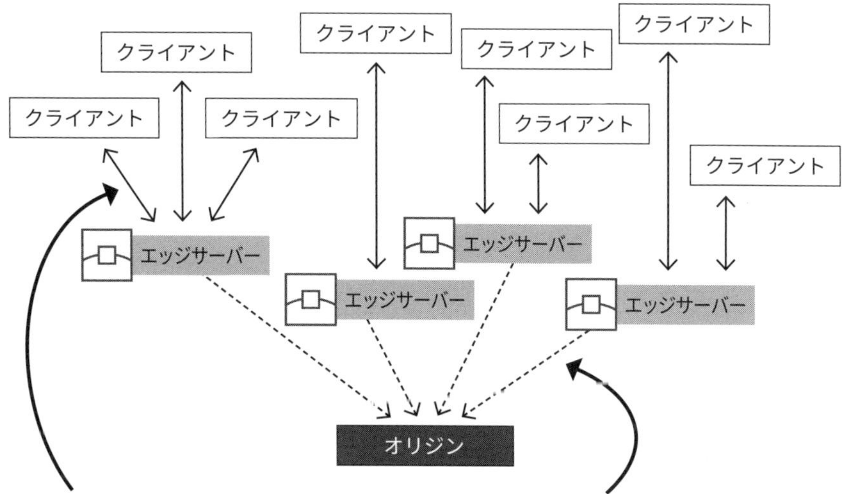

**クライアントのリクエストは
エッジサーバーがキャッシュで応答する**

**有効なキャッシュがない場合のみ
エッジサーバーはオリジンに問い合わせる**

オリジンがELB（EC2）の場合

ELBとEC2からなるWebシステムにCloudFrontを導入するだけで、ユーザーからのリクエストをCloudFrontが受け、CloudFrontが保持していないコンテンツのみをCloudFrontからオリジンとなるELB（EC2）にリクエストするため、ユーザーが直接ELB（EC2）にアクセスしてくることがなくなり、オリジンとなるリソースを保護することができます。

ただし、これだけの設定ではオリジンのURLさえわかればユーザーが意図的にオリジンに直接アクセスすること自体は可能です。

オリジンを完全に保護するためには、さらにWAFをCloudFrontとオリジンの間に導入してCloudFrontのカスタムヘッダを設定します。
AWS WAFでオリジンへのカスタムヘッダをもたないリクエストの拒否を設定することでオリジン へのアクセスをCloudFrontに限定することが可能になります。

ただし、正しいカスタムヘッダを設定すればオリジンには直接アクセスできるため、カスタムヘッダは推測されにくい文字列にしておく必要があります。

■ 図3-14　カスタムヘッダによるアクセス制限概要

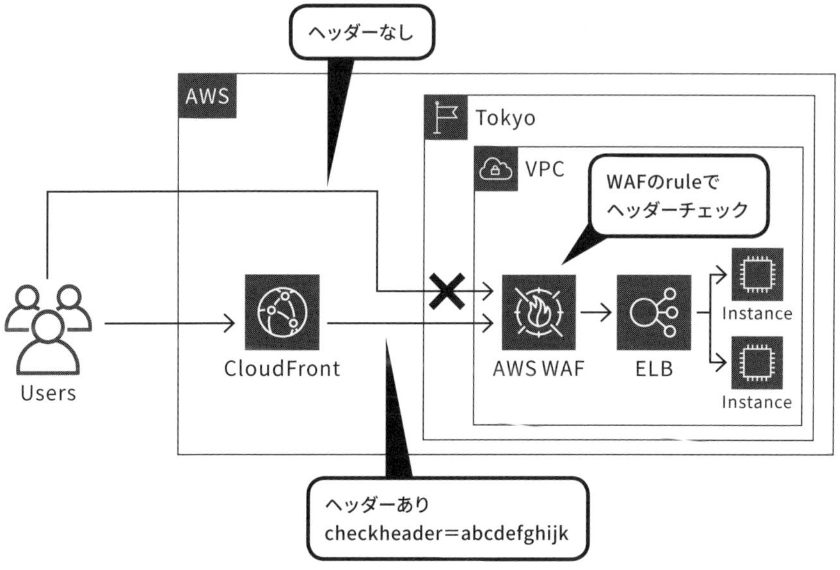

■ 図3-15　カスタムヘッダの設定

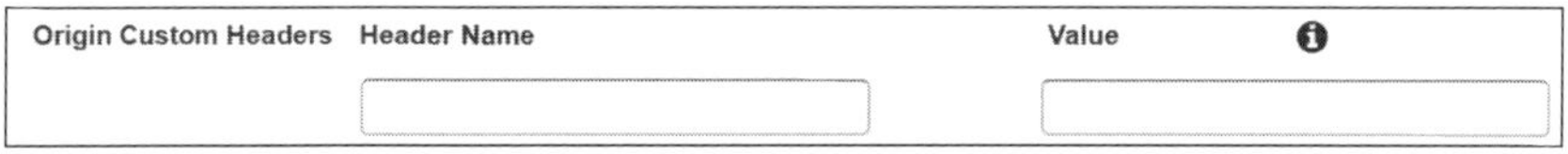

Origin Custom Headers	Header Name	Value

オリジンがS3の場合

S3の場合も同様にCloudFrontを導入するだけで、ユーザーからのリクエストをCloudFrontが受け、CloudFrontが保持していないコンテンツのみをCloudFrontからオリジンとなるS3にリクエストする形になりますが、オリジンがELB（EC2）の場合のときと同様にユーザーがオリジンのURLを知ることができれば、ユーザーが意図的にオリジンに直接アクセスすることができてしまいます。

オリジンがS3の場合、ユーザーからの直接アクセスを防ぐためにはCloudFrontにオリジンアクセスアイデンティティ（OAI（オーエイアイ））という特別なユーザーを設定します。S3のバケットに「オリジンアクセスアイデンティティのみが読み取り可能」という設定を行うことで、S3への直接アクセスをCloudFront（のオリジンアクセスアイデンティティ）に限定することが可能です。

■ 図3-16　オリジンアクセスアイデンティティによるアクセス制限

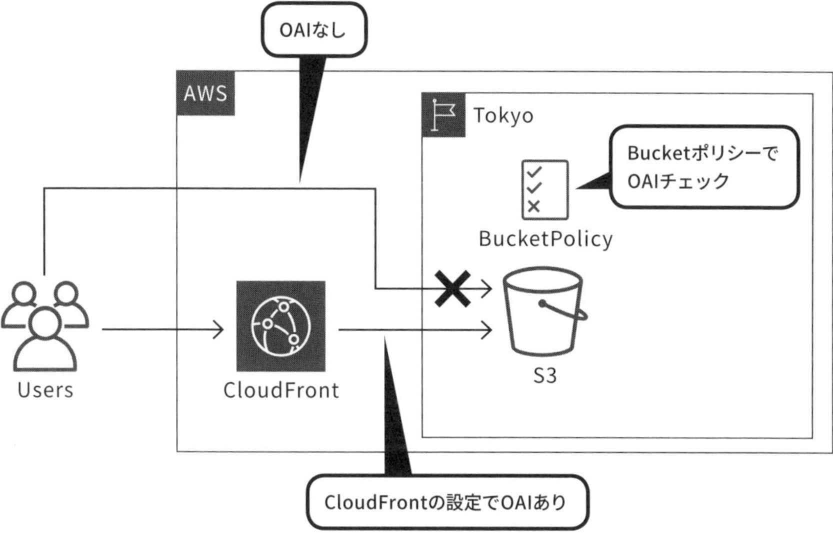

■ 図3-17　オリジンアクセスアイデンティティの設定

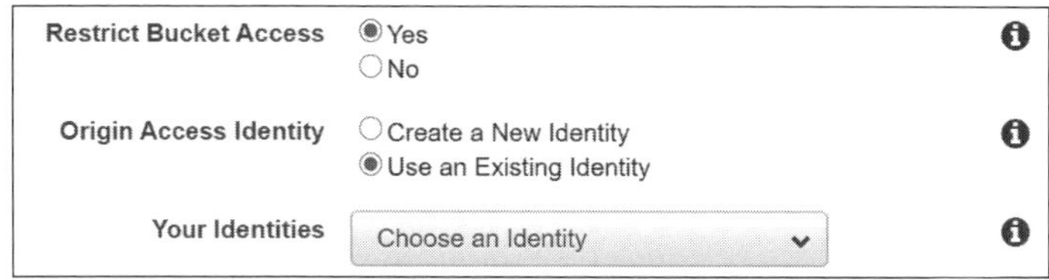

3-5-3 限定的なアクセスの提供

システムの構成によっては、ユーザーへ限定的なアクセスを提供する必要が出てくることも考えられます。そのような場合、オリジンがS3であればCloudFront用の署名付きURLまたは署名付きCookieをアプリケーションから発行することで、ユーザーに限定的なアクセスを許可することが可能です。

具体的には有効期間の指定やアクセス元のIPアドレスといった条件をポリシーとして設定し、その条件下でのみ利用できるURLまたはCookieを発行して、ユーザーのアクセスに利用します。

署名付きURLおよび署名付きCookieは基本的に同じ機能を提供しますが、特性が異なるため、利用シーンによってどちらを使うかを選択することになります。

次のような場合は署名付きURLを選択します。

- **個別のファイルへの限定的なアクセスを許可したい場合**
- **Cookieをサポートしないクライアントからのアクセスとなる場合**
- **RTMPディストリビューションを使用する場合（RTMPでは署名付きCookieがサポートされないため）**

次のような場合は署名付きCookieを選択します。

- **複数のファイルへの限定的なアクセスを許可したい場合（HLS形式の動画のファイル群など）**
- **URLを変更せずアクセスさせたい場合**

3-6 Elastic Load Balancing

▶▶ 確認問題

1. Application Load BalancerはHTTP/HTTPSにのみ対応している
2. Network Load BalancerはTLSターミネーションに対応していない
3. Classic Load BalancerはVPC環境以外でも利用できる

1.○　2.×　3.○

ここは 必ずマスター!

ALBはHTTP/HTTPSのレイヤ7ロードバランサー

HTTP/HTTPSにおいて高度なルーティングを提供し、Lambdaや IPアドレスへのルーティングも可能です

NLBはTCP/UDPのレイヤ4ロードバランサー

TCP/UDP両方に対応し、高パフォーマンスを提供します。トラフィックの急変にも対応できる設計です

ALB/CLBとNLBでは細かな動作が異なる

通信経路やIPアドレスの割り当てなど細かい動作が異なるので、設計時の考慮が必要

3-6-1 概要

Elastic Load Balancing(以下、ELB)はアプリケーションへのトラフィックを複数のターゲットに分散させるためのサービスです。

ELB自体の可用性が高く、ELBを用いることで複数AZへのトラフィック分散を行うことができるため、アプリケーションの可用性を向上させることができます。

分散先となるターゲットはEC2インスタンス、コンテナ、IPアドレス、Lambda関数といったAWSのサービスを指定できます。ただし、IPアドレスにおいてはVPCのプライベートIPアドレスのみが指定可能であり、グローバルIPアドレスを指定することはできません。

また、ELBではTLSターミネーション機能やELBとターゲットの間の通信暗号化といったトラフィックのセキュリティ機能も提供されています。

3-6-2 ELBの種類

ELBではApplication Load Balancer（ALB）、Network Load Balancer（NLB）、Classic Load Balancer（CLB）の3種類のロードバランサーが用意されています。

■ 図3-18　ELB作成画面

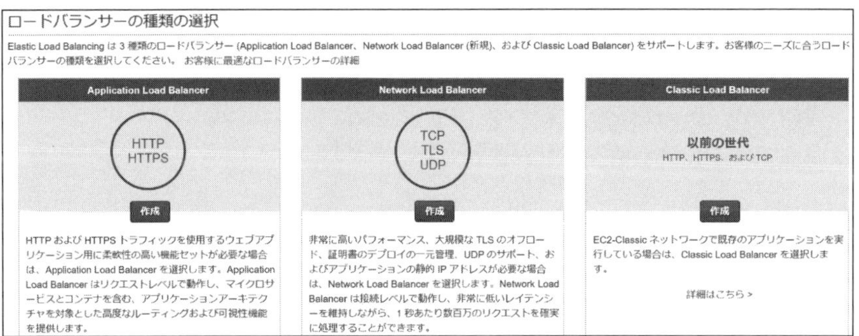

Application Load Balancer

ALBはレイヤー7で動作するロードバランサーです。ターゲットとして、VPCに属するEC2インスタンス、コンテナ、IPアドレス、Lambda関数を指定することができます。

HTTPとHTTPSをサポートしており、パスベースやホストベースのルーティング、HTTPヘッダーベースやメソッドベースのルーティングなどといった高度なルーティングを行うことができます。また、HTTPリクエストをパラメータとしてLambda関数へ渡したり、ALB自体が固定のレスポンスを返すというような処理も可能です。

ALBはトラフィック状況に応じて自動でリクエスト処理能力をスケールするため、安定した性能でサービスを提供することができます。ただし、急激なトラフィック増加に対してはスケールが間に合わない場合があります。

また、ALBはIPアドレス（VPCのプライベートIPアドレス）へのルーティングに対応しています。このため、オンプレミスのサーバーとVPCを接続することでオンプレミスのサーバーにVPCのプライベートIPアドレスをもたせることができれば、そのIPアドレスを指定してターゲットとすることができ、クラウドとオンプレミスのハイブリッド構成とすることが可能となります。

Network Load Balancer

NLBはレイヤー4で動作するロードバランサーです。ターゲットとしては、VPCに属するEC2インスタンス、コンテナを指定します。

TCPとUDP両方のトラフィックに対応しており、きわめて低いレイテンシーを維持しながら1秒間に数百万件ものリクエストを処理する能力を備えています。

また、突発的で不安定なトラフィックパターンに対処できる設計となっており、急激なトラフィック増加時にも安定した処理ができます。

所属するサブネットごとに静的なIPアドレスが付与され、Elastic IPも利用できるので、固定IPアドレスでサービスを提供することができます。

Classic Load Balancer

CLBはレイヤー7とレイヤー4の両方で動作するロードバランサーで、EC2-ClassicとVPCの両環境で動作します。基本的にはEC2-Classicでのロードバランサーとして利用されることが想定されており、VPC環境ではALBまたはNLBを利用することが推奨されています。

TCPとUDP両方のトラフィックに対応しており、HTTP/HTTPSに特化した高度なルーティング以外はALBと同じような機能を持っています。

3-6-3 ALB/CLBとNLBの違い

どのELBもスティッキーセッション、TLSターミネーション、バックエンドサーバーとの通信暗号化、CloudWatchと連携したモニタリング、ターゲットのヘルスチェックといったロードバランサーとしての基本的な機能が備わっており、アプリケーションの性質によって3種類から適切なものを選択することになります。ロードバランサーとして果たす役割は同じですが、ALB/CLBとNLBでは細かな動作に違いが見られます。

ALB/CLBはIPアドレスが動的に割り当てられるため、アクセスの際はDNS名を利用する必要があります。一方、NLBは静的IPアドレスが割り当てられるため、固定IPアドレスでサービスを公開することができ、接続元のファイアーウォールでIPアドレスを指定する必要がある場合などに便利です。

また、ALB/CLBではSecurityGroupが利用できますが、NLBでは利用できません。そのため、ALB/CLBを利用した構成ではアクセス制御をALB/CLBに指定したSecurityGroupで行いますが、NLBを利用した構成ではアクセス制御はターゲットのSecurityGroupで行う必要があります。

ALB/CLBはターゲットへのリクエストおよびレスポンスの通信はALB/CLBが介する動きになります。よって、ターゲットから見たリクエストの送信元はALB/CLBであり、ユーザーから見たレスポンスの送信元はALB/CLBになります。

一方、NLBは送信元IPアドレスをそのまま透過的にターゲットに渡し、ターゲットは直接送信元にレスポンスを返す動きになるので、ユーザーとターゲットが直接通信を行う形になります。

■ 図3-19 ELBを経由する通信経路

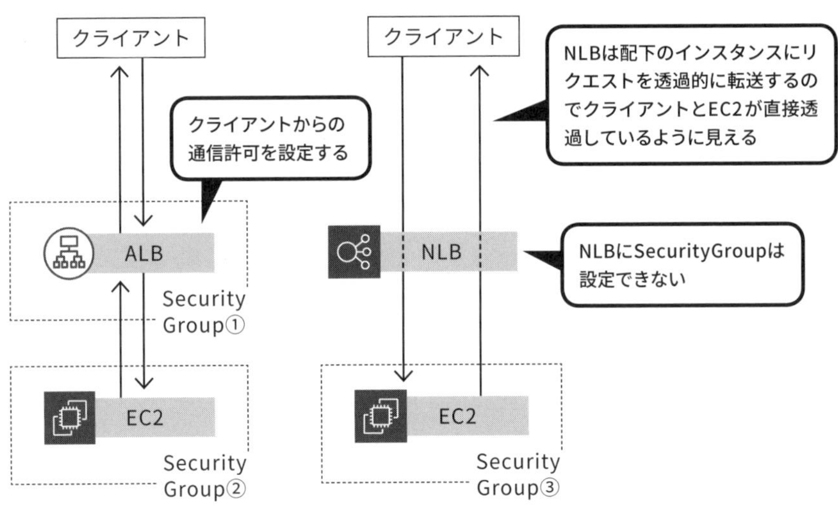

このように、クライアントからのリクエストを配下のターゲットに分散させるという意味ではどの種類のELBでも同じような役割を果たします。

しかし、クライアントから見た動き(通信相手がELBなのかターゲットなのか)やセキュリティ設定の方法(どこのSecurityGroupで制御するか)などといった細かな部分の違いは、利用シーンによる向き不向きやシステム内の構成に影響します。

ELBの選定時にはこういった動作も考慮したうえで、どのELBが適切か考慮する必要があります。

3-7 AWS Auto Scaling

確認問題

1. AWS Auto ScalingではCPU負荷増加時にリソースの数を増やすことができる
2. AWS Auto ScalingでELBのスケールアップを行うことが可能
3. AWS Auto Scalingは自動的に必要リソースを予測してスケーリングできる

1.○　2.×　3.○

ここは必ずマスター！

様々な条件に基づいてリソースを増減させる

CloudWatchメトリクス、正常動作数、スケジュールに基づいてリソースを増減させる

特定のAWSサービスが対象

対象となるサービスは、EC2インスタンス、Spot Fleet、ECSタスク、DynamoDB、Aurora

トラフィックを予想してスケーリングする

トラフィックの傾向を学習し、負荷が上がる前にリソースを増やすことが可能

3-7-1 概要

AWS Auto Scalingは事前に決めたプランに応じてサービスを構成するリソースを自動で増減させる機能です。増減させる対象は、EC2インスタンスとSpot Fleet、ECSタスク、DynamoDBのテーブルとインデックス、Auroraのレプリカとなります。

CPU利用率など対象のCloudWatchメトリクスの増減をキーとしたスケーリングのほか、対象の総数の維持、スケジュールされたスケーリングなど柔軟な条件でリソースを増減させることが可能です。さらに、トラフィックの変化を学習し、予測に基づいてスケーリングを行う機能もあります。

スケーリングのプランとして、「可用性最適化」、「コスト最適化」、「バランス型」が用意されており、これらとは別にユーザー定義のプランを作ることも可能です。

3-7-2 利用シーンに応じたスケーリング条件

Auto Scalingを用いることで、さまざまな利用条件下でのサービスの可用性向上を図ることができます。

アクセス数の増減が大きく、予測しづらいサービスであればCloudWatchメトリクスをキーとしたスケーリングを採用することで、急なアクセス負荷の増加に対応することができます。

■ 図3-20 CloudWatchメトリクスをキーとしたスケーリング

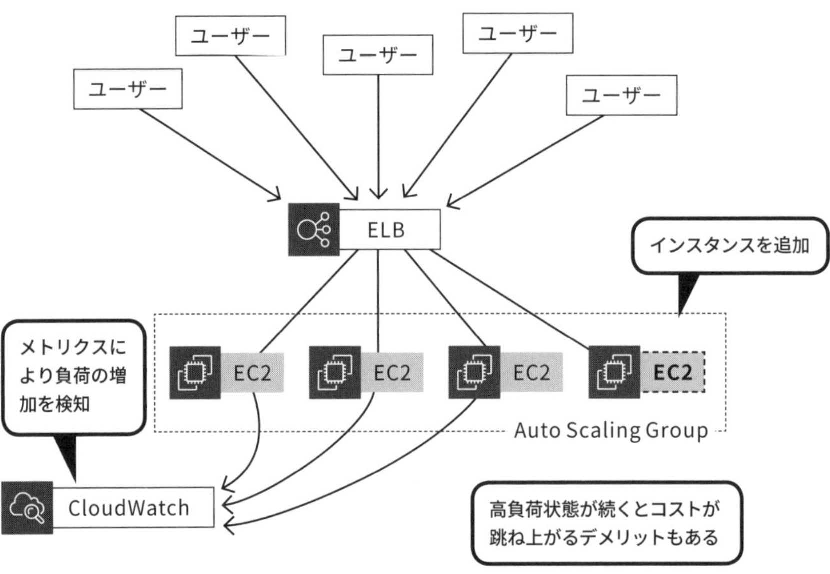

アクセス数の増減が少ないサービスであれば、インスタンス数を維持するようにAuto Scalingを設定しておくことで、インスタンス障害時の自動復旧を実現します。

■ 図3-21　インスタンス数の維持

ユーザー
ユーザー
ユーザー
ELB
正常稼動するインスタンス数を
維持するためインスタンスを追加
EC2
EC2
EC2
EC2
Auto Scaling Group
障害の発生（＝ヘルスチェックのエラー）

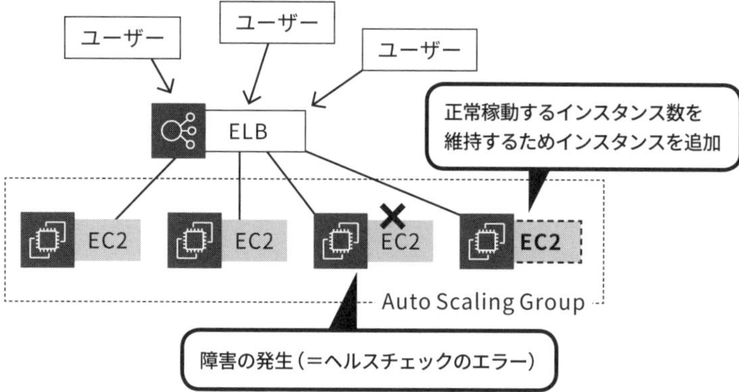

また、特売が予定されているECサイトのように、アクセス負荷の増加があらかじめ予測されている状況ではスケーリングのスケジュールを設定しておくことでコストをコントロールしつつ、可用性を確保することができます。

■ 図3-22　スケールのスケジューリング

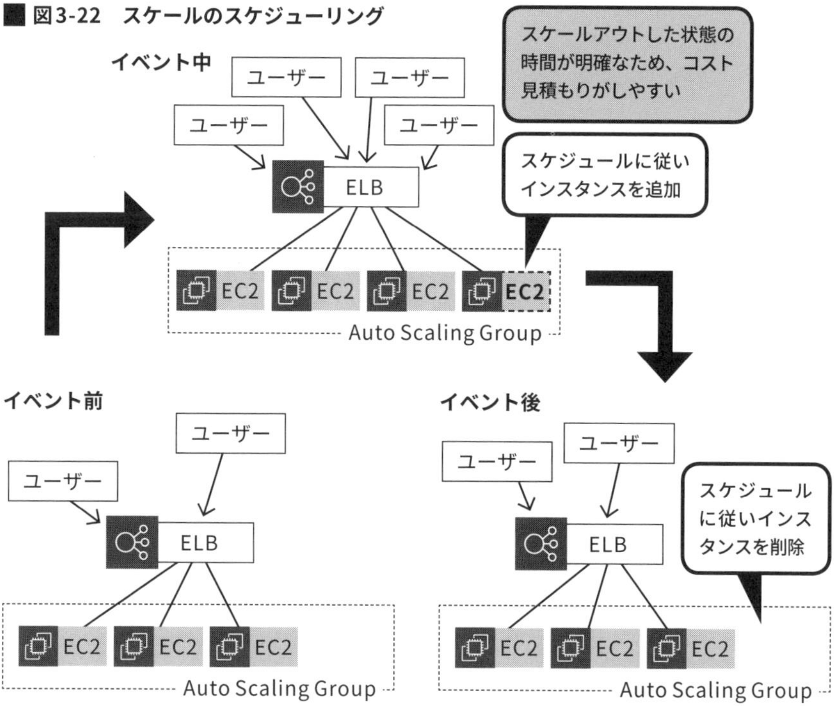

イベント中
ユーザー
ユーザー
ユーザー
ユーザー
ELB
スケールアウトした状態の
時間が明確なため、コスト
見積もりがしやすい
スケジュールに従い
インスタンスを追加
EC2
EC2
EC2
EC2
Auto Scaling Group
イベント前
ユーザー
ユーザー
ELB
EC2
EC2
EC2
Auto Scaling Group
イベント後
ユーザー
ユーザー
ELB
スケジュール
に従いインス
タンスを削除
EC2
EC2
EC2
Auto Scaling Group

3-8 Amazon API Gateway

▶▶ 確認問題

1. API GatewayではステートフルなAPIもステートレスなAPIもサポートしている
2. API GatewayはCognitoやIAMなどと連携させることで認証を行うことができる
3. API Gatewayのログは自動的にS3に保存される

1.○　2.○　3.×

ここは 必ずマスター！

APIリクエストを受信するための機能を提供

REST API、Websocket API、HTTP APIの3種類のAPIリクエスト受信機能を提供する

APIの管理やリリースのための機能も備えている

単なるAPI受信機能だけでなく、開発者ポータル機能、カナリアリリース方式でのデプロイ機能も提供される

設定することで、ログを出力することができる

設定により、アクセスログと実行ログをCloudWatch Logsに出力することができる

3-8-1 概要

Amazon API Gateway（以下、API Gateway）はAPIを作成、公開するためのサービスです。

ステートレスとステートフル両方の通信に対応しており、ステートレスなAPIとしてREST API、ステートフルなAPIとしてWebSocket APIをサポートしています。また、2019年12月よりプレビュー機能としてステートレスなAPIであるHTTP APIもサポートしています。

単なるAPIリクエストの受け口としてだけでなく、APIを公開するための開発者ポータル機能、リリースの際のカナリアリリースのサポート、CloudTrailによるAPI使用のロギングおよびモニタリング、CloudWatch Logsによるアクセスログと実行ログの取得といった運用のための機能をもっています。

さらに、ほかのAWSサービスとの連携が可能で、CloudFrontやAWS WAFと組み合わせることによるサービスの保護、CognitoやIAM、Lambdaオーソライザー関数を組み合わせた認証など、セキュリティを強化した構成にすることもできます。

■ 図3-23　APIGatewayの概要

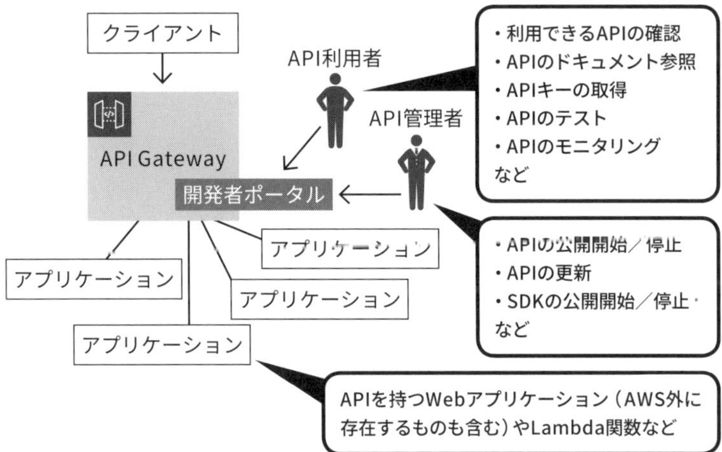

3-8-2 APIの種類

前述のとおり、ステートレスなAPIとしてはREST APIとHTTP APIの2種類が、ステートフルなAPIとしてWebSocket APIがサポートされています。HTTP APIは現時点ではプレビュー機能ですが、REST APIの簡易版のような位置づけとなっています。

HTTP APIはREST APIと同じくステートレスなAPIですが、REST APIより機能が絞られる代わりに低レイテンシかつ低コストで利用できるという特徴があります。

呼び出し先にはAWS LambdaプロキシまたはHTTPプロキシのいずれかのみが選択可能で、ほかのAWSサービスと連携することはできません。よって、Cognitoユーザープールを利用した認証などを利用することはできませんが、JSON Web Token（JWT）を利用して認証を行うことができます。

また、自動デプロイが利用でき、REST APIよりも設定が容易になっているため、必要とする機能が合うのであればHTTP APIを選択することで迅速にAPI環境を用意することができます。

3-9 Amazon Virtual Private Cloud

▶▶ 確認問題

1. Amazon VPCはAWSクラウド上に論理的に分離された領域である
2. Amazon VPC同士であれば無条件に相互の通信を行う設定をすることができる
3. Amazon VPCはオンプレミスとのシステムとVPNで接続することができる

1.○　2.×　3.○

ここは 必ずマスター!

AWS上で論理的に分離された領域

ユーザーが任意にプライベートIP範囲を指定し、柔軟に設定できる仮想ネットワーク環境

設定によって外部のネットワークとの通信が可能

外部と切り離された領域ではあるが、設定によって各AWSサービスやインターネットとの通信ができる

VPC同士であれば相互にセキュアな通信が可能

VPCピアリングを確立することでVPC同士のセキュアな接続経路を簡単に設定することができる

3-9-1 概要

Amazon Virtual Private Cloud(以下、VPC)は、AWSクラウド上に論理的に分離された領域を作成し、任意のプライベートIPアドレス範囲をもつ仮想ネットワーク環境とすることができる機能です。

VPCは任意のプライベートIPアドレス範囲を指定して作成することができ、サブネットの分割やルーティングテーブル、通信の許可設定などの制御を柔軟に行うことができます。

AWSアカウント作成時にデフォルトのVPCが用意されており、EC2やRDS、ELBは基本的にVPC内に構築されるようになっています。VPCが提供される前はAWSクラウドの共有領域上でEC2インスタンスなどが動作していました。その当時から存在し、VPCに移行されていないリソースはEC2-Classic、RDS-Classicなどと呼ばれます。なお、ClassicLinkという機能を用いることで、EC2-ClassicとVPCを接続することは可能です。

3-9-2 外部との接続

VPCは外部と切り離された領域となります。そのため、外部と接続するための様々なサービスが用意されています。

以下で説明するもの以外にもAWSの各サービスと接続するためのVPCエンドポイントという機能があります。これについては4章で説明します。

Elastic IPアドレス

Elastic IPアドレス(EIP)は静的なグローバルIPアドレスです。VPC内のIPアドレスはプライベートIPアドレスであるため、EC2インスタンスが直接インターネットからの通信を受けるためにはEIPをアタッチする必要があります。

なお、RDSやELBも外部の直接インターネットからの通信を受けるためにはグローバルIPアドレスが必要となりますが、NLB以外は動的なIPアドレスを利用するためEIPは利用せず、インターネットアクセスを利用する設定にした場合は、グローバルIPアドレスが自動的に付与されます。NLBは静的なIPアドレスで動作させることができるため、EIPをアタッチしてインターネットアクセスを利用することができます。

インターネットゲートウェイ

インターネットゲートウェイはVPCとインターネット間の通信を可能にするコンポーネントです。AWS側で管理されており冗長性と高い可用性を持ちます。

インターネット向けの通信がインターネットゲートウェイに転送されるように設定されたルートテーブルがあるとき、そのルートテーブルが関連付けられているサブネットに所属するインスタンスはグローバルIPアドレスをもっていればインターネットにアクセスすることができます。

インターネットゲートウェイへのルートをもつルートテーブルに関連付けられているサブネットは「パブリックサブネット」と呼ばれます。逆に、インターネットゲートウェイへのルートをもたないルートテーブルに関連付けられているサブネットは、「プライベートサブネット」と呼ばれます。

重要なデータをもつRDSなど、基本的にインターネットからの通信を受けないインスタンスはプライベートサブネットに配置することでインターネットからの不用意なアクセスを受けることを根本的に防ぐことができます。

■図3-24 パブリックサブネットとプライベートサブネット

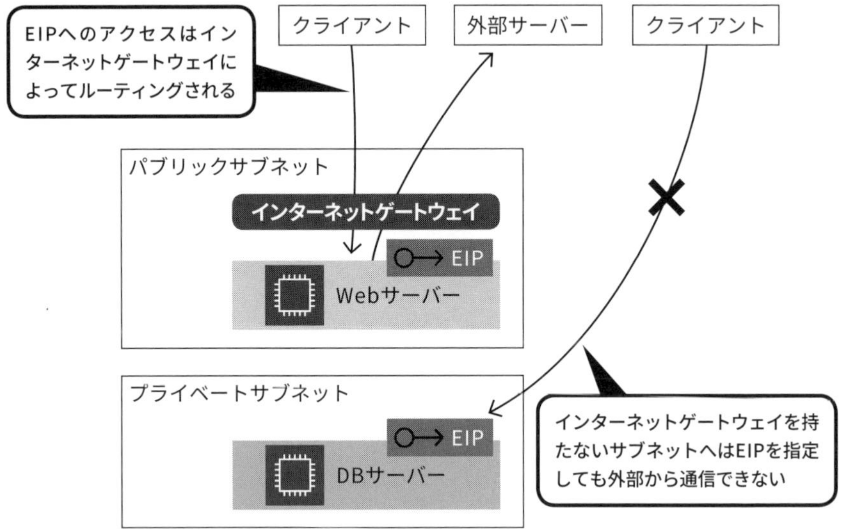

NATデバイス

プライベートサブネットに配置するインスタンスはインターネットからの通信を受ける必要はなくとも、ソフトウェア更新などの目的でインターネットへの通信を行う必要が発生する場合があります。このような場合はNATデバイスを利用します。

NATデバイスはそれ自身がパブリックIPアドレスをもち、インスタンスからのトラフィックを代わりにインターネットへ送信し、その応答をインスタンスに返すことでインスタンスがインターネットとの通信を行えるようにします。

AWSは、NATデバイスとしてNATゲートウェイとNATインスタンスの2種類を提供しています。

基本的には、マネージドサービスであり運用管理の手間がかからないNATゲートウェイの使用が推奨されています。可用性や帯域幅もNATゲートウェイの方が優れています。

NATインスタンスはユーザーが自前で構築することになります。専用のAMIが用意されているほか、通常のOSのAMIから作成したEC2インスタンスを設定して構築することも可能です。

ユーザー管理のEC2インスタンスとして動作するため、細かな設定が必要な場合はNATインスタンスを採用する必要が出てきます。

■ 図3-25　NATデバイス

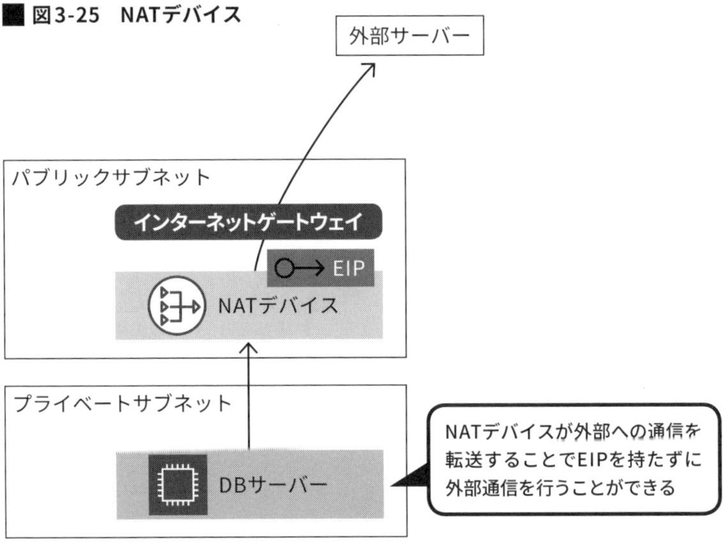

外部サーバー
パブリックサブネット
インターネットゲートウェイ
EIP
NATデバイス
プライベートサブネット
DBサーバー
NATデバイスが外部への通信を転送することでEIPを持たずに外部通信を行うことができる

3-9-3 VPCピアリング

VPC同士はVPCピアリングという機能を利用することによって、相互にセキュアな通信を行うことができます。VPCピアリングにて接続されたVPN同士はお互いのプライベートIPアドレスをそのまま使用して、同一ネットワークであるかのように通信を行うことができるようになります。

VPCピアリングは、別のアカウントのVPCや別リージョンのVPCとも設定することが可能で、AWS内の物理的なハードウェアに依存するものではないため、通信の単一障害点や帯域幅のボトルネックが存在しないようになっています。よって、VPCピアリングを利用することで容易にVPC間のセキュアな通信経路を確立することができます。

ただし、お互いのVPCのプライベートIPアドレスをそのまま利用するため、重複しているIPアドレス範囲をもつVPC同士に設定することはできません。

VPCピアリングは1つのVPCから複数のVPCに対して接続することができますが、VPC同士の1対1の関係で有効であり、同一のVPCとピアリング関係を確立していても直接のピアリング関係がないVPC同士はお互いに通信することはできません。

■ 図3-26　VPCピアリング

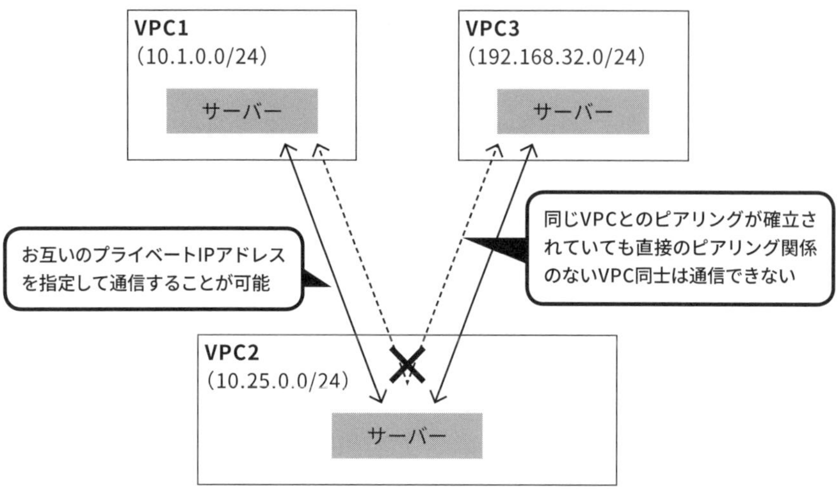

3-9-4 AWS Site-to-Site VPN

VPCはオンプレミスの機器とIPsec VPNで接続し、セキュアな通信経路を確立することができます。AWS Site-to-Site VPNを設定すると、AWS側の接続起点となるVirtual PrivateGateway(VGW)、またはTransit Gatewayを利用してVPN接続が確立できるようになります。

VGWはVPCごとに作成されるVPNエンドポイントです。カスタマーゲートウェイ(オンプレミス側のVPNエンドポイント)とVPN接続を確立することで、オンプレミス環境とVPCのVPN経路を構成することができます。複数のVPCとのVPN経路を構成するためにはそれぞれのVGWに対してVPN接続を確立する必要があります。

Transit GatewayはVPCやDirectConnect、VPNを接続するハブの役割を果たします。Transit Gatewayとカスタマーゲートウェイで VPN接続を確立することで、そのTransit Gatewayに接続されているVPCに対してVPN接続が確立されますが、通信を行うためには各VPCにオンプレミス環境へのルーティング設定を行う必要があります。

■ 図3-27　AWS Site-to-Site VPN

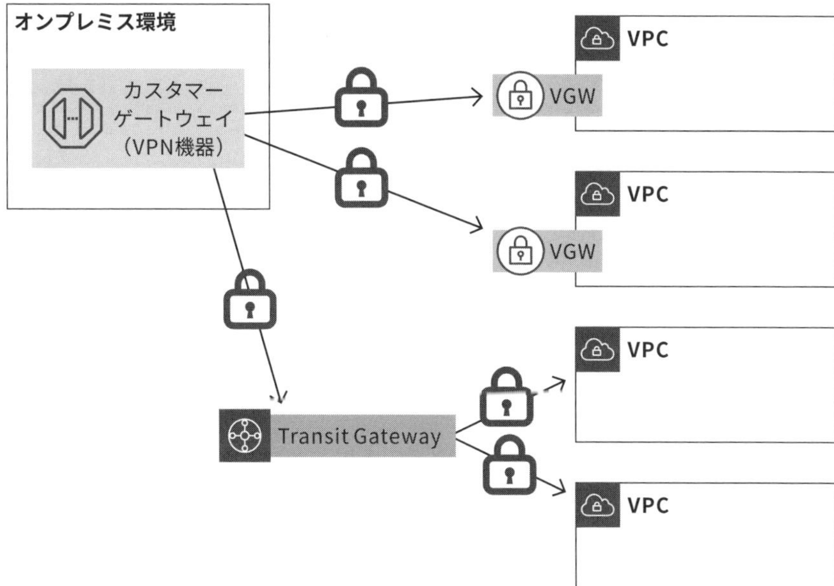

3-10 Security Group

▶▶ 確認問題

1. Security Groupでは通信の許可および拒否を指定する
2. Security Groupは1つのEC2インスタンスに複数割り当てることができる
3. Security Group で許可された通信はNetwork ACLでは拒否されない

1. ×　2. ○　3. ×

必ずマスター!

通信許可の指定にはIPアドレス以外が指定可能

IPアドレスの許可以外に、特定のSecurity Group内からの通信を許可することができる

1インスタンスに複数のSecurity Groupが適用可

共通の通信要件のみを設定したSecurity Groupを作成して、使い回すことが可能

VPC内の通信ではNetwork ACLの設定も影響する

VPC内の通信制御には、Network ACLも利用されるためSecurity Groupと合わせて考慮する必要がある

3-10-1 概要

Security Groupは、インスタンスに対する送受信トラフィックへのアクセス制御を行います。送受信トラフィックの許可ルールを割り当てたグループを作成し、そこにインスタンスを割り当てることでそのインスタンスの通信要件を制御します。

一般的には「ファイアーウォールの役割」と表現されることが多いですが、「Security Group同士のアクセスを許可する」といったルールの表現も可能であるため、「同じ通信要件をもつインスタンスのグループ」ととらえた方が理解しやすいかもしれません。

■ 図3-28　セキュリティグループ間の通信

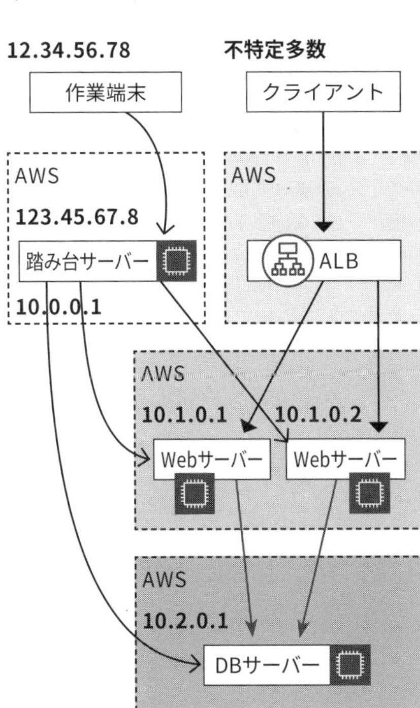

Security Group A(踏み台サーバー用)
インバウンド
　12.34.56.78からのSSH
アウトバウンド
　10.0.0.0/8へのSSH

Security Group B (ALB用)
インバウンド
　0.0.0.0/0からのHTTPS
アウトバウンド
　Security Group CへのHTTP

Security Group C (Webサーバー用)
インバウンド
　Security Group BからのHTTP
　Security Group AからのSSH
アウトバウンド
　Security Group DへのTCP3306

Security Group D (DBサーバー用)
インバウンド
　Security Group CからのTCP3306
　Security Group AからのSSH
アウトバウンド
　なし

ひとつのインスタンスには複数のSecurity Groupを割り当てることができます。

このため、通信の用途ごとにSecurity Groupを作成し、各インスタンスの用途に応じて割り当てるSecurity Groupを選択するような構成にすると運用しやすくなります。

■ 図3-29　セキュリティグループの分割

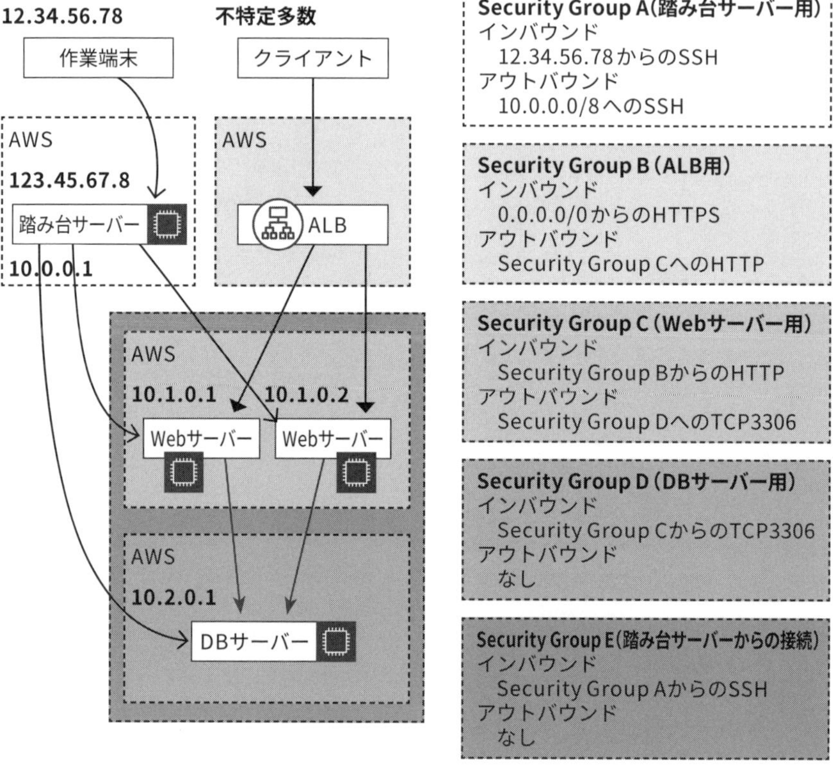

サーバー間通信においては一般的にリクエストに対するレスポンスの通信が発生することになりますが、Security Groupではレスポンス受信のための通信を動的に許可する（ステートフルインスペクションである）ため、レスポンスのためのルールを設定する必要はありません。

3-10-2 Amazon VPCのネットワーク制御について

VPC環境ではネットワーク通信制御のルールとしてSecurity GroupのほかにNetwork Access Control List（以下、Network ACL）というものがあります。

Network ACLはVPCのサブネットに設定し、サブネット間の通信を制御する機能です。同サブネット内の通信はNetwork ACLの影響を受けませんが、サブネット間通信の場合は、Security GroupとNetwork ACLの両方で通信が許可されている必要があります。

なお、Security Groupでは許可するルールのみを設定し、指定したルール以外は自動的に拒否されることになりますが、Network ACLでは許可ルールと拒否ルールの両方を設定します。

また、Security Groupと違い、Network ACLはステートフルインスペクションではないため、往路と復路両方の通信をお互いのサブネットのNetwork ACLにて許可しておく必要があります。

■ 図3-30 Network ACLとSecurity Group

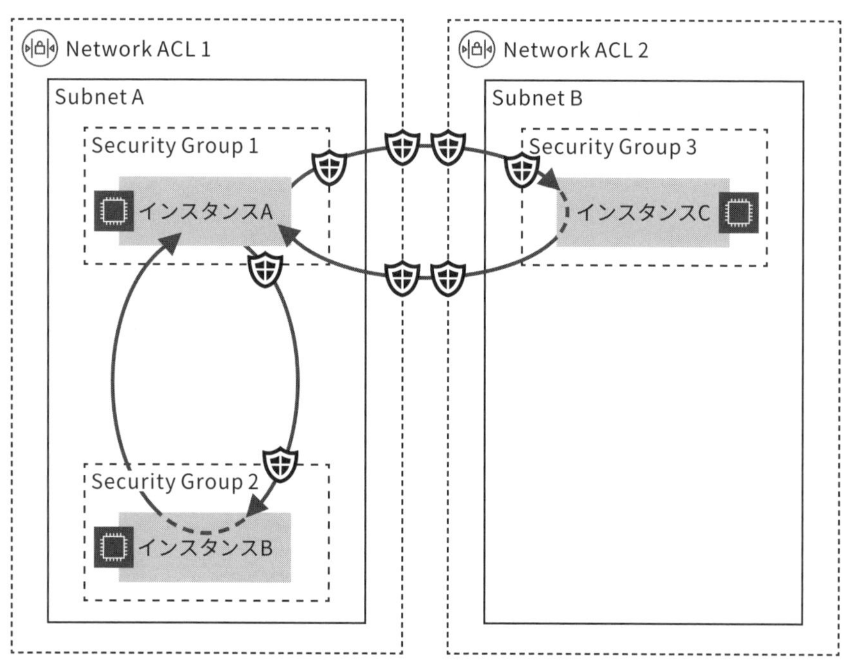

3-11 AWS Artifact

▶▶ 確認問題

1. AWSの監査レポートは、AWS利用者以外にも制限なく公開されている
2. AWSは特定の制約を持つ顧客向けに個別の契約を用意している

1.× 2.○

ここは▶ 必ずマスター!

監査レポートと個別契約を確認するサービス
監査レポートのダウンロードサービスであるReportsと個別契約確認を行うAgreementsで構成される

様々な基準の監査レポートが提供されている
BAA、NDAを受諾することで様々な監査レポートをダウンロードすることが可能

特定の制約を持つ顧客のための契約が結べる
用意されたさまざまな契約をコンソールから確認、受諾、追跡することができる

3-11-1 概要

AWS Artifactは、AWS Artifact ReportsというAWSのコンプライアンスドキュメントをダウンロードするためのサービスと、AWS Artifact AgreementsというAWS契約の状況を確認、受諾、追跡するためのサービスからなるサービスです。

3-11-2 AWS Artifact Reports

AWS Artifact Reportsとは、サードパーティの監査人によるAWSの監査レポートのダウンロードサービスです。ISOやPCI、SOCなど様々な認証についてのレポートが提供されています。

AWSを利用して顧客向けにシステムを構築する場合、これらのレポートを顧客に共有することでAWS自体の安全性を説明することができます。

また、AWSを利用したシステムが監査を受ける際にセキュリティおよびコンプライアンスを証明する資料としても用いることができます。

なお、これらのレポートを利用するにはAWSとの事業提携契約（BAA）や秘密保持契約（NDA）を受諾する必要があります。そのため、顧客や監査人に提供する際には、IAMにて適切な範囲の文書にアクセス権限を設定して利用することが望ましいです。

AWS Artifact Reportsではさまざまなレポートが公開されています。大まかな分類としては、下記のようなものがあります。

- **ISO認定**
- **Payment Card Industry（PCI）レポート**
- **System and Organization Control（SOC）レポート**

これらは、AWSによって随時追加されていきます。

図3-31　Artifactレポート画面

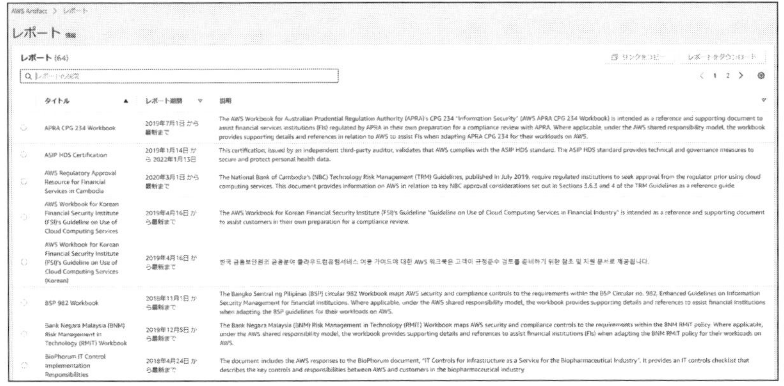

3-11-3 AWS Artifact Agreements

AWSは、特定の規制の対象となる顧客に対応するために、さまざまな種類の契約を用意しています。一例として、Health Insurance Portability and Accountability Act（HIPAA）を遵守する必要のある顧客に対して用意されている事業提携契約（BAA）があります。

こういった契約を必要とする場合、AWS Artifact Agreementsを利用することでAWSとの契約を必要に応じて結ぶことが可能です。

■ 図3-32　Artifact Agreements画面

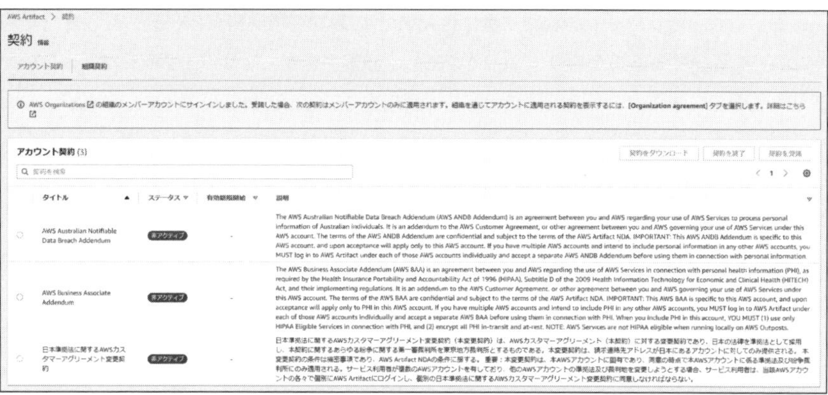

AWS Artifact Agreementsでは、個別のアカウントの契約だけでなくAWS Origanizationsにおいて組織に含まれる全アカウントの契約についても一括して代理で確認、受諾、管理することができます。

これにより、組織の管理するすべてのアカウントにおいて同様の契約をAWSと結んでおく必要がある場合も、それぞれのアカウントにログインし直すことなく簡単に契約を結ぶことが可能です。

ただし、すべてのアカウントではなく、一部のアカウントのみで契約を結びたい場合はそれぞれのアカウントにログインし、個別に契約を結ぶ必要があります。

3-12 セキュリティに関するインフラストラクチャのアーキテクチャ、実例

3-12-1 リソース保護

EC2をパブリックサブネットに極力置かない

EC2インスタンスは仮想サーバーであり、不正アクセスを許してしまった場合、攻撃の自由度が高くなる傾向にあります。

そのため、EC2を利用する際はインスタンスをパブリックサブネットに極力配置しない構成とすることが望ましいといえます。

具体的には、WEPサーバーやアプリケーションサーバーはプライベートサブネットに配置し、インターネットからのアクセスはパブリックサブネットに配置したELBからEC2へ振り分けられるように構成します。

もちろん、EC2へのログインが必要となる場合もあるため、その場合はパブリックサブネットに踏み台サーバー（Bastionサーバー）を配置し、プライベートサブネットのEC2には必ずそのサーバーを経由してアクセスする構成にすることで、インターネットに公開するEC2インスタンスの数を最少化することができます。

■ 図3-33　踏み台構成

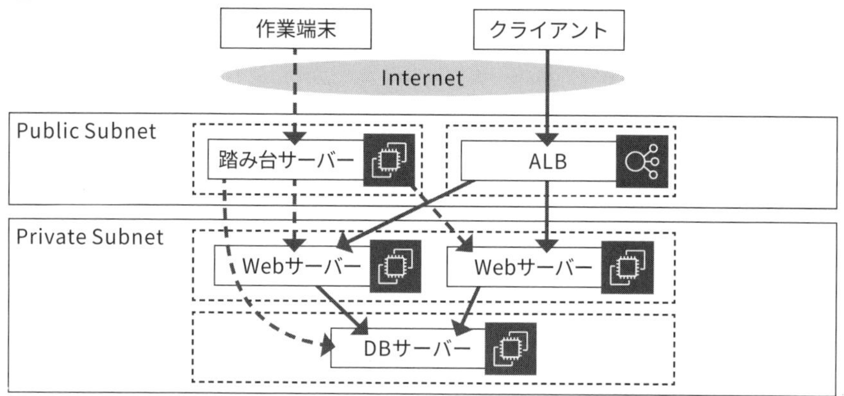

CloudFrontを活用し、リソースへ直接アクセスさせない

コンテンツやアプリケーションの格納先となるEC2インスタンスやS3を保護するにはCloud Frontが有効です。

EC2インスタンスの紐づいているELBやS3にCloudFrontを適用し、リソースに直接のアクセスが来ないように構成することで、攻撃からの防御やコンテンツの機密性向上を図ることができます。

ただし、せっかくCloudFrontを適用しても、クライアントから直接アクセスできる経路が残っていては意味がありません。この構成にする場合はCloudFrontのオリジンとなるリソースに「アクセスをCloudFrontからのみ許可する」という設定が必要となります。

■ 図3-34　CloudFront構成

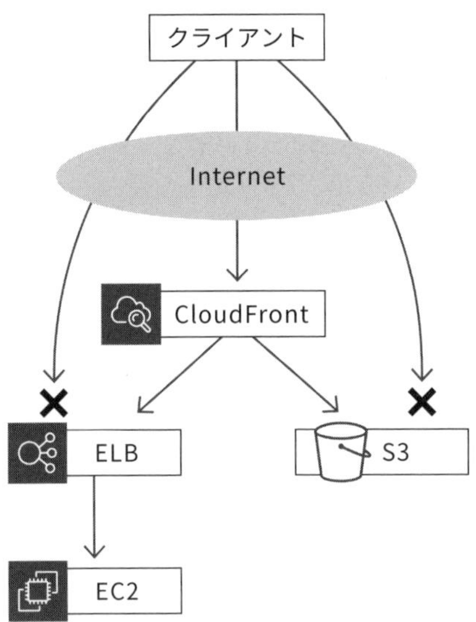

3-12-2 通信保護

通信経路の暗号化

インターネットを経由した通信は盗聴の危険性があるため、秘匿性の高い情報のやり取りには通信経路の暗号化を行う必要があります。

ELBはALB、NLB、CLBの全てでTLSターミネーションに対応しており、これを利用するのがもっともシンプルです。ELBでなくEC2でターミネートさせるという構成も可能ですが、その場合は配下のEC2全てにTLS証明書を配置する必要があります。

■ 図3-35 TLS証明書の配置

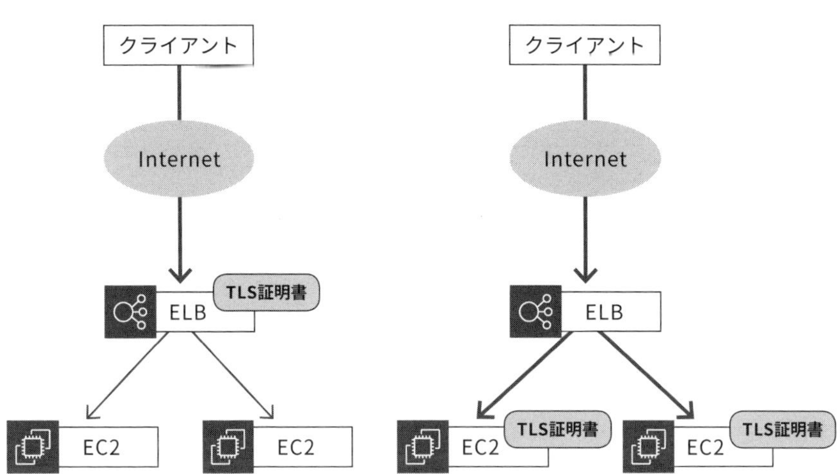

また、オンプレミス環境とAWSを接続する際はインターネット接続でなく、Direct Connectを使うことがあります。しかし、DirectConnectにおける転送中のトラフィックは暗号化されていないため、AWS Site-to-Site VPN接続を設定するか、EC2インスタンスでVPNサーバーを構成し、オンプレミス環境との間にVPNを張って暗号化する構成にします。

通信制御

EC2を使うときは不用意な通信が発生しないように通信の制御をかけておきます。VPC環境での通信制御には、Security GroupとNetwork ACLを使います。

また、プライベートサブネットにあるインスタンスがインターネットへ通信したい場合は、インスタンスにパブリックIPアドレスをアタッチするのではなく、NAT Gatewayを使います。

■ 図3-36　NAT Gateway構成図

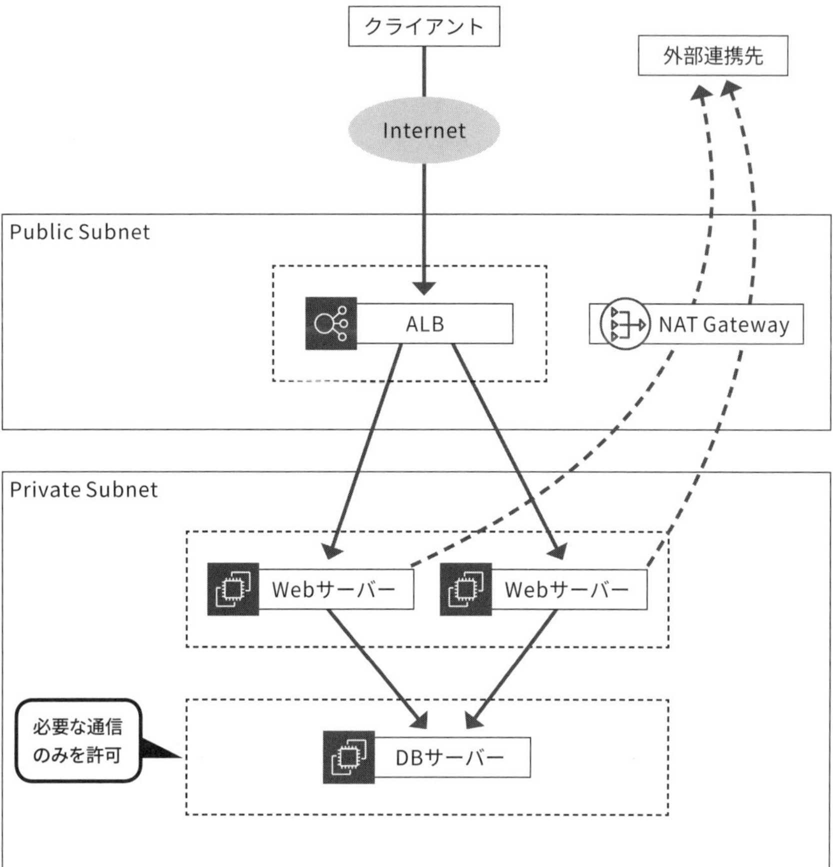

3-13 インフラストラクチャのセキュリティ　まとめ

本章ではAWSにおける、インフラストラクチャのセキュリティを確保するためのサービスについて説明しました。

特にCloudFront、ELB、Auto Scaling、Security Group、Network ACLは一般的なシステムにおいてよく利用され、セキュリティ認定試験にも頻繁に登場します。

実際にシステム構築や運用に携わっている方は利用したことも多いサービスであると思いますが、シンプルではあるものの意外と多機能であるので、使い慣れているつもりでも一度公式ドキュメントを読んでみるのが良いでしょう。広く利用されているサービスということもあり、知らないうちに便利な機能追加が行われていたということがよくあります。

AWSにはここで紹介したようにセキュリティ向上に利用できる優れたマネージドサービスが多く提供されているので、自前でセキュリティ対策をすべて作り込むのではなく、これらのサービスをうまく組み合わせてセキュリティの向上を図り、手の届かない部分だけを自前で作り込むといった構成にするのが一般的です。

本章で紹介した構成の実例や練習問題をとおして、一般的なセキュリティ構成を把握しておきましょう。

本章の内容が関連する練習問題

3-1 → 問題8、28

3-5 → 問題25、35

3-6 → 問題14

3-9 → 問題2、5、7、12、39

3-10 → 問題5、31

3-11 → 問題26

3-12 → 問題2、7

4 データ保護

4-1 AWS Key Management Service（KMS）

▶▶ 確認問題

1. KMSのCMKはカスタマー管理とAWS所有の２種類がある
2. データ暗号化を行う際はマスターキーとデータキーの２種類を使用する
3. KMSへのアクセス制御はIAMのみを使用する

1. ×　2. ○　3. ×

ここは 必ずマスター！

CMKのタイプと特徴

CMKにはユーザー管理、AWS管理、AWS所有があり、管理できる範囲や利用方法が異なる

暗号化の種類

暗号を行うタイミングによりクライアントサイド暗号化とサーバーサイド暗号化に分類することができる

KMSの制限

リージョン間での利用制限や、上限値など、KMS利用時に気にするべき制限がいくつかある

4-1-1 データ保護の概要

セキュリティを高めて最終的に守りたいものは「データ」であると筆者は考えています。企業やシステムが保持しているデータを不正取得、改ざん、削除などされないよう、データ以外の観点でもインフラストラクチャのセキュリティやモニタリング、インシデント対応を正しく実施することが重要です。

守るべきデータを保護するには基本的には暗号化を行います。暗号化を行うことで認証されたアクセスにのみデータを処理させることが可能です。暗号化を行うにはキーが必要であり、そのキーを正しく管理していく必要があります。

AWSではどのようにキーの管理や実装ができるか、どのようにデータの暗号化ができるのかこの章で見ていきましょう。

4-1-2 暗号化とは

AWSの各サービスの説明に入る前に、まずはデータの暗号化について説明します。これを理解しておくと、以降の各サービスの暗号化についてイメージがしやすくなります。

暗号化とは、元となるデータを別データに変換することを言います。変換には鍵データが使用され、**暗号化アルゴリズム**と言う処理内容に従って変換が行われます。

具体的な例を見ていきましょう。

ここでは元データを「hello」とし、鍵データを「2ab」とします。暗号化アルゴリズムは「各文字を2文字シフトし、a,bを2文字ごとに挿入する」とします。（図4-1）

■ 図4-1　暗号化サンプル

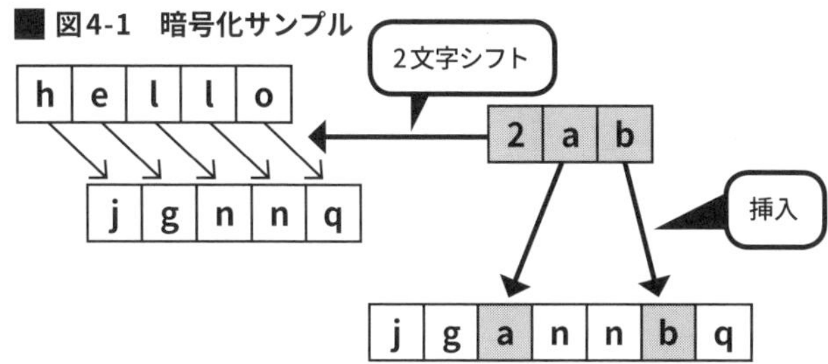

元データ「hello」から暗号化したデータ「jgannbq」を生成することができました。

「jgannbq」に逆の動作をすれば「hello」を生成できます。これを復号と言います。鍵データの情報がなければ、アルゴリズムがわかっていても復号はできません。

暗号化の仕組みをわかりやすく示すために非常にシンプルな例を示しましたが、実際の暗号化ではもっと長い文字列の鍵データと複雑なアルゴリズムが使用されます。

4-1-3 KMSの概要

AWS Key Management Service（以下KMS）はデータ暗号化に使用される暗号化キーの作成と管理を行うAWSのマネージド型サービスです。AWSのサービスで暗号化処理が行われる場合、ほとんどはこのKMSのキーが使用されます。マネージドサービスのため、キーの可用性、物理的セキュリティ、ハードウェア管理はAWS側で責任をもつことになります。

また、KMSの暗号化キーの操作履歴は全て**CloudTrail**に保存されるため、監査やコンプライアンスの要求にも応えることができます。

セキュリティ認定の問題でも頻出するサービスなのでしっかり勉強していきましょう。

4-1-4 Envelope Encryption（エンベロープ暗号化）

KMSでは、Envelope Encryption（エンベロープ暗号化）という仕組みでデータが暗号化されます。具体的には以下2種類のキーを使用し、データを暗号化するキーを、さらに別のキーにより暗号化を行いセキュリティを強化します。

- **Customer Master Key（CMK、データキー（CDK）を暗号化するためのキー）**
- **Customer Data Key（CDK、データを暗号化するためのキー）**

CMKおよびKMSキーという名前について

最新のKMSに関するAWS公式ドキュメントでは、元々CMKとなっていた表記が**KMSキー**に変更されています。どちらもデータキーを暗号化するキーという概念は同じです。本書ではCMKで記載を統一していますが、ドキュメントや最新の試験問題ではKMSキーという言葉が出る場合もあるため、ご注意ください。

データ暗号化の流れ

KMSを利用したデータ暗号化のフローは以下の通りです。

■ 図4-2　KMS利用時のデータ暗号化 概要図

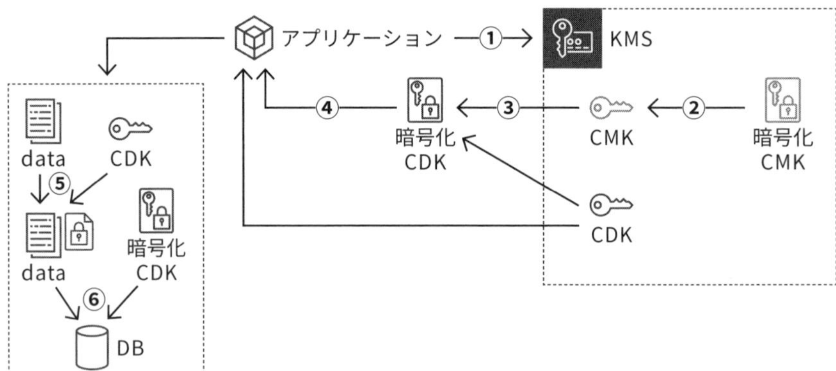

1. アプリケーションから**GenerateDataKey**オペレーションを使用してCDKを生成します。
2. KMS内でCMKが復号されます。
3. 復号されたCMKを使用し、生成されたCDKを暗号化します。
4. アプリケーションにプレーンなCDKと暗号化されたCDKが返されます。
5. 4で返されたプレーンなCDKを使用して対象データを暗号化します。この時点でプレーンなCDKとプレーンなデータは**必ず破棄**します。
6. 暗号化されたデータと暗号化されたCDKをデータベースに格納します。

1～4の処理はAWS側のKMSで実装されている処理です。

5～6のデータ暗号化と保存はユーザー側のアプリケーションで実装する必要があります。

データ暗号化に使用するCDKはどこにも保存しないため、キーの秘匿性が保たれます。KMSへのリクエストが多くなる場合はCDKをキャッシュしておいてリクエストを減らすことを検討します。

データ復号の流れ

さきほど暗号化して保存したデータの復号の流れは以下の通りです。

■ 図4-3　KMS利用時のデータ復号 概要図

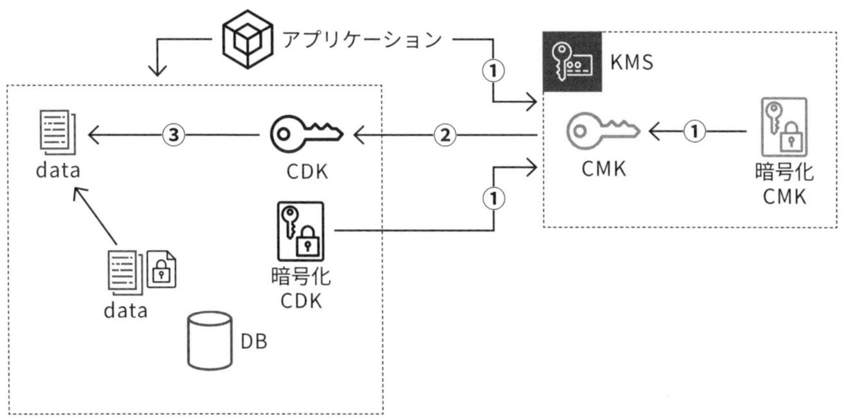

1. アプリケーションを使用して保存していた暗号化CDKを取り出し、KMSに対して**Decrypt**オペレーションを実行します。
2. KMSから復号したCDKが返されます。
3. 復号したCDKを使用して、保存していた暗号化データを復号します。

4-1-5 KMS API

KMSを利用する際は、CMK生成やCDK生成等のAPIを実行します。合計40個以上のAPIが存在しますが、ここでは主に利用されるAPIのいくつかを説明していきます。

GenerateDataKey

Envelope Encryption章の「データ暗号化の流れ」で出てきたAPIです。CMKにより暗号化されたCDKと、プレーンなCDK2種類のキーが返されます。

GenerateDataKeyWithoutPlaintext

CMKにより暗号化されたCDKのみ返されます。プレーンなCDKは返されません。暗号化されたデータキーを保存用途で取り出したい場合は、不用意にプレーンなCDKを取り出さないために、このAPIを使用します。

Decrypt

Envelope Encryption章の「データ復号の流れ」で出てきたAPIです。このAPIで暗号化されたCDKをCMKで復号することができます。

Encrypt

一見、通常の暗号化でよく使用されそうなAPIですが、あまり使用されるAPIではありません。通常データを暗号化する際は、**GenerateDataKey**が使用されるためです。生成したCDKを別リージョンで使用する場合に、このAPIを使用することになります。

CMKは生成されたリージョン内でしか利用できないため、別リージョンでは新たに生成する必要があります。よって、別リージョンで同じCDKを使用する場合は、CDKを別のリージョンにコピーし、別リージョンでこの**Encrypt**を使用してCDKを別リージョンのCMKで暗号化します。

CreateKey

新規CMKを作成します。自分のAWSアカウント内、リージョン内でのみ生成が可能です。

CreateAlias

CMKを別名として呼び出し、管理ができるエイリアスを生成します。エイリアスを指定して、**Encrypt**や**GenerateDataKey**を実行することができます。

これにより、呼び出し側は同じエイリアスとしておき、CMK側を変更するといった運用が可能になります。

DisableKey

CMKを無効化します。無効化の詳細については「4-1-7 CMKの有効化と無効化」で記載します。

EnableKeyRotation

CMKのローテーションを有効にします。ローテーションの詳細については「4-1-9 CMKのローテーション」で記載します。

PutKeyPolicy

CMKに対してアクセス制御ができるキーポリシーを設定します。キーポリシーの詳細については「4-1-11 キーポリシーによるアクセス制御」で記載します。

ListKeys

AWSアカウント内、リージョン内の全てのCMKをリスト表示します。

DescribeKey

指定したCMKの詳細を表示します。CMKのARN情報や、作成日、エイリアス名などの情報が表示されます。

4-1-6 Customer Master Key（CMK）のタイプ

CMKには以下3つのタイプがあります。

CMK には、実際のキーデータだけではなく、キー ID、作成日、説明、キーステータスなどの**メタデータ**も含まれます。

- **カスタマー管理 CMK**
- **AWS管理 CMK**
- **AWS所有 CMK**

1つずつ特徴を見ていきましょう。

カスタマー管理CMK

AWS利用者が作成、所有、管理するCMKです。ユーザーが開発したアプリケーションでデータを暗号化する際に使用するのがこのCMKとなります。キーポリシーやIAMポリシーによるアクセス制御、有効化と無効化、ローテーション、エイリアス作成、削除のスケジューリング等の操作が実行できます。（各操作の詳細は後述します。）

1年ごとの自動ローテーション有効/無効を設定することができます。

AWS管理CMK

利用者のAWSアカウント内にある、AWSサービスが利用者に代わって作成、管理、使用するCMKです。KMSのマネジメントコンソール上に表示され、**aws/[サービス名]**といった形で表示されます。例えば、redshiftで使用されるCMKは**aws/redshift**と表示されます。この仕様から、カスタマー管理CMKでは名前がawsで始まるCMKは作成できません。

キーポリシーの表示はできますが、その変更はできずほかの管理操作も実行できません。

3年ごとにAWS側で自動ローテーションされます。

AWS所有CMK

アカウントに関係なくAWSが所有し管理しているCMKです。利用者側からは見えないCMKのため、あまり意識する必要はありません。AWSサービスが裏側で暗号化のために使用するものと理解いただければ大丈夫です。

CMK比較

各CMKを比較すると以下の通りとなります。

CMKのタイプ	CMK管理	AWSアカウント内	メタデータ表示	ローテーション
カスタマー管理CMK	○	○	○	1年間
AWS管理CMK	×	○	○	3年間
AWS所有CMK	×	×	×	――

4-1-7 CMKの有効化と無効化

カスタマー管理のCMKは、無効化、無効化後の再有効化ができます。AWS管理のCMKは永続的に有効化されており、無効化できません。無効にしたCMKは、再度有効化するまで使用することができません。

CMKを削除することが不安な場合は、まずこの無効化を行って使用していないこと（CMK使用エラーが発生していないこと）を確認したほうが良いでしょう。

マネジメントコンソールによるCMKの有効化と無効化

マネジメントコンソールからCMKの有効化または無効化ができます。 手順は以下の通りです。

1. KMSコンソールを開きます。
2. 左側のメニューから「Customer managed keys（カスタマー管理型のキー）」を選択します。
3. 対象のキーのチェックボックスをオンにします。
4. 右上の「Key Action（キーのアクション）」、「有効（Enable）」または「無効（Disable）」を順に選択します。

■ 図4-4　CMKの有効化と無効化

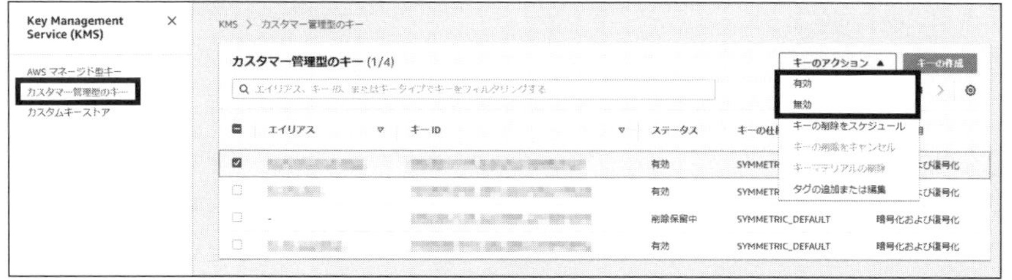

APIによるCMKの有効化と無効化

EnableKeyまたは**DisableKey**を呼び出すことで有効化または無効化ができます。対象のキーはkey-idで指定します。

AWS CLIでの例は以下の通りです。

・**有効化**

```
aws kms enable-key --key-id 12345678-xxxx-yyyy-zzzz-123456789012
```

・**無効化**

```
aws kms disable-key --key-id 12345678-xxxx-yyyy-zzzz-123456789012
```

4-1-8 CMKの削除

利用者が作成したCMKは、削除することができます。ただしCMKを削除した場合、元に戻すことはできません。これは、このCMKで暗号化したデータを復号できなくなる、つまり回復不能になることを意味します。

CMKの削除は非常にリスクが高いため、即時実行はできません。7~30日間の待機期間が設けられており、この期間はCMKが削除されません。デフォルトは30日間です。この待機期間はCMKの状態が削除保留中となり、待機期間中CMKは利用することができません。削除日時（待機期間の終了日時）は、AWSマネジメントコンソール、AWS CLI、APIからそれぞれ確認できます。

待機期間中に使用の試みがあった場合は**CloudWatchアラーム**を使用して通知することができます。**CloudTrail**も合わせて確認し、CMKの使用がないことを確認すると良いでしょう。
待機期間中に必要と判断した場合は、CMKの削除をキャンセルして復元することができます。

4-1-9 CMKのローテーション

自動キーローテーション

KMSには自動キーローテーションという機能があります。ローテーションとはどういうことでしょうか？具体的には新しいCMKを作成し、それ以降の暗号化処理は新しいCMKを使用するということになります。ローテーションを行っても、CMKを一意に指定するkey-idは同じままです。自動キーローテーションを有効にすると、1年ごとにキーが自動ローテーションされます。

この1年という期間は変更することができません。S3などで使用されるAWS管理のCMKは3年ごとに自動ローテーションがされますが、これを1年に変更したい場合、AWS管理からカスタマー管理のCMKに変更することで実現できます。

■ 図4-5　CMKのローテーション

key-id=12345678-xxxx-yyyy-zzzz-123456789012

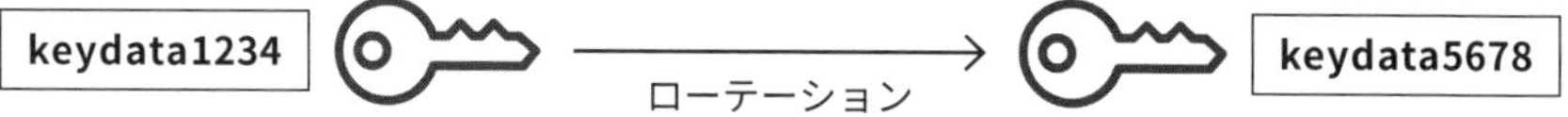

ここである疑問が出てきます。ローテーション前のキーで暗号化していたデータはどうなるのでしょうか？　正しく復号できるのでしょうか？

結論から言うと復号も問題なくできます。CMKがローテーション前の古いキー情報を保持しているためです。古いデータは新しいキーで再暗号化される訳ではありません。過去のキー情報は全て保持され、これをバッキングキーと呼びます。暗号時は最新のキーが使用されますが、復号時は暗号化に使用したバッキングキーが使用されます。

■ 図4-6　バッキングキーによる復号処理と最新キーによる暗号処理

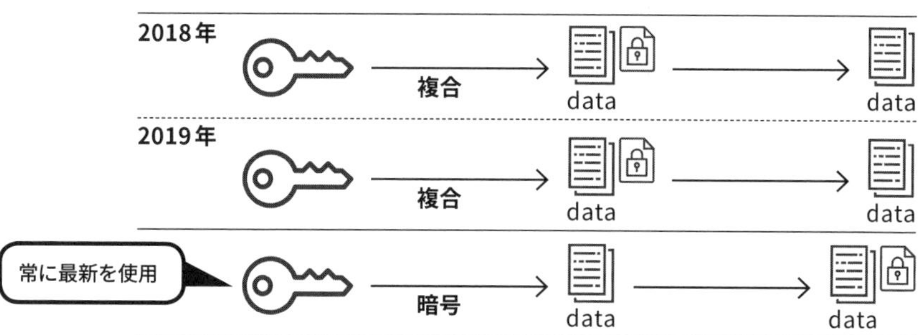

手動キーローテーション

セキュリティ要件などで、キーのローテーション期間が1年では長すぎるという場合、短い期間で手動ローテーションを行う必要があります。手動ローテーションとは単純に新しいCMKを作成することです。key-idも新しくなるため、アプリケーション側でkey-idを指定して呼び出している場合は、アプリケーションに設定しているkey-idを合わせて更新する必要があります。

■ 図4-7 手動ローテーション

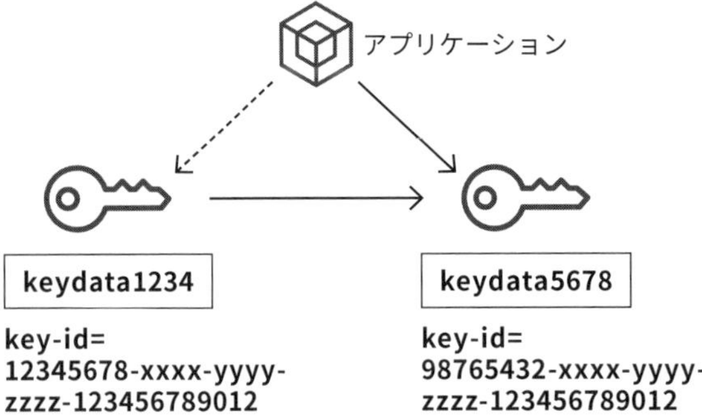

アプリケーション側のCMK情報を変更したくない場合は、**エイリアス**を使用してCMKにわかりやすい名前をエイリアス情報として関連付けます。アプリケーションからはこのエイリアスを指定してCMKを呼び出すことで、保存しているキー情報の変更が不要になります。エイリアスの付け替え作業が必要になる点には注意が必要です。

■ 図4-8 エイリアスの使用

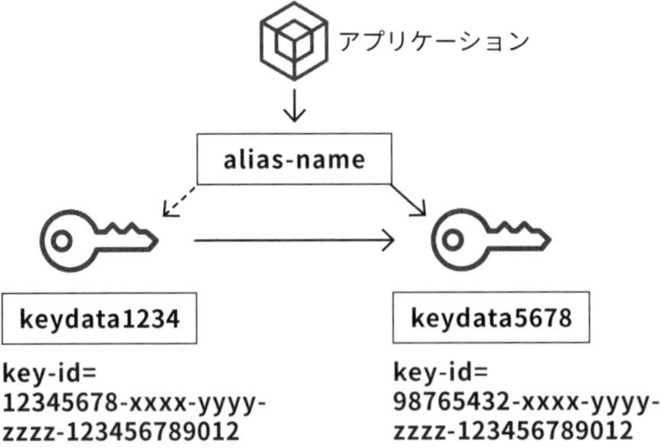

4-1-10 キーマテリアルのインポート

CMKには暗号や復号に使用されるキーデータだけではなく、作成日、説明などのメタデータも含まれます。暗号や復号に使用されるキーデータを**キーマテリアル**と呼び、通常KMSでCMKを作成した際はAWS側で自動生成されます。

キーマテリアルは、ユーザーが独自に作成したものをインポートすることも可能です。この機能を**Bring Your Own Key（BYOK)**と呼びます。ユーザー側で指定した暗号化アルゴリズムを使用でき、オンプレミス環境と共通のキーをインポートして使用することも可能です。

キーマテリアルのインポート手順

インポートは以下の手順で実施します。

1. KMSコンソールから鍵を生成する際に、キーマテリアルのオリジンに外部（External）を選択します。これによりキーマテリアルなしのCMKが生成されます。鍵をインポートするための箱ができたイメージです。
2. パブリックキーとインポートトークンをダウンロードします。
3. 2でダウンロードしたパブリックキーを使用して、ユーザーが作成したキーマテリアルを暗号化します。
4. 3で暗号化したキーマテリアルと2でダウンロードしたインポートトークンをアップロードします。

■ 図4-9　キーマテリアルのインポート

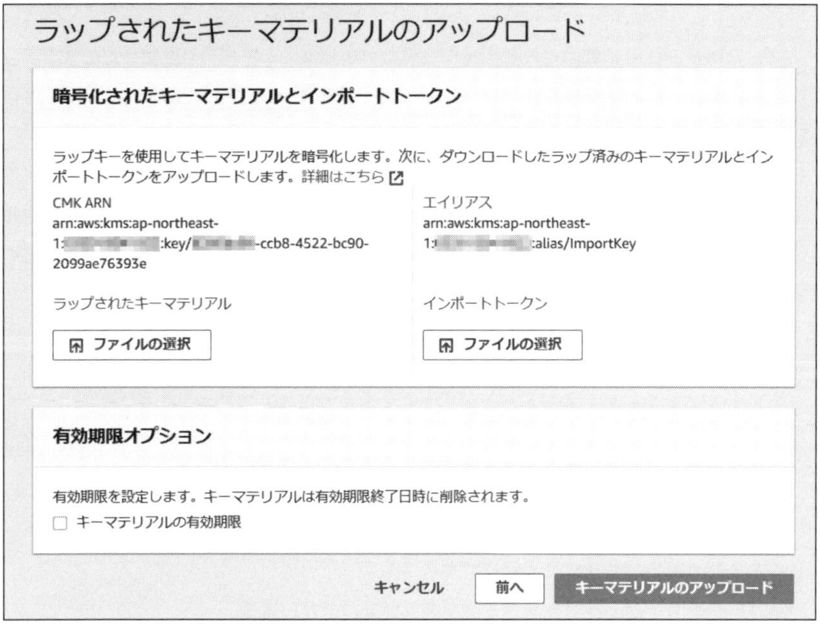

ラップされたキーマテリアルのアップロード

暗号化されたキーマテリアルとインポートトークン

ラップキーを使用してキーマテリアルを暗号化します。次に、ダウンロードしたラップ済みのキーマテリアルとインポートトークンをアップロードします。詳細はこちら

CMK ARN
arn:aws:kms:ap-northeast-1:　　:key/　　-ccb8-4522-bc90-2099ae76393e

エイリアス
arn:aws:kms:ap-northeast-1:　　:alias/ImportKey

ラップされたキーマテリアル
ファイルの選択

インポートトークン
ファイルの選択

有効期限オプション

有効期限を設定します。キーマテリアルは有効期限終了日時に削除されます。
キーマテリアルの有効期限

キャンセル　前へ　キーマテリアルのアップロード

BYOKの制約

インポートしたキーマテリアルを使用する場合、通常のAWSが生成するCMKと比べ以下のような制約や違いがあります。

- **インポートするキーは256bitの対称キーのみです。**
- **キーの自動ローテーションはできません。手動ローテーション（再生成）する必要があります。1つのCMKに対し1つのインポートしたキーマテリアルしか設定できないという制約があり、このような仕様となっています。**
- **リージョン障害などでCMKに障害があった場合、自動復旧されないためユーザー側でバックアップをしておく必要があります。AWSが生成したキーマテリアルの場合は自動復旧されます。**
- **キーマテリアルに有効期限が設定可能です。有効期限が切れると即時削除されるので注意が必要です。削除がされた場合はキーマテリアルの再インポートができるのでそれを使用して復旧します。**

4-1-11 キーポリシーによるアクセス制御

キーポリシーを使用することで、CMKに対するアクセスを制御することができます。キーポリシーだけでなく、IAMポリシーを使用したアクセス制御も可能です。IAMはCMKを使う側（IAMユーザーやIAMロール）を対象に、どういうアクセスが可能か設定をしますが、キーポリシーはCMKを対象にアクセスの設定を行います。

IAMポリシー、キーポリシーの両方で許可された操作のみ可能なため、これら両方を組み合わせてうまくアクセス制御を行うことが大切です。

キーポリシーの書き方

具体的なキーポリシーは以下のように記載します。基本的にはIAMポリシーの書き方と同様です。

```
{
 "Version": "2012-10-17",
 "Statement": [{
  "Sid": "KeyPolicy Sample",
  "Effect": "Allow",
  "Principal": {"AWS": "arn:aws:iam::123412341234:root"},
  "Action": "kms:*",
  "Resource": "*",
 }]
}
```

- **Sid - 任意の識別子で内容はなんでもかまいません。（オプション）**
- **Effect - AllowまたはDenyを記載します。（必須）**
- **Principal - キーポリシーに書かれた権限を利用できるのは誰かを指定します。アカウントやIAMユーザー、IAMロール、AWSサービスを指定できます。IAMグループは指定できません。なお、[アカウントID]:rootで指定した場合、そのアカウントのすべてのIAMユーザー、ロールが対象となります。（必須）**
- **Action - AllowまたはDenyするAPIを指定します。（必須）**
- **Resource - 対象リソースを指定しますが、キーポリシーではアタッチするCMKを意味**

　する"*"を記載します。（必須）
- **Condition - 上記サンプルに記載はないですが、IAMポリシー同様に使用可能です。例えば使用元IPアドレスを限定したい場合などに使用します。（オプション）**

デフォルトキーポリシー

特に何も指定せずにCMKを生成およびキーポリシーを設定した場合は、「キーポリシーの書き方」のサンプルに記載したようなポリシーが生成されます。これは生成されたAWSアカウント内に全KMSアクセスを許可することを意味します。

マネジメントコンソールからCMKを生成する場合は、**キー管理者**と**キー利用者**をAWSアカウント内に存在するIAMユーザーとIAMロールから選択することができます。それぞれ以下のようなアクセスが許可されます。

・キー管理者

キーの削除や無効化など、管理操作全般が使用できます。暗号化オペレーションは使用できませんが、キーポリシーそのものを変更できるため、利用を拒否するという用途ではあまり使用できません。

・キー利用者

暗号化オペレーションで使用するGenerateDataKeyやEncrypt、DecryptのAPIが使用できる権限が付与されます。

キーポリシーを使用した多要素認証（MFA）

キーポリシーを使用して、重要なKMSのAPIを実行する際に多要素認証（MFA）を強制させることが可能です。以下の例では、Actionに記載したAPIを実行する際に、過去300秒以内にMFA認証されていないとエラーとなります。

```
{
"Sid": "MFAEnable",
"Effect": "Allow",
"Principal": {
"AWS": "arn:aws:iam::123422343234:user/UserName"
},
```

```
"Action": [
  "kms:DeleteAlias",
  "kms:DeleteImportedKeyMaterial",
  "kms:PutKeyPolicy",
  "kms:ScheduleKeyDeletion"
],
"Resource": "*",
  "Condition":{
    "NumericLessThan ":{"aws: MultiFactorAuthAge":"300"}
}
}
```


4-1-12 許可

KMSではキーポリシーのほかに、**許可（Grant）**という設定機能があります。これを使用して、特定のIAMユーザーやIAMロールなどに指定したKMSのAPIを許可することが可能です。名前の通り許可の設定が可能ですが、拒否の設定はできません。

許可の作成

許可を作成する場合は以下のように**CreateGrant**を実行して設定します。

```
$ aws kms create-grant \
  --key-id 1234abcd-12ab-34cd-56ef-1234567890ab \
  --grantee-principal arn:aws:iam::123412341234:user/KMSUser \
  --operations Decrypt \
  --retiring-principal arn:aws:iam::123412341234:role/KMSAdmin
```

key-idで対象のCMK、grantee-principalで利用を許可するIAMユーザー、operationsで許可するAPIを指定しています。retiring-principal を指定することで、設定した許可を無効にできるIAMロールを設定しています。

4-1-13 クライアントサイド暗号化とサーバーサイド暗号化

KMSを利用した暗号化は、暗号を行うタイミングにより、**クライアントサイド暗号化（Client-Side Encryption）**と**サーバーサイド暗号化（Server-Side Encryption）**の2種類に分けることができます。

クライアントサイド暗号化

ユーザーがアプリケーションで暗号化を行う場合はこちらになります。SDKでKMSのAPIを呼び出し、取り出したキーを使用してデータを暗号化します。カスタマー管理CMKを使用することになります。暗号化した後、そのデータは通信経路上も暗号化された状態となるため、よりセキュアにデータを扱うことができます。アプリケーションに暗号化の処理を加える必要があるため、少々手間がかかります。

「Envelope Encryption（エンベロープ暗号化）」で説明した暗号化の流れはクライアントサイド暗号化になります。

サーバーサイド暗号化

AWSの各サービスが提供する暗号化機能を使用する場合がこちらです。AWSサービスがデータを受信した後に自動的に暗号化を行います。AWSサービスまでの通信経路上はデータが暗号化されないため、セキュリティ強度は落ちますが、より簡単に実装することができます。基本的にはどのサービスでも、暗号化を有効にして使用するCMKを指定するだけで暗号化ができます。

ここではカスタマー管理CMKまたはAWS管理CMKのいずれかを指定することが可能です。

4-1-14 KMSでの制限

KMSの使用にあたり、様々な制限があります。これまで説明した内容も一部含みますが、ここでまとめて整理しておきます。

CMKで直接暗号/復号できるデータは4KBまで

CMKを直接暗号や復号に使用する場合は、4KBまでのデータしか処理できません。Envelope Encryptionで説明した通り、別途データ用のキーを生成してそれをCMKで暗号化することが推奨されています。

APIリクエストのレート制限

GenerateDataKey等の暗号処理に使用するAPIは、同時に実行できる1秒あたりのリクエスト最大数が決まっています。これをレート制限と呼びます。例えば、東京リージョンのGenerateDataKey処理の1秒あたりのレート制限は10,000です。このレートを超えてKMSのAPIをリクエストした場合は**ThrottlingException**というエラーが返されます。

例えばEBSやS3に大量のファイルをアップロードする際は注意が必要です。EBSやS3側の制限がOKでも、KMSのレート制限に引っ掛かりアップロード処理がエラーとなる可能性があります。

リージョン間でのキー共有不可

KMS APIでも説明した通り、CMKは生成したリージョン内でのみ使用可能です。ほかのリージョンでCMKを使用する場合は新規生成する必要があります。

※2021年6月に、KMSマルチリージョンキーという機能が発表されました。この機能を使用することにより、キーマテリアル、キーIDが作成リージョンとは異なるリージョンにコピーできます。利用者は作成リージョンと同じキーIDで暗号化/復号化処理が可能になり、リージョンごとに別のキーIDを指定する必要がなくなります。試験ではマルチリージョンキーが使用できない前提で問題が出題される可能性もあるため、注意しましょう。

CMKを削除したらデータ復号不可

これは想像がつくと思いますが、CMKを削除した場合はそのCMKを使用して暗号化しているデータが復旧不可となります。AWSサポートに問い合わせても復旧できないため、CMKの削除は慎重に行う必要があります。

逆に言うと、データを破棄する際は、暗号化に使用しているCMKを削除することで復旧不可となるためより安全にデータが廃棄できることになります。例えばAWS管理のデータセンタで物理ディスクが取られたとしても、キーがないためデータを参照できません。

リソースの制限

KMSで作成するリソースについて、以下のような上限が設定されています。これを超える場合は制限の引き上げをリクエストする必要があります。

リソース	上限値
カスタマー管理CMKの数	10,000
エイリアス数	10,000
CMKあたりの許可数	10,000

リソース	上限値
CMKあたりの特定のプリンシパル数	500
キーポリシーのサイズ	32KB

プリンシパルについてわかりにくいので少し補足します。例えば1つのEC2に共通のCMKで暗号化した500個のEBSをアタッチする場合、全て同じプリンシパル（IAMロール）となります。そのため同等の501個目のEBSはアタッチすることができません。

4-1-15 対称キーと非対称キー

対称キーと非対称キーとはなんでしょうか。対称キーは**共通鍵暗号方式**、非対称キーは**公開鍵暗号方式**といったほうが馴染みがあるかもしれません。

対称キーでは暗号と復号に共通の同じキーが使用されますが、非対称キーは暗号に公開鍵、復号に秘密鍵という別のキーが使用されます。以下2種類の非対称キー（CMK）がサポートされています。

- **RSA CMK - 暗号と復号または署名と検証に使用できます。**
- **楕円曲線（ECC）CMK - 署名と検証に使用できます。**

セキュリティ認定試験における非対称キーについて

非対称キーは**2019年11月**にKMSで使用できるようになりました。それまではKMSでは対称キーのみ利用可能で、現時点でセキュリティ認定試験では非対称キーは利用できない前提で問題が出題されています。非対称キーを使用したい場合は次の章で説明するCloudHSMが選択肢となります。

今後、試験の改定が行われた場合、非対称キーが使用できる前提で問題が出題される可能性が高いため、ご注意ください。

対称キーと非対称キーの違い

現時点でセキュリティ認定試験に出題される可能性は低いですが、今後のために簡単にそれぞれの違いをまとめておきます。

項目	対称CMK	非対称CMK（RSA）	非対称CMK（ECC）
暗号および復号	○	○	×
署名および検証	×	○	○
キーマテリアルインポート	○	×	×
データキー生成	○	×	×

4-1-16 他サービスとの連携について

本章ではKMSから見た使用方法を解説してきました。実際には使用するAWSサービス側でKMSの設定を行いキーを使用していくことが多くなります。そのため、使用されるKMSの設定方法だけではなく、使用するAWSサービス側の設定方法や使用方法も合わせて理解しておく必要があります。例えばEC2（EBS）やS3の暗号化で使用することが可能です。実際の使用方法や詳細については、本章で解説していくので、これまで説明してきたKMSの内容を見返しながら、両方の観点で勉強していくと良いでしょう。

4-2 AWS CloudHSM

▶▶確認問題

1. CloudHSMの耐障害性や可用性はAWS側で管理してくれる
2. CloudHSMでは専用のハードウェアが用意される

1.×　2.○

必ずマスター!

KMSとの違い

コンプライアンス要件などに対応するため、KMSよりもより厳重な鍵管理を行うことができる

4-2-1 概要

暗号化に使用される暗号化キーの作成と管理を行うサービスで、KMS以外に**AWS CloudHSM**（以下、Cloud HSM）というサービスがあります。CloudHSMの詳細な使い方については、セキュリティ認定試験には出題されませんが、KMSとの使い分けについて出題される可能性があるので、基本的なところは理解しておきましょう。

簡単に言うと、KMSよりも厳重なキーの管理や、より高いコンプライアンスに対応するためのサービスがCloudHSMになります。以下のような特徴があります。

- **暗号化キーの保存に専用ハードウェアが使用される**
- **VPC内で実行される**
- **AWSはキーにアクセスできない**
- **FIPS（Federal Information Processing Standard：米国連邦情報処理規格）140-2と言われる、暗号化の基準に準拠している**

- 対称キーと非対称キーの両方に対応している
- 耐障害性や可用性はユーザー側で設定して担保する
- KMSよりもコストが高くなる

このような特徴から、以下のような場合にKMSではなくCloudHSMを選択することになります。

- 専用のハードウェアが必要など、企業や契約上の高いコンプライアンス要件がある場合
- キーの管理を自分で行い、AWSや他社に見せたくない場合
- キーをVPC内に配置してアクセス制御をしたい場合

VPC内に作成するため、「クラスター」という形で作成するVPCとサブネットを指定することになります。

図4-10　CloudHSM作成画面

KMSとの比較を表にまとめると以下の通りとなります。

	Cloud HSM	KMS
キー保存場所	VPC内専有	AWS内
パフォーマンスや可用性管理	利用者	AWS
コスト	高	低
AWSサービスでの利用	RedshiftやRDS等一部	ほぼ全てのサービス

4-3 Amazon Elastic Block Store (Amazon EBS)

確認問題

1. EBSの暗号化はKMSのAWS管理CMK、カスタマー管理CMKいずれかを使用する
2. 自動的に新規作成するEBSを暗号化する仕組みがある

1.○　2.○

ここは 必ずマスター!

EBS暗号化の目的と内容

暗号化はデータ漏えい防止が目的であり、保存データやスナップショット、EC2との通信データが暗号化される

EBS暗号化状態の変更

暗号化されていない既存のEBSを暗号化する場合はスナップショットを使う必要がある

4-3-1 EBSの暗号化

EBSはEC2で使用されるストレージボリュームです。KMSのCMKを使用して、EBSを暗号化することができます。暗号化されたEBSと暗号に使用するKMSを別管理にしておくことで、EBSやEBSが格納されている物理ディスクが外部に漏れた場合もKMSが漏れていなければデータを保護することが可能です。

暗号化される内容

EBSの暗号化を行うと、以下のデータが全て暗号化されます。

- **EBSに保存されるデータ**
- **EBSとEC2インスタンスの間で移動されるデータ**
- **EBSから作成されたすべてのスナップショット**
- **暗号化されたスナップショットから作成されたEBS**

KMS APIのアクセス許可について

EC2の起動など、暗号化されたEBSが接続されているEC2の操作を行う場合は、操作を行うIAMユーザーに、以下のKMS APIを呼び出す権限が必要になります。

- CreateGrant
- Decrypt
- DescribeKey
- GenerateDataKeyWithoutPlainText
- ReEncrypt

暗号化で使用できるCMK

暗号化にはAWS管理CMK、カスタマー管理CMKのいずれかを使用することができます。デフォルトではAWS管理CMK「aws/ebs」が使用されます。カスタマー管理CMKのほうがキーの管理をしやすくなるため、セキュリティを高めるためにはこちらがおすすめです。

リージョン間スナップショットコピーの制約

EBSスナップショットにはコピー機能があり、暗号化したEBSスナップショットも同様にコピーが可能です。ただし、KMSで説明した通り、CMKはリージョン内固有のため、コピー先リージョンで別のCMKを作成して指定する必要があります。

4-3-2 EBSのデフォルト暗号化

AWSアカウント内でEBSを強制的に暗号化するよう設定が可能です。設定前に既に存在したEBSには影響せず、設定後に新規作成するEBSやスナップショットコピー時に暗号化が行われます。この設定が行われていない場合は、ユーザーがEBS作成時やスナップショットコピーの都度、意図的に暗号化の指定を行う必要があります。

デフォルト暗号化の設定はリージョン固有の設定であり、利用するリージョンごとに設定を行う必要があります。

デフォルト暗号化の設定方法

EC2のコンソールから以下の手順で実施できます。

1. 右上にある「Account Attributes (アカウントの属性)」、「Settings (設定)」の順に選択します
2. 「Always encrypt new EBS volumes (常に新しい EBS ボリュームを暗号化)」 にチェックを入れ、「Save Settings (設定を保存)」を選択します。
   必要に応じて使用するCMKを選択します。

■ 図4-11　デフォルト暗号化 設定画面

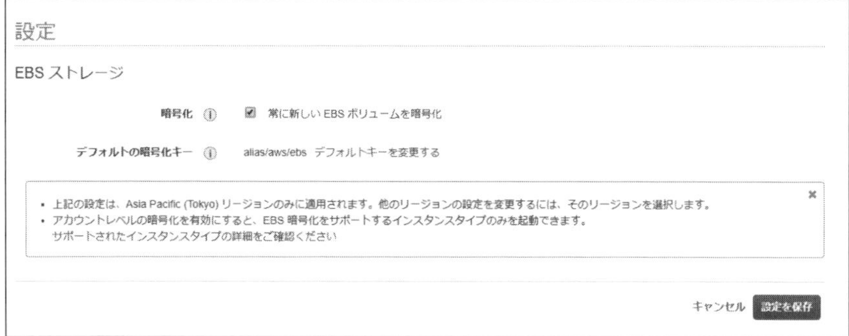

4-3-3 暗号化されていないEBSの暗号化

暗号化されていない既存のEBSを暗号化する場合、直接暗号化をすることはできません。スナップショットを使用することで、既存の暗号化されていないEBSを暗号化することができます。スナップショットのコピー時に暗号化を有効化することができるため、この機能を使用します。

既存のEBSを暗号化する流れ

以下の手順で既存のEBSを暗号化できます。

1. スナップショットを取得する。
2. スナップショットをコピーする。この際、暗号化を有効にする。
3. 2でコピーしたスナップショットからEBSボリュームを作成する。
4. 3で作成したEBSボリュームをEC2インスタンスにアタッチする。

■ 図4-12　既存EBSの暗号化

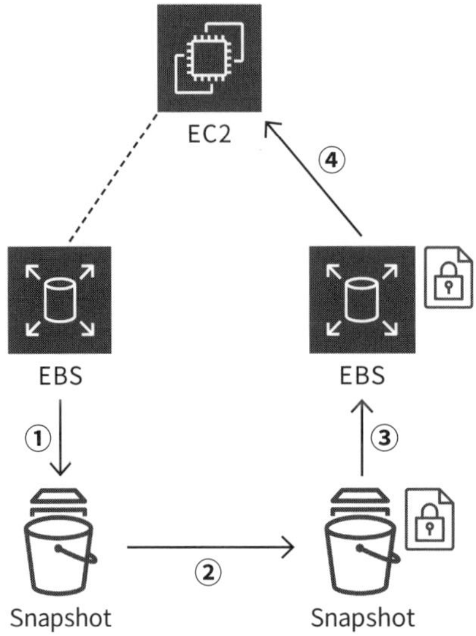

このスナップショットコピーを使用して、既存の暗号化されたEBSのCMKを変更するといったことも可能です。2のコピー操作時に新しいCMKを設定すればOKです。

暗号化されたEBSの暗号化解除

暗号化されたEBSの暗号化解除は実行できません。暗号化されていない空のEBSを用意して、rsyncコマンドなどを使用しOS側で手動データコピーを実施する必要があります。また、暗号化されたEBSのCMKを誤って削除した場合も、EBSをデタッチする前にデータを手動コピーすることでデータを取得することができます。CMKを削除してデタッチした場合は復旧できないため注意が必要です。

デタッチするまで復旧が可能なのは、暗号化に使用されるKMSで生成されたデータキーが、EC2のメモリ内に残っているためです。

4-4 Amazon RDS

▶▶ 確認問題

1. RDSの暗号化を有効化するとログファイルも暗号化される
2. RDSへの接続はJDBCのような通常のDB接続のほかに、IAMによる認証を使った接続をすることができる

1.○　2.○

ここは必ずマスター！

RDS暗号化の制約

EBS同様に暗号化の変更にはスナップショットが必要であったり、リードレプリカと暗号化設定は共通にする必要があるといった制約がいくつかある

格納時の暗号化と伝送時の暗号化

KMSを使用した格納時の暗号化と、SSL通信を使用した伝送時の暗号化の２種類がある

4-4-1 RDSの暗号化

Amazon Relational Database Service（以下RDS）はリレーショナルデータベースを提供するサービスです。RDSはデータを保存するためのサービスであり、セキュリティ観点では保存するデータを保護することが大切です。保護の方法は権限設定など、さまざまなものがありますが、一番のデータ保護は暗号化によって機密データの内容を隠蔽することです。

RDSの暗号化は、格納時の暗号化と伝送時の暗号化という2種類があります。KMSで説明したクライアントサイド暗号化を使用して、あらかじめデータを暗号化してからRDSに登録を行えば、通信上（伝送時）も格納時も暗号化されることになります。これはRDSの暗号化というよりはほかのサービスを含めた一般的なデータの暗号化方法となります。

2種類の暗号化について、順々に説明していきます。

4-4-2 RDSデータ格納時の暗号化

基本的な流れや仕様は、EBSの暗号化と同様です。KMSのCMKを使用して、RDSの各種リソースを暗号化することができます。

暗号化を有効にした場合に暗号化される各種リソースは以下の通りです。

- **DBインスタンスに保存されるデータ**
- **自動バックアップ**
- **リードレプリカ**
- **スナップショット**
- **ログファイル**

暗号化されたRDSの制約

こちらも基本的にはEBSと同様ですが、以下のような制約があります。

- **暗号化はDBインスタンスの作成時のみに有効にできます。既存の暗号化されていないDBインスタンスを暗号化したい場合は、EBS同様にスナップショットコピーを行う際に暗号化を行い、コピーしたスナップショットからリストアを行います。**
- **暗号化有効/無効の設定はマスターのDBインスタンスとリードレプリカが同じである必要があります。例えばリードレプリカのみ暗号化するといったことはできません。**
- **リージョン間でスナップショットをコピーするには、コピー先のリージョンでコピー元とは異なるKMSのCMKを指定する必要があります。**

Transparent Data Encryption（TDE）

DBエンジンがOracle、SQL Serverの場合は、Transparent Data Encryption（TDE）という機能を使用してデータの暗号化も可能です。この機能はRDSの機能というよりもDBエンジンの機能になります。TDEとRDSがもつ暗号化の両方を使用すると、パフォーマンスに影響が出る可能性があるため、特に要件がない限りは、RDSがもつ暗号化のみ有効にすれば良いでしょう。

4-4-3 RDSデータ伝送中の暗号化

データ転送中の暗号化とは、データの通信を暗号化することです。通信を暗号化するにはSecure Socket Layer（SSL）またはTransport Layer Security（TLS）を使用します。RDSでは各DBエンジンごとに通信を暗号化する手順や実装方法が少々異なりますが、基本的な流れはどのエンジンでも同じです。

RDSの全てのDBエンジンでこの暗号化を使用することが可能です。

SSLを使用したRDS接続の流れ

1. ルート証明書をAWSサイトからダウンロードします。アプリケーションの要件に応じて中間証明書とルート証明書の両方を含んだバンドル版をダウンロードします。
2. DB接続をおこなうアプリケーション側でSSLオプションを有効にし、1でダウンロードした証明書を使用します。設定方法はDBエンジンにより異なりますが、例えばMySQLの場合は「--ssl-ca」オプションで証明書を指定して通信にSSLを使用することができます。
3. DBエンジンにより、必要に応じてユーザーにSSL接続を強制することができます。

・MySQL接続例

```
mysql -h myinstance.xxxx12345.rds-ap-northeast1-1.amazonaws.com
--ssl-ca=[full path]rds-combined-ca-bundle.pem --ssl-mode=VERIFY_IDENTITY
```

・MySQLのSSL接続要求設定

```
GRANT USAGE ON *.* TO 'encrypt_user'@'%' REQUIRE SSL;
```

SSL証明書の更新

SSL接続に使用している証明書は、定期的に更新する必要があります。2020年1月14日以前に作成されたRDSは、rds-ca-2015 証明書が使用されており、それ以降に作成されたRDSはrds-ca-2019という新しい証明書がデフォルトで使用されています。古い証明書は2020年3月5日に期限切れとなったため、ユーザーは期限までに新しい証明書に更新する必要がありました。証明書の名前から見て、4年ごとに更新されると見て良いでしょう。

証明書の更新は以下の流れで実施します。

1. 新しい証明書をAWSサイトからダウンロードします。
2. アプリケーション側で指定している証明書の設定を新しい証明書に更新します。
3. RDS DBインスタンス側のCertificate Authority（認証局）を新しいものに更新します。この際、DBインスタンスが再起動され、一時的な接続断があります。デフォルトではRDSに設定したメンテナンスウィンドウの時間に更新が行われますが、すぐに更新することもできます。

4-4-4 RDSへのアクセス認証

通常、RDSへの接続時に使用する認証情報は、RDS作成時に設定したDBユーザーおよびパスワードを使用します。これはオンプレミスなどの他環境のDBエンジンを使用する際と同様です。これに加え、AWSではIAMを使用したDBアクセス認証が可能です。

IAMを使用した認証が利用できるのは以下のDBエンジンになります。

- **MySQL**
- **PostgreSQL**
- **Aurora MySQL**
- **Aurora PostgreSQL**

IAMによる認証を使用した接続の流れ

まずは以下の流れでIAM、RDS側のユーザー準備を行います。

1. RDS側で、[IAM DB 認証（IAM DB authentication）]を有効にします。
2. Actionにrds-db:connect、Resourceに対象RDSのARNが許可されたIAMポリシーを作成し、接続を行うIAMユーザーまたはIAMロールにアタッチします。
3. RDS側でIAM認証用のユーザーを作成します。DBエンジンに応じた権限付与設定を行います。例えばPostgreSQLでは「GRANT rds_iam TO db_user」という形でユーザーに権限を付与し、MySQLでは「AWSAuthenticationPlugin」というAWS提供のプラグインを使用します。

■ 図4-13　IAM DB認証の有効化

データベースの設定

データベースのポート　info

3306

DB クラスターのパラメータグループ　info

default.aurora5.6

IAM DB 認証　info

IAM DB 認証の有効化

AWS IAM ユーザーとロールでデータベースユーザー認証情報を管理します。

無効化

これでRDSとIAMの準備は完了です。次はクライアント側でIAMを使用した認証を行い、接続します。IAMの認証ではパスワードを使用せず、認証トークンと呼ばれる一時的な情報を発行し、それを使用して接続を行います。

1. RDSの「generate-db-auth-token」を使用して認証トークンを発行します。
2. 1で発行した認証トークンをDB接続時のコマンドに設定します。詳細はDBエンジンにより異なりますが、例えばMySQLでは「--password」オプションに認証トークンを設定することで接続することができます。

IAM認証を使用する利点

以下のような利点があります。

- **各RDSごとに認証情報を管理する必要がなく、一元管理ができます。**
- **パスワード情報を持たないので、接続パスワードの漏えいといったリスクが少なくなります。例えばEC2上のアプリケーションからRDSに接続する場合、EC2上にパスワードの保存は必要なく、EC2に設定したIAMロールを使用してRDSへの接続が可能になります。**

4-5 Amazon DynamoDB

▶▶ 確認問題

1. DynamoDBでは格納時に強制的にデータが暗号化される
2. DynamoDBへの接続はJDBCのような通常のDB接続を使用する

1.○　2.×

ここは▶ 必ずマスター!

格納時の暗号化
格納時は強制的に暗号化され、CMKのタイプを選択できる

DynamoDBへのアクセス制御
IAMポリシーを使用して、読み取り権限や書き込み権限などを設定する

4-5-1 DynamoDBの暗号化

Amazon DynamoDB（以下DynamoDB）はAWSが提供するNoSQLデータベースサービスです。フルマネージド型となるため、ユーザーはパフォーマンスや障害時の動作などの管理は基本的には行わず、データの管理に集中することができます。

データを保存するサービスという意味ではRDSと同じになるため、データ保護の観点も同様となり、暗号化が重要となります。RDS同様に格納時と伝送時の暗号化について説明していきます。

4-5-2 DynamoDBデータ格納時の暗号化

DynamoDBでは格納時の暗号化は強制的に行われます。ユーザー側で無効化することはできません。KMSのCMKを使用して暗号化されます。ユーザーはCMKの種類を以下３つから指定することができます。デフォルトではAWS所有CMKが使用されます。

- カスタマー管理CMK
- AWS管理CMK
- AWS所有CMK

また、キーの変更はDynamoDBテーブル作成後に行うことも可能です。

■ 図4-14　DynamoDB暗号化キー設定画面

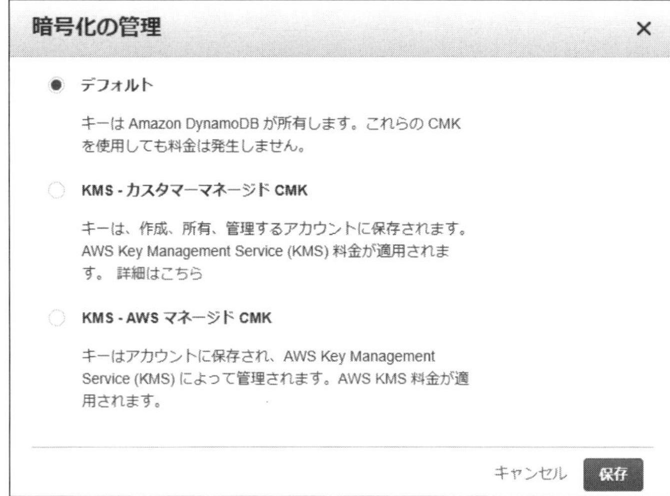

4-5-3 DynamoDB Accelerator（DAX）の暗号化

DynamoDB Accelerator（DAX）という、DynamoDB用のインメモリキャッシュサービスがあります。こちらは強制的に暗号化される訳ではないため､DAXクラスター作成時にユーザー側で暗号化を有効にする必要があります。暗号化の有効/無効の変更は作成後はできません。

4-5-4 DynamoDBデータ伝送中の暗号化

DynamoDBへのDBアクセスはHTTPSを使用したAPI経由で行われるため、必然的にネットワークは暗号化されることになります。ユーザーはAWSが用意したAPIを使用するだけで良く、こういった接続の管理が少ないのはマネージドサービスの利点になります。

外部ユーザー利用時のデータ送信前や、アプリケーション内でデータを使用する際に暗号化を行う必要がある場合は、クライアントサイド暗号化を使用してデータを保護します。AWSでは**AWS Encryption SDK**という暗号化のSDKも用意しており、これを使用してより簡単にクライアントサイド暗号化を実装することも可能です。

4-5-5 DynamoDBへのアクセス認証

DynamoDBのデータアクセスは、AWSのAPIを使用して実行するため、認証はIAMが前提となります。RDSのようにユーザー名およびパスワードを使用した接続といった概念はありません。

例えばデータの読み込み権限だけ与えたい場合は、IAMポリシーのActionにDescribeTable,Query,Scanといった権限のみを与えて、IAMユーザーまたはIAMロールに設定します。

その他、細かいIAMの権限管理については「2-2 AWS IAM」の章を確認してください。

■ 図4-15 IAMによるDynamoDBアクセス制御

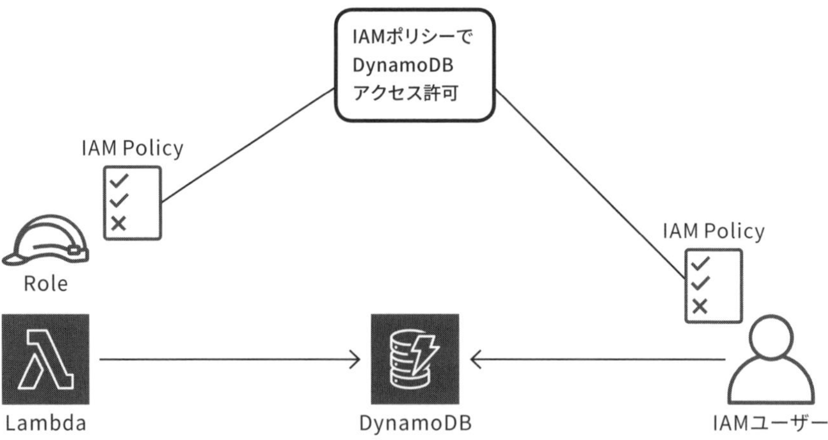

4-6 Amazon S3

▶▶確認問題

1. S3のアクセスコントロールはIAMとバケットポリシーの2種類で行う
2. 一時的にS3内のオブジェクトへアクセスを許可するには署名付URLを使用する
3. S3の暗号化にはKMS以外にユーザー管理のキーも使用することができる

1.× 2.○ 3.○

ここは▶必ずマスター！

S3のアクセス制御
バケットポリシーとACLの2種類を使用してバケットとオブジェクトの制御ができ、それぞれ特性がある

VPCエンドポイント
VPCと閉域でS3と通信を行う場合はVPCエンドポイントを使用する

S3 Glacier
オブジェクトのアーカイブ保存にはS3 Glacierを使用する、ボールトロックを使用して変更不可にすることもできる

4-6-1 S3とセキュリティ

Amazon Simple Storage Service（以下S3）は、AWSが提供するインターネットストレージサービスです。単純にデータを格納する用途で使用することもありますが、ほかの多くのAWSサービスのデータ保存部分として使用されることも多く、認定試験にもよく出てくるサービスです。

本書ではS3の基本は知っているという前提で、セキュリティに関連するアクセス制御とデータの暗号化について説明します。

S3のアクセス制御

S3バケットへのアクセス制御は、以下3種類の方法で実装することができます。

- ユーザーポリシー（IAMポリシー）
- バケットポリシー
- アクセスコントロールリスト（ACL）

ユーザーポリシーはS3を利用する側を対象に設定するのに対し、バケットポリシーとACLはユーザーから利用されるS3バケットまたはオブジェクトを対象に設定します。

ユーザーポリシー（IAMポリシー）

S3専用のアクセス制御ではなく、IAMを使用したアクセス制御になります。許可または拒否するAPIをIAMポリシーに記載して、IAMユーザーまたはIAMロールにアタッチします。例えばバケットやオブジェクトの読み込みのみをユーザーに許可したい場合は、GetObjectやListBucketを許可します。

バケットポリシー

バケットに対し、JSON形式でアクセス権を設定します。バケットの所有者のみがこの設定を行うことができます。特定のIAMユーザーや、他のAWSアカウントへのアクセス許可も設定することができます。設定はバケット単位で行いますが、Resource属性にオブジェクト名や正規表現を指定することで、オブジェクト単位のアクセス制御も可能です。例えばlogs*で始まるファイルのみ操作可能といった設定もできます。

ただし、バケットポリシーは20KBまでという制限があるため、多くのオブジェクトのひとつひとつにアクセス制御を行う場合は、次のACLを使用したほうが良いでしょう。

アクセスコントロールリスト（ACL）

ACLには、**バケットACL**と**オブジェクトACL**の2種類あります。バケットACLを使用するケースはあまりなく、S3のアクセスログをS3バケットに保存する場合に使用が推奨されます。バケット単位でのアクセス制御は、基本的にバケットポリシーで良いでしょう。

オブジェクトACLはいくつか活用できるケースがあります。例えば、バケットの所有者とそのバケットにあるオブジェクトの所有者が異なる場合、オブジェクトの所有者がオブジェクトACLを使用してそのオブジェクトのアクセスを制御する必要があります。

バケットの所有者にアップロードしたオブジェクトのアクセス許可をするには、オブジェクトの所有者がバケット所有者に対してオブジェクトACLを設定します。

別の活用例として、バケットポリシーでも説明したとおり、多数のオブジェクトに対してオブジェクト単位でアクセス制御を行う場合は、オブジェクトACLが有効な手段となります。

4-6-2 VPCエンドポイント

AWSにはサービスが稼働する場所、ネットワークに応じて以下3種類のサービスがあります。

- **AZ（アベイラビリティゾーン）サービス**
  サービス例: EC2、RDS

- **リージョンサービス**
  サービス例：S3、Lambda、CloudWatch

- **グローバルサービス**
  サービス例：IAM、Route53、CloudFront

S3はサービス例にもある通り、**リージョンサービス**となり、バケットを作成する際に東京などのリージョンを指定します。一方EC2はAZサービスとなり、ユーザーが設定したVPCのネットワークやセキュリティグループ内にサービスを稼働させることができます。

リージョンサービスは基本インターネット経由で利用しますが、自分で設定したVPC内のサービスとインターネットを経由せずに閉域でS3と通信をしたい場合があります。この場合に**VPCエンドポイント**を使用します。

VPCエンドポイントの概要

VPC内のプライベートサブネットから、AWS外部に一切通信せずに直接S3と通信することができます。VPCの管理画面からエンドポイントを作成でき、通信をしたいサブネットのルートテーブルにエンドポイント向けのルートを追加することで通信できるようになります。エンドポイントにアクセスポリシーが設定でき、疎通可能なVPCやサブネットを指定することができます。

バケットポリシーやIAMポリシーと合わせて必要な通信を許可する必要があります。IAMポリシーやバケットポリシーは正しく設定できているのにS3と疎通できない場合、このエンドポイントのポリシーで拒否されていることになります。

■ 図4-16　VPCエンドポイント構成図

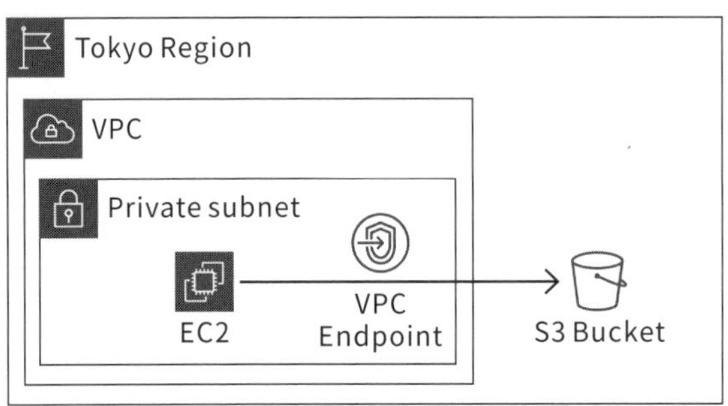

バケットポリシーで通信許可元をVPCエンドポイントまたはVPCのみに指定し、かつVPCにインターネットゲートウェイがアタッチされていない場合は、AWS内でデータを扱うことができ、外部へのデータ流出予防になります。

他サービスのVPCエンドポイント

今回はS3についてVPCエンドポイントを説明しましたが、ほかのサービスについてもVPCエンドポイントを作成することが可能です。VPCと他のサービスを閉域で通信したい要件があった場合は、VPCエンドポイントを使用します。

VPCエンドポイントは以下の2種類があります。

・ゲートウェイVPCエンドポイント

対象サービスはS3とDynamoDBのみで、先ほど説明したとおりサブネットのルートテーブルを書き換え、VPCエンドポイントを**ゲートウェイ**として設定することでS3やDynamoDBに接続できます。

・インターフェイスVPCエンドポイント

対象サービスはKinesisやSNSなど数多くあります。対象サービスのエンドポイントと、VPCにあるENI（Elastic Network Interface）を**PrivateLink**と呼ばれるものでリンクします。新しくENIがVPC内にできて、そこを経由して対象サービスに接続します。セキュリティグループをENIに設定してアクセスを制御できます。また、ほかのAWSアカウントで独自に開発したVPC内のアプリケーションも、このPrivateLinkを使用して接続することができます。

以下の例はインターフェイスVPCエンドポイントを経由してKinesisへ接続する場合の構成例です。

■ 図4-17　インターフェイスVPCエンドポイント

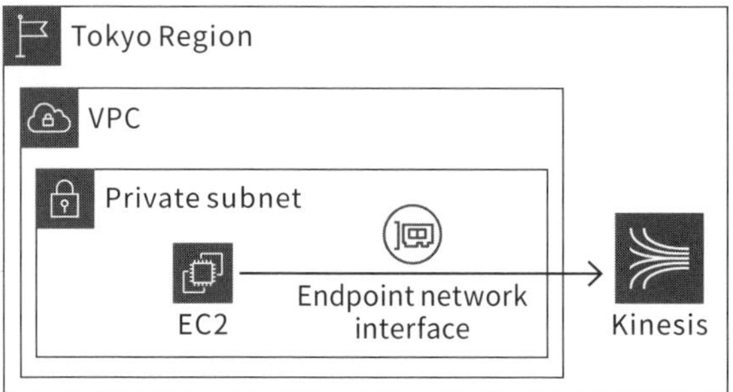

4-6-3 署名付きURLを使用したS3へのアクセス

署名付きURLを使用すると、オブジェクトに有効期限を設定し、生成したURLからのみアクセスすることができます。通常のURLに長い文字列の認証情報が付与された署名付きURLが生成され、そのURLを使用することで一定期間誰でもアクセスができるようになります。

URLのみでアクセスできるため、IAMユーザーは不要です。課金を行った限定ユーザーに対するアクセスなどに使用することができます。URLが漏れると誰でもアクセスができる点に注意が必要です。

URLは各種AWS用SDKを使用して発行します。発行時に有効期限を合わせて設定します。通常URLと署名付きURLの例は以下の通りで、署名付きURLは推測してアクセスできるものでもないので、URL情報が漏れない限りは不正アクセスはないと見て良いでしょう。

・通常のURL

https://bucket-name.s3.amazonaws.com/sample.txt

・署名付きURL

https://bucket-name.s3.amazonaws.com/sample.txt?AWSAccessKeyId=ABCDxxxxxxxxxxxxEFGH&Expires=1474442560&Signature=ABCDxxxxxxxxxxxxxxxxxxxxxxxxxxxxxxE%FG

ダウンロード用のURLだけでなく、アップロード用の署名付きURLも生成することができます。これを使用することで、外部のユーザーにS3上にファイルをアップロードしてもらうことが可能です。

4-6-4 S3データ格納時の暗号化

EBSやRDSなどの他サービスと同様に、S3でもKMSのCMKを使用して、S3に保存されるデータを暗号化することができます。S3のサーバーサイド暗号化を使用して、保管時に暗号化することができます。設定はとても簡単で、一度暗号化を設定しておくとユーザーは暗号化を意識せずにデータへアクセスすることが可能です。

サーバーサイド暗号化で使用できるキー

以下3種類のキーをサーバーサイド暗号化に使用することが可能です。

- **カスタマー管理CMK（SSE-KMS）**
- **AWS管理CMK（SSE-S3）**
- **ユーザー指定のキー（SSE-C）**

SSE-KMSとSSE-S3は、KMSで生成されるCMKであり、使用方法は「Customer Master Key（CMK）のタイプ」で説明しているため、ここでは割愛します。**SSE-C**はユーザーが用意するキーで、KMSは使用しません。キーをユーザー側（アプリケーションやデータベースなど）に保存しておき、S3へのAPIリクエスト時にパラメータとしてキー情報を指定することで、暗号化/復号の処理を行います。

AWS上にキー情報は保存されないので、AWS環境とキー情報の保存場所を分けてセキュリティを高めたい場合はSSE-Cを使用します。

4-6-5 S3クライアントサイド暗号化

保管時だけでなく、データ伝送時も暗号化したい場合や、特定のアプリケーションのみで復号したい場合などはクライアントサイド暗号化を使用します。パスワードや個人情報など重要な情報を扱う場合はクライアントサイド暗号化を検討したほうが良いでしょう。

データ暗号の流れは「Envelope Encryption」で説明したとおりで、暗号化の処理をアプリケーションで実装し、データを暗号化します。KMSのCMKを使用する場合はAWSのSDKを使用して暗号化処理を実装します。ユーザー独自のキーを使用する場合は、暗号化の処理やキーの管理もユーザーが実装する必要があります。

4-6-6 Amazon S3 Glacier

S3 Glacierはデータのバックアップやアーカイブ用途で、S3よりもさらに低コストで利用できるストレージサービスです。通常のS3バケットにライフサイクルポリシーを設定し、自動的にS3Glacierに移行することも可能です。S3 Glacierに保存したデータの取り出しには、標準取り出し（Standard）の場合3～5時間かかります。その他1～5分で250MB以内のアーカイブが取得できる迅速取り出し（Expedited）、大容量データを1日で取得できる大容量取り出し（Bulk）といったオプションがあります。

コンプライアンス要件などで大量の過去分ログファイルやデータを保存する必要がある場合に最適です。セキュリティに関する部分をいくつか見ていきます。

保存データの暗号化

S3 Glacierに保存されるデータは、自動的にAWSが管理するキーで暗号化されます。これはユーザー側で変更することができません。もし独自のキーでデータを暗号化したい場合は、クライアントサイド暗号化を使用することになります。

ボールトロック（Vault Lock）

S3 Glacierでは、保存するデータを**アーカイブ**（Archive）、アーカイブを格納する箱（コンテナ）のことを**ボールト**（Vault）と呼びます。**ボールトロック**（Vault Lock）という機能を使用することで、ボールトに保存されたデータをロックして修正できないようにすることができます。

例えば、ユーザーの操作ログなど、監査上の理由で修正が許されないデータに対してこの機能を使用します。修正だけでなくデータの削除を防ぐことも可能です。ボールトロックポリシーで削除を拒否するといった制御内容を記載し、そのポリシーでロック完了（Complete）まで行うとポリシーの変更ができなくなります（ポリシーもロックされる）。

ボールトロックの開始（Initiate）後、完了までの間は中止（Abort）を実行してロックを中止することが可能です。

■ 図4-18　S3 Glacier、ボールトロック設定画面

4-6-7 S3オブジェクトロック

S3 Glacierのボールトロック機能について紹介しましたが、Glacierに移行せず、S3上にあるオブジェクトをロックすることも可能です。

参照回数がほとんどないオブジェクトに関しては、S3 Glacierのボールトロック機能を使い、監査要件などで定期的にファイルの確認が必要なのであれば、S3 オブジェクトロックの機能を使用すると良いでしょう。

一度書き込むと読み込みしかできなくなることから、Write Once Read Many (WORM) モデルと呼ばれます。

オブジェクトロックの設定方法

オブジェクトロックの設定はまずバケット単位で行う必要があり、バケット作成時のみ有効にすることができます。バージョニング機能を合わせて有効にする必要があります。

■ 図4-19　S3オブジェクトロックの設定（バケット作成時）

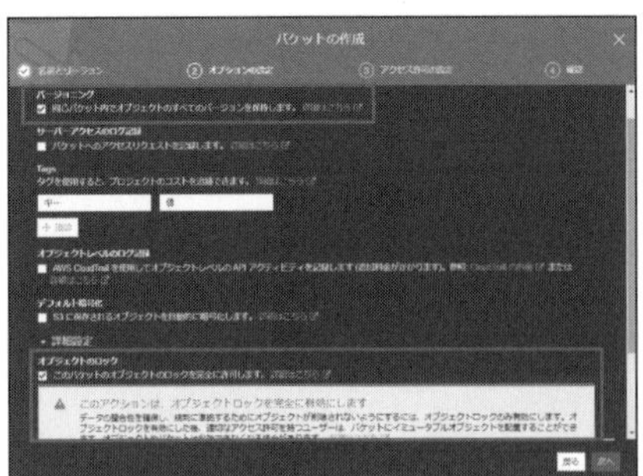

この設定でバケットを作成してもデフォルトでオブジェクトがロックされる訳ではありません。アップロード後にオブジェクト単位でロックの設定を行うか、デフォルトのロックの設定を行う必要があります。

ロック時は以下の設定を行います。

・リテンションモード

「ガバナンスモード」と「コンプライアンスモード」の2種類から選択します。ロックの解除などを一部のユーザーに許可する場合はガバナンスモード、rootアカウントを含めたすべてのユーザーに対して変更を拒否する場合はコンプライアンスモードを選択します。あわせてロックされる期間を設定します。

・法的保有

リテンションモードを上書きする形で、期限なしのオブジェクトロックが可能です。S3:PutObjectLegalHold権限を持つIAMユーザーによって、この設定の有効と解除が可能です。

■ 図4-20　S3オブジェクトロックの設定（オブジェクトアップロード後）

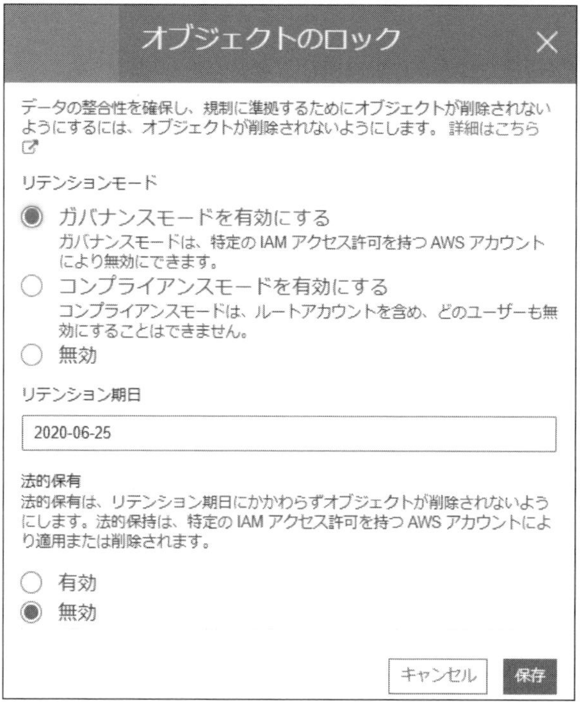

オブジェクトのロック
データの整合性を確保し、規制に準拠するためにオブジェクトが削除されないようにするには、オブジェクトが削除されないようにします。詳細はこちら
リテンションモード
ガバナンスモードを有効にする
ガバナンスモードは、特定の IAM アクセス許可を持つ AWS アカウントにより無効にできます。
コンプライアンスモードを有効にする
コンプライアンスモードは、ルートアカウントを含め、どのユーザーも無効にすることはできません。
無効
リテンション期日
2020-06-25
法的保有
法的保有は、リテンション期日にかかわらずオブジェクトが削除されないようにします。法的保持は、特定の IAM アクセス許可を持つ AWS アカウントにより適用または削除されます。
有効
無効
キャンセル
保存

4-7 AWS Secrets Managerと Parameter Store

▶▶ 確認問題

1. Secrets Managerには保存情報の自動更新機能がある
2. Parameter Storeには認証情報などの機密情報の保存のみに使用する

1.○　2.×

ここは 必ずマスター！

Secrets Managerの利用用途
RDSなどのAWSサービスの認証情報や、DB認証情報などの保存を目的に使用する

Parameter Storeの利用用途
認証情報に加え、一般的なパラメータ情報の保存用途としても使用できる

4-7-1 AWS Secrets Manager

データ保護の観点でデータそのものを暗号化して保護することも重要ですが、データへアクセスする人を限定するための認証情報を管理することも非常に重要です。例えばRDSなどのデータベースへ接続する際はユーザー名とパスワードを認証情報として使用します。

オンプレミス環境でアプリケーションを開発する際、データベース接続の認証情報はアプリケーション内に保存することが多いです。パスワードをそのまま記載して保存していることもあれば、暗号化して保存している場合もあります。暗号化している場合も、アプリケーション内で暗号化処理と鍵管理を行っている場合は、アプリケーションが外に漏れた際にパスワードも合わせて漏れてしまうので、セキュリティが高いとは言えません。

暗号化に使用する鍵を別で管理する必要がありますが、これには準備や運用のコストがかかります。また、定期的にパスワードを更新することでセキュリティを高めることもできますが、これにも大きな手間がかかります。

前置きが長くなりましたが、AWSには**Secrets Manager**というパスワードなどの認証情報を管理するサービスがあります。KMSを使用してパスワードとキーを別で管理しても良いのですが、Secrets Managerを使用するとにより簡単にパスワードを秘匿化でき、アプリケーションとは別の環境で管理することができます。

利用の流れ

1. データベースの管理者がデータベースに接続パスワードを設定します。
2. 1で設定したパスワード情報をSecrets Manager上でシークレット情報として作成します。ここでは「DBCred」という名前で保存したとします。
3. アプリケーションから「DBCred」という名前でシークレット情報を取得します。
4. Secrests Managerは保存されているシークレット情報を復号しアプリケーションへ返します。通信はHTTPSのため暗号化されています。
5. アプリケーションは4で得たシークレット情報を使用してデータベースへ接続します。

図4-21　SecretsManager利用の流れ

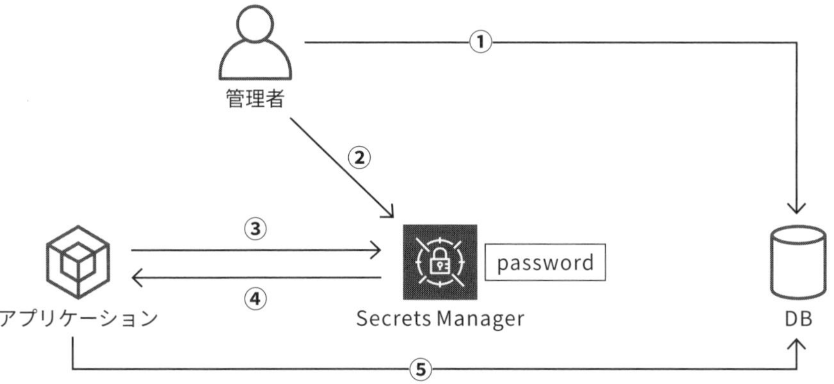

AWSサービスでの利用

シークレットを作成する際は、AWSのサービスを含め、以下のタイプから選択することができます。

- **RDSの認証情報**
- **Redshiftクラスターの認証情報**
- **DocumentDBの認証情報**
- **その他データベースの認証情報**

- **その他シークレット（APIキーなど、DB認証情報以外の情報）**

自動更新（ローテーション）

アプリケーション内でパスワードを管理している場合、パスワードを変更する場合はアプリケーションも合わせて変更することになり大変ですが、Secrets Managerには自動ローテーション機能が備わっています。アプリケーションはSecrets ManagerのAPIを呼んで認証情報を使用しているだけなので、アプリケーションの変更なくパスワードの自動変更（ローテーション）が可能です。最大365日でローテーション間隔の日数を設定できます。変更処理はLambdaで行われ、DB側とSecrets Managerの両方を更新することになります。

Lambdaの権限不足などによるエラーでSecrets Manager側の更新が失敗した場合はアプリケーションからDB接続できなくなるので注意が必要です。

Secrets Managerの料金

Secrets Managerの利用には以下の料金が発生します。

- **シークレット1件あたり0.40USD／月**
- **10,000回のAPIコールあたり0.05USD**

大量のシークレットを管理したり、大量のアクセスが発生する場合は注意が必要です。

また、シークレットの暗号にKMSを使用しているため、KMS APIの料金もわずかですが発生します。

4-7-2 AWS Systems Manager Parameter Store

Secrets Managerととても似た機能で、**Systems Manager**の**Parameter Store**という機能があります。Secrets Managerと同じく、パスワードなどの文字列情報をParameter Store上に保存管理することができます。

Secrets Managerは暗号化前提でセキュアな認証情報を保存することが目的でしたが、パラメータストアでは暗号化されないプレーンなデータと暗号テキストの両方を保存することができます。

Systems Managerにはほかにも多くの機能がありますが、詳細はSystems Managerの章で説明します。

パブリックパラメータ

一部のAWSのサービスが提供する**パブリックパラメータ**というものが存在します。代表的なもので言うとEC2のAMI情報があり、これを使用してamazon-linuxやWindowsの最新AMIの情報を取得することができます。CloudFormationなどで自動的に最新のAMIイメージを使用したい場合はこのパブリックパラメータを使用します。

その他、AWSのサービス、リージョン、アベイラビリティーゾーンなどの情報一覧もこのパブリックパラメータから取得が可能です。

Secrets ManagerとParameter Storeの違い

利用用途や利用方法は基本的に同じになりますが、Secrets Managerと比べ、Parameter Storeには以下のような違いがあります。

- **自動ローテーション機能はありません。ユーザー側で更新処理を行う必要があります。**
- **CloudFormationなど、数多くのAWSサービスと連携が可能です。**
- **利用料金は無料です（ただし、暗号化している場合はKMSの利用料がかかります）。**
- **Parameter Storeは1秒あたりの最大リクエスト数は1000で、SecretsManagerは2000になります。**

Secrets ManagerとParameter Store、どちらを使えば良いのかという疑問が出てきますが、基本的にはParameter Storeで十分かと思います。コンプライアンス要件などでパスワードの自動ローテーションが必要な場合はSecrets Managerが有力な選択肢になるでしょう。

差分の簡単な比較は以下のとおりです。

本書執筆時点の情報のため、料金や最大リクエストなど細かい数字情報は今後更新される可能性があります。

項目	Secrets Manager	Parameter Store
自動ローテーション	有り	なし
対応サービス	データベースやAPIキー	多くのAWSサービス
利用料金	1シークレットあたり0.40USD、 10000回呼び出しあたり0.05USD	無料
秒間最大リクエスト	5000	3000

4-8 データ保護に関するアーキテクチャ、実例

4-8-1 S3バケットのレベル別暗号化

以下のような要件でS3バケットを格納するファイルに応じて重要度：中、重要度：高に分ける必要があるとします。

- **データはそれぞれバケット独自のキーで暗号化する**
- **暗号化に使用するキーは1年でローテーションする**
- **重要度：高のバケットはMFAを強制する**

バケットにカスタマー管理のCMKを使用してS3のサーバーサイド暗号化とKMSの自動ローテーションを有効にし、重要度：高のバケットにはキーポリシーでMFAを強制することで実現が可能です。

■ 図4-22　S3バケットのレベル別暗号化

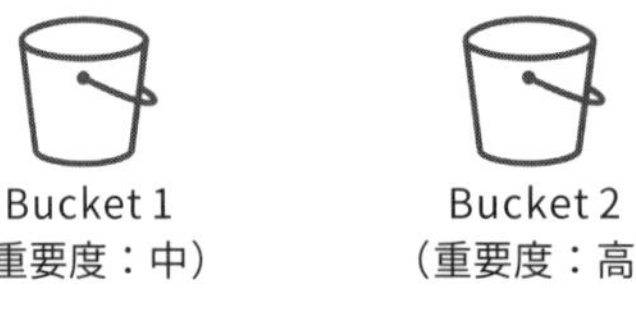

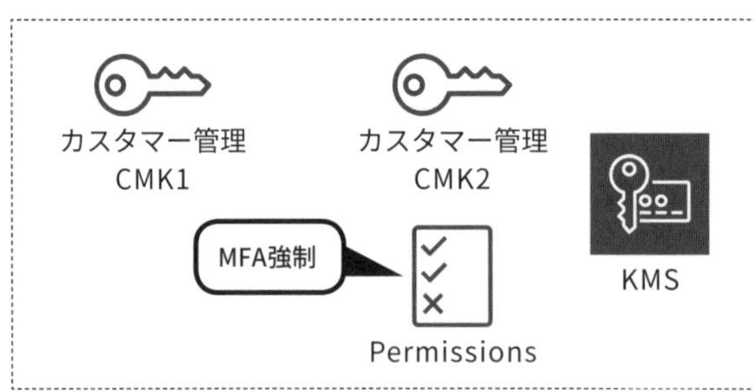

4-8-2 複数サービスからSecrets Manager使用

EC2、Lambdaそれぞれで RDSに接続するアプリケーションを実装しているとします。DB認証情報をアプリケーション内に保存するのはセキュリティリスクがあるため、Secrets Manager上に共通の情報として保存しておくことでセキュリティを高めることが可能です。

EC2、LambdaそれぞれにSecrets Managerへアクセスが可能なIAM Roleの付与が必要となります。

■ 図4-23 複数サービスからSecrets Manager使用

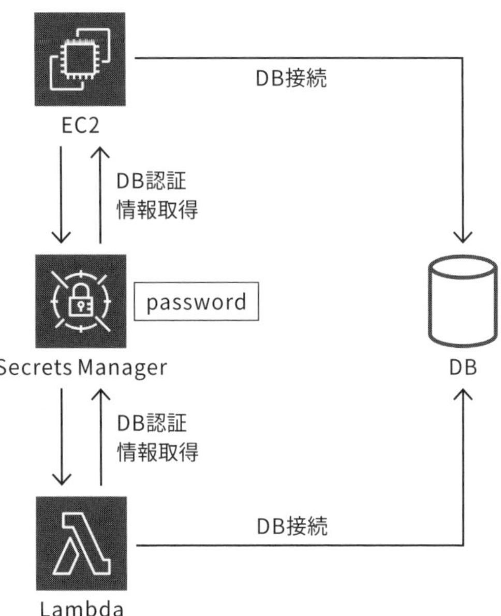

マルチリージョンでのKMS CMK使用

暗号化したEC2のEBSのリージョン間コピーや、暗号化したRDSのリードレプリカを別リージョンに作成する場合は、リージョンをまたいだCMKの使用ができなかったため、図のようにコピー元のリージョンとは異なるCMKを別途作成して指定する必要がありました。

2021年6月のアップデートによりマルチリージョンキーと呼ばれる別リージョンへのキーのレプリケート機能が追加されたため、このような手間はなくなりましたが、試験では利用できない前提で出題される可能性もあるため手法の一つとして覚えておきましょう。

■ 図4-24　マルチリージョンでのKMS CMK使用

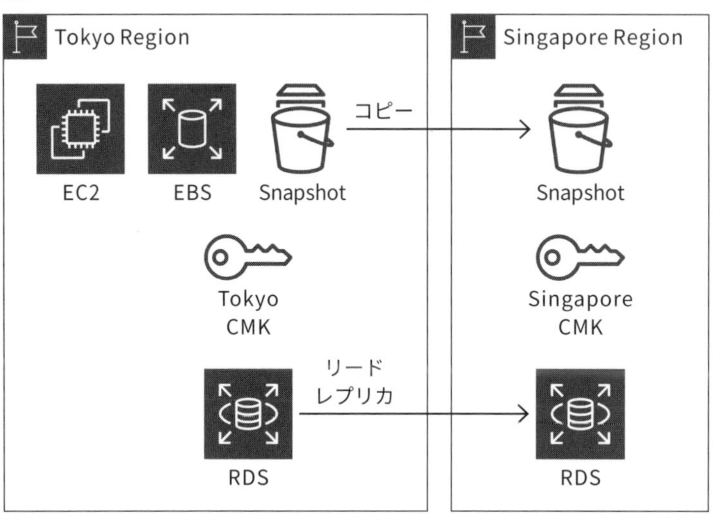

4-8-3 IAMポリシー、キーポリシー、バケットポリシー

EC2上でアプリケーションを実装し、そのアプリケーションから暗号化が有効になっているS3バケットにデータの書き込み/読み込みがある場合を考えます。データの暗号化にはKMS CMKを使用します。この構成の以下３つのポリシーについて正しく権限を設定する必要があります。

・EC2のIAM Roleに付与するIAMポリシー

S3にデータを読み書きポリシーと、暗号化に使用するKMSのポリシーが必要になります。

KMSのキーポリシー

EC2のアプリケーションからキーに対するアクセスを許可するようにポリシーを設定する必要があります。

S3バケットポリシー

EC2からデータへのアクセスを許可する必要があります。

これら３つのポリシー１つでも不足があるとアプリケーションが正しく動かないため、全てのポリシーを正しく設定する必要があります。

■ 図4-25　IAMポリシー、キーポリシー、バケットポリシー

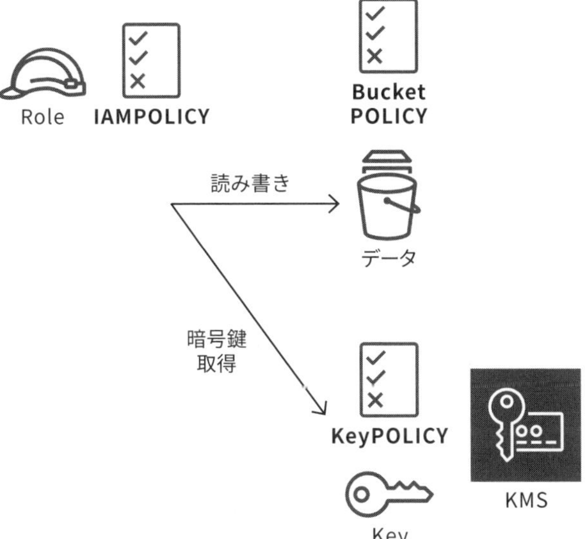

4-8-4 S3オブジェクトロックを使用した監査ログ対応

S3のオブジェクトロック機能を使用して、各種システムログやアクセスログを変更不可とし、ログファイルの改ざん対策を行うことが可能です。

■ 図4-26　S3オブジェクトロックを使用した監査ログ対応

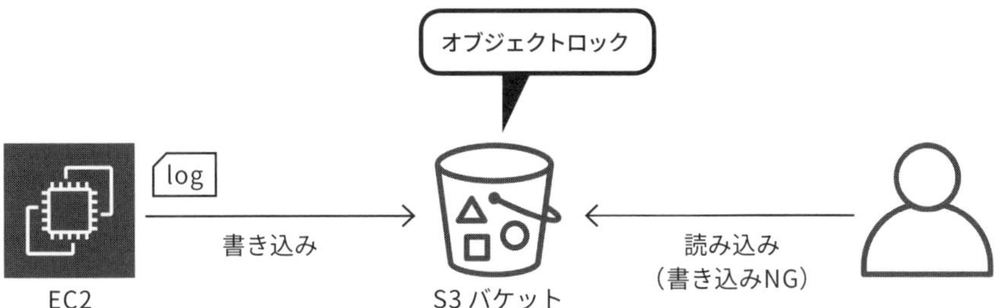

4-9 データ保護まとめ

データ保護に関連するサービスの内容を本章で説明しました。最初に紹介したKMSは特に重要であり、セキュリティ認定試験にも多く出てきます。

一度読んでよくわからなかった場合は、繰り返し読んだり、実際にAWSマネジメントコンソールからKMSを触ってみたり、公式ドキュメントを読むと良いでしょう。単なる使い方だけではなく、制約事項も合わせて理解しておく必要があります。

その他のサービスについて、サービスごとに説明をしましたが、基本的には格納時にどう暗号化するか、通信上（または送る前にクライアント側）でどう暗号化するか、その方式を理解していけば良いでしょう。

データへのアクセスをどう制御すればよいかも合わせて学習しておきましょう。

本章の内容が関連する練習問題

4-1→問題3、22、32、36

4-3→問題38

4-6→問題20、23、24、27、30

ログと監視

5-1 Amazon CloudWatch

▶▶ 確認問題

1. CloudWatchではAWSサービスからデータが自動で登録される
2. CloudWatchに任意のデータを登録することはできない
3. CloudWatchにオンプレミスサーバーからデータを登録することができる

1.○　2.×　3.○

必ずマスター!

各種データをメトリクスとして収集

サーバーのリソース情報や動作状況を収集し、時系列で統計したものを可視化するサービス

オンプレミス環境のデータを収集できる

カスタムメトリクスとしてデータを登録することで、オンプレミス環境のデータも扱うことができる

ログを収集し、管理することも可能

CloudWatch Logsでは、ログデータを収集して監視、保存することができる

5-1-1 概要

CloudWatchはAWSのサービスのメトリクス、ログ、イベントといったデータを収集し、可視化するサービスです。また、CloudWatchエージェントやAPIを利用することにより、オンプレミスリソースの監視を行うことも可能です。

CloudWatchでは、事前に設定したしきい値超過、または機械学習アルゴリズムによるメトリクスからの異常検知を検出するCloudWatchアラームという機能があります。このアラームが反応した際にSNSによる通知を行ったり、事前に設定したアクションを実行させることができます。

CloudWatchで取得したメトリクスは最大15ヶ月保持することができます。

アラームやイベントはインシデント対応に利用されます。こちらについては、6章のインシデント対応で説明します。

■ 図5-1 CloudWatchトップ画面

5-1-2 メトリクス

メトリクスとは、CloudWatchに登録された時間ごとのデータ集合を指します。メトリクスは、AWSのサービスから自動で登録されたり、APIからの操作により登録され、CloudWatchに蓄積されます。CloudWatchはそれらのデータを時系列で統計し、可視化します。

具体的なメトリクスの種類としては、EC2インスタンスのCPU使用率、ELBのリクエスト受信数、RDSのディスク使用量などが挙げられます。AWSのサービスはデフォルトで決められたメトリクスを登録するようになっており、AWSの利用を始めるだけで、利用しているサービスの稼働状況がメトリクスとしてCloudWatchから確認できるようになります。

デフォルトで登録されるメトリクスは一般的に標準メトリクスと呼ばれています。

次の画像はEC2のCPU使用率メトリクスを画面で表示したものになります。

■ 図5-2 CPU使用率メトリクス

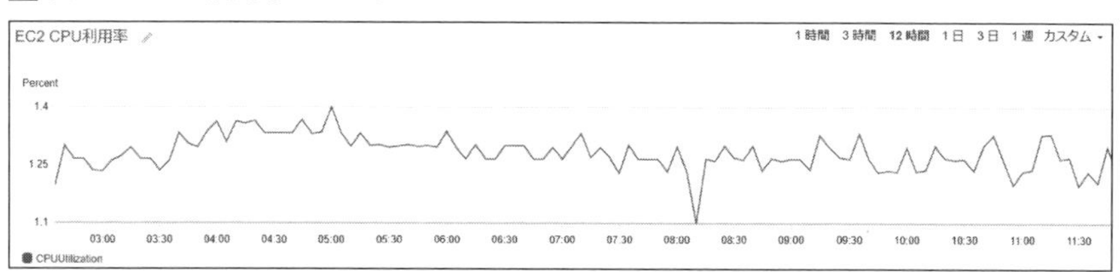

AWS CLIやAPIを用いることで、デフォルトで用意されているもの以外の任意のデータをメトリクスとしてCloudWatchに登録し、統計・可視化することも可能です。

例えば、アプリケーションの特定の処理が実行されるたびに実行回数をメトリクスとして登録するようにしておくことで、CloudWatchからその処理の呼び出し頻度をグラフ化して確認することが可能です。

デフォルトのもの以外に登録されるメトリクスをカスタムメトリクスといいます。カスタムメトリクスはAWS環境外からも登録することができるので、オンプレミスのシステムの稼働状況をメトリクスとしてCloudWatchで管理することも可能です。

5-1-3 CloudWatchエージェント

EC2インスタンスにおいても標準メトリクスは自動的に収集されますが、CloudWatchエージェントをインストールすることで、追加のデータをカスタムメトリクスとして登録したり、インスタンス内で出力されるログの内容をCloudWatchに登録することができます。

CloudWatchエージェントはLinuxおよびWindows上で動作しますが、EC2インスタンスに限らず、OSがLinuxまたはWindowsであればオンプレミスのサーバーにもインストールすることができます。よって、CloudWatchエージェントをインストールすればオンプレミスサーバーのリソースもカスタムメトリクスとしてCloudWatchへ登録することができるようになります。

5-1-4 ログ

CloudWatchにはメトリクスだけでなく、ログの内容を文字列として登録することができます。登録されたログはCloudWatch Logsという機能で一元管理されます。

前述したCloudWatchエージェントにより登録されるサーバーログのほか、AWS CloudTrail、Route 53、Lambdaなどのログを登録することが可能です。

登録されたログは、CloudWatch Logsによって表示、検索、フィルタすることができます。また、文字列を検知してユーザーに通知するための機能や、ログデータをファイルとしてS3に出力する機能も備えています。

次の画像はEC2のシステムログをCloudWatch Logsに転送して表示したものです。

■ 図5-3　CloudWatch Logsサンプル

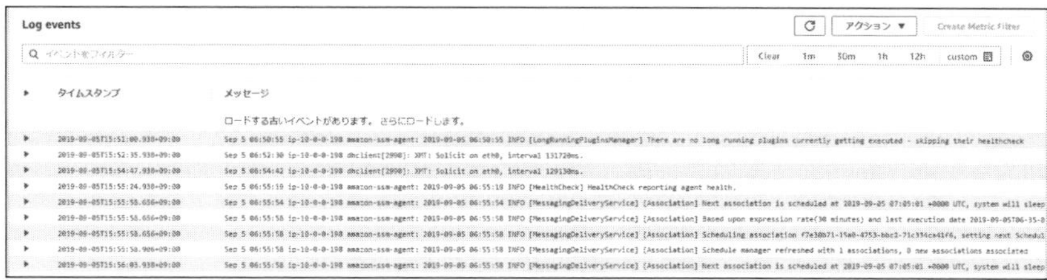

CloudWatchの各機能とその関連をまとめると以下のようになります。

■ 図5-4　メトリクスの収集

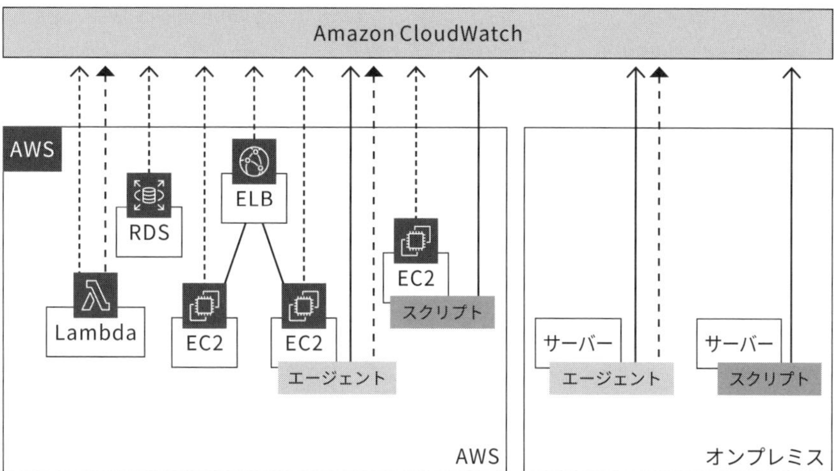

5-2 AWS Config

▶▶ 確認問題

1. AWS ConfigではAWSの全リソースの変更履歴が自動収集される
2. AWS Configはオンプレミスサーバーの設定変更履歴を収集することができる
3. AWS Configを用いることで特定の時点の設定状況を把握することができる

1.×　2.○　3.○

ここは▶ 必ずマスター!

設定内容の変更履歴を保存する

AWSリソースおよび管理対象のサーバーの設定変更を検知し、設定内容の履歴を保存する

対象サーバーの管理は、AWS Systems Manager

AWS Systems Managerにマネージドインスタンスとして登録されたサーバーを対象としてモニタリングする

オンプレミス環境のサーバ設定も収集できる

マネージドインスタンスとしてサーバーを登録することで、オンプレミス環境のサーバーも扱うことができる

5-2-1 概要

AWS ConfigはAWSリソースやEC2インスタンス、オンプレミスサーバーの設定の変更管理、変更履歴のモニタリングを行うためのサービスです。

設定内容が継続的にモニタリングされ、Configルールと呼ばれる事前に定義した「あるべき設定」との乖離を評価することができます。また、変更の発生時にCloudWatch Eventsをトリガしたり、SNSを用いてユーザーに通知を送ることも可能です。

また、変更の履歴も記録されていくため、コンプライアンス監査やセキュリティ分析のための資料として利用することも可能です。変更履歴と設定のスナップショットはS3に保存されます。

5-2-2 設定履歴の保存

AWS Configにおいて記録できるものは、AWSリソースの設定内容の履歴とEC2インスタンス、オンプレミスサーバーのオペレーションシステム設定やアプリケーション設定です。

AWSリソースの設定をモニタリングしたい場合はAWS Configの設定画面にて対象とするリソースを指定することで、EC2インスタンス、オンプレミスサーバーの設定をモニタリングしたい場合は、AWS Systems Managerに対象のサーバーをマネージドインスタンスとして登録し、ソフトウェアインベントリの収集を開始することでAWS Configでの設定変更管理をはじめることができます。

■ 図5-5 設定の収集

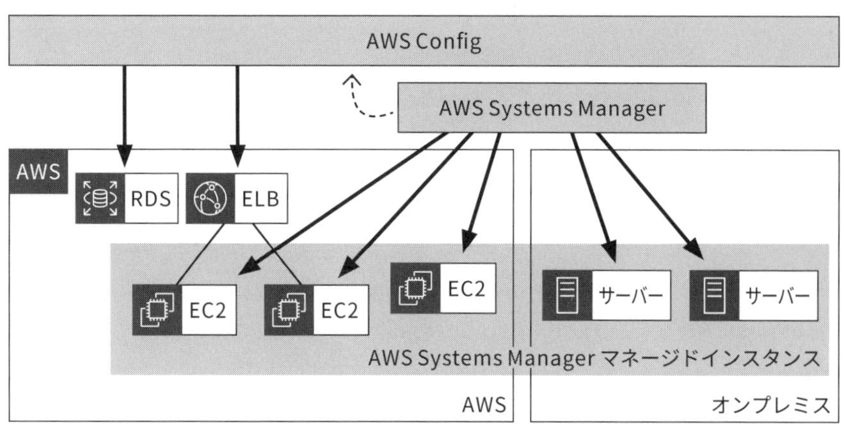

5-2-3 トラブルシューティング

AWS Configには設定変更の発生ごとに履歴が残るので、運用上でトラブルが発生した場合にAWS Configより設定の変更履歴を追うことができます。具体的には、「いつの時点でどういった設定となっていたか」が確認できます。

この情報と次節にて紹介するAWS CloudTrail（AWSアカウントに対するAPIコールに関連するイベントを記録するサービス）にて得られる、「誰が、いつ、どういった変更要求を呼び出したのか」という情報を関連付けることで、「いつの作業で、どういった設定内容に変わったか」ということが把握でき、トラブルの根本原因の特定に役立てることができます。

例えば以下の例では、セキュリティグループの設定履歴を表示しており、どのような設定を行ったか確認することが可能です。設定内容だけではなく、設定変更を行ったIAMユーザー（CloudTrailイベントとして表示）や、関係するリソース（セキュリティグループであればアタッチされているネットワークインターフェースとVPC）も合わせて確認することができます。

■ 図5-6　Configの設定履歴参照

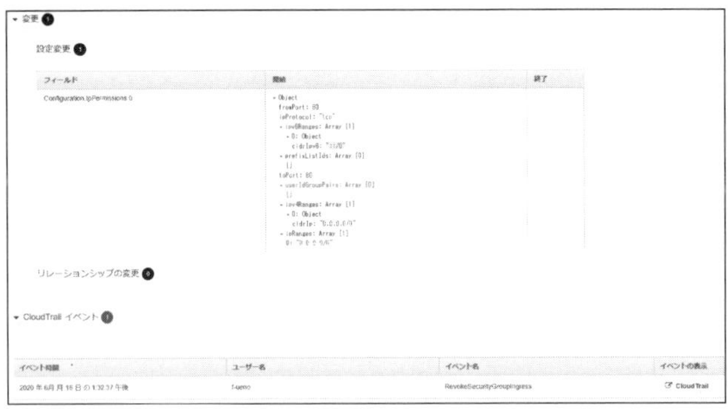

5-2-4 高度なクエリ

AWSアカウント内の設定情報に対して、SQLを実行して状況を確認できる高度なクエリという機能もあります。例えば以下のSQLクエリをConfigの高度なクエリから実行することで、インスタンスタイプ別のEC2の数を確認することが可能です。

```
SELECT configuration.instanceType, COUNT(*)
WHERE resourceType = 'AWS::EC2::Instance'
GROUP BY configuration.instanceType
```

5-2-5 Configのその他の機能について

Configには、設定履歴を残す機能だけではなく、インシデント対応に役立つConfigルールや修復アクションといった機能もあります。詳細は6章で紹介します。

5-3 AWS CloudTrail

▶▶ 確認問題

1. AWS CloudTrailでは自動的に一定期間のAWS操作ログを収集・保管している
2. AWS CloudTrailはログをS3またはEC2インスタンスに出力できる
3. AWS CloudTrailからS3に出力したログは削除できない

1.○　2.×　3.×

必ずマスター!

AWSの全操作ログを自動的に収集・保管する

AWSアカウント作成時点から全操作のログを利用可能な形で自動的に90日間保管する

過去90日以前のログを保管するには設定が必要

S3バケットを指定し、ログファイルを出力することで、操作ログの90日以上の保管が可能となる

別AWSアカウントのS3への証跡出力が可能

CloudTrailログファイルは権限設定に問題がなければ別のAWSアカウントのS3へ出力することも可能

5-3-1 概要

AWS CloudTrail（以下、CloudTrail）はAWSアカウントに対する操作のイベントログを記録するサービスです。

マネジメントコンソールからの操作やコマンドラインツール、SDKからのAPIコールの発生、AWSサービスにより実行されるアクションなどすべてを記録し蓄積します。これらの情報を用いることで、どのユーザーが、どのリソースに、いつ、何をしたかということを詳細に追うことができます。

取得したログはS3にファイルとして出力したり、CloudWatch Logsに連携することができます。ファイルとして出力しておけば、監査証跡として利用することができ、CloudWatch Logsに連携すれば、CloudWatch Logsの機能を用いて検索したり、特定のイベントの検知を行うこともできます。

また、AWS Configと同様に特定のイベントが検出されたときに、Cloudwatch EventsをトリガしたりSNSを用いてユーザーに通知を送ることもできます。

■ 図5-7　操作の記録

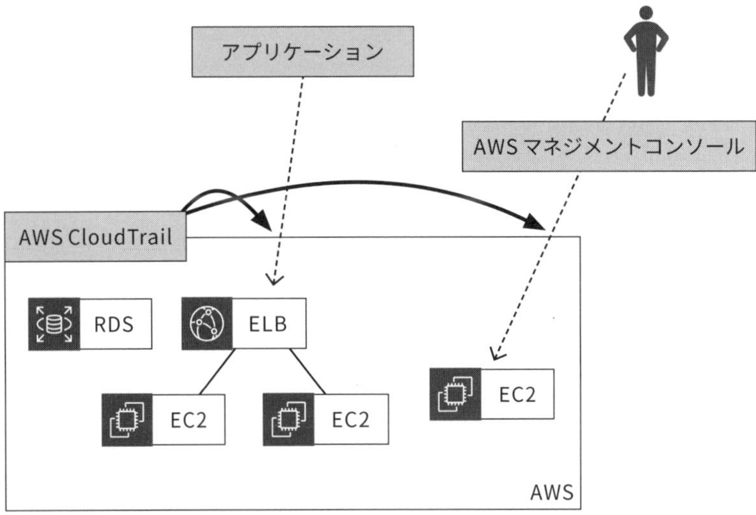

5-3-2 AWSの全操作を保存する

CloudTrailは、AWSアカウントの作成時点から自動で全ての操作を記録します。デフォルトでは対象のサービスで過去90日間に行った作成、変更、削除といった操作（管理イベント）をコンソールやCLIにて表示、検索できるようになっています。

CloudTrailで取得できる操作記録は、「管理イベント」、「データイベント」、「インサイトイベント」の3種類があります。

・管理イベント

マネージメントコンソールへのログインと、EC2インスタンス、S3バケットといったAWSリソースの作成、変更、削除といった操作(管理オペレーション)

・データイベント

S3バケット上のデータ操作、Lambda関数の実行など、リソースオペレーションに関す

るもの(データプレーンオペレーション)

- **インサイトイベント**
  AWSアカウント内で検知された異常なアクティビティ

デフォルトで有効になっているのはこのうちの管理イベントのみで、CloudTrailのログといえば一般的に管理イベントのことを指すことが多いです。データイベントとインサイトイベントを取得するには明示的にオンにする必要があります。

5-3-3 S3への証跡の保存

過去90日以前の操作履歴を保存するためにはS3へCloudTrailログファイルを出力する設定を行う必要があります。ログファイルはサーバーサイド暗号化(SSE-S3)を使用して、暗号化された状態でS3に保存されます。このログファイルは「証跡(Trail)」と呼ばれます。

また、ユーザーがコントロール可能な形で暗号化したい場合は、AWS Key Management Service(以下KMS)を利用してログファイルを暗号化をすることも可能です。

KMSのキーを使ったログの暗号化は、S3の暗号化と同様の手順で行います。CloudTrailのログの保存先のS3バケットに対してKMSでキーを生成し、そのキーを使って保存するログを暗号化します。

KMSを使った場合、KMSへのアクセス権限をIAMによって制御することにより、権限を持っているユーザーのみがログを参照可能となる構成にできるというメリットがあります。より精緻な管理が必要な場合は、KMSの利用を検討しましょう。

S3へ保存されたログファイルは、AWSアカウントへの全操作を記録した重要な証跡ファイルとなります。そのため、改変や削除を防ぐための対策をしておくことが望ましいです。

具体的な例としては、IAMやS3バケットポリシーを利用してユーザーのアクセスを制御したり、S3の機能であるMulti Factor Authentication Deleteを設定して不用意にログファイルを削除できないようにするといった方法があります。

また、ログを保管するための専用のAWSアカウントを別に作成し、そのアカウントのS3にログファイルを出力するという方法もあります。この方法であれば、システムの開発者とログの管理者の利用するAWSアカウントが完全に分離されるため、よりセキュリティが高くなります。

S3へのCloudTrailログファイル保存設定は、全リージョンに一括で指定する方法と、個別のリージョンごとに設定する方法があります。全リージョンに一括で指定した場合は、今後AWSにリージョンが追加された場合も自動的に新しいリージョンのCloudTrailログファイルがS3に保存されるようになります。

5-3-4 ダイジェストファイルを使ったログの整合性確認

監査上で暗号化以外に重要な要素として、保存されたログの整合性が確認できることが挙げられます。すなわち、保存されたログが改ざんされていないことを証明できるかということです。

CloudTrailは整合性の検証機能を持ち、これを有効にすると配信するすべてのログファイルに対してハッシュが作成されます。そして、1時間ごとに過去1時間のログファイルを参照し、それぞれのハッシュを含むファイル(ダイジェストファイル)を作成して配信するようになります。

ダイジェストファイルには、ログファイルの名前とそのハッシュ値、前のダイジェストファイルのデジタル署名などが含まれています。

これを利用して、ログの整合性を確認することができます。CLIコマンドとしてCloudTrailvalidate-logsコマンドが用意されているほか、独自に検証ツールを作成することも可能です。

■ 図5-8　ダイジェストファイルの配信と検証

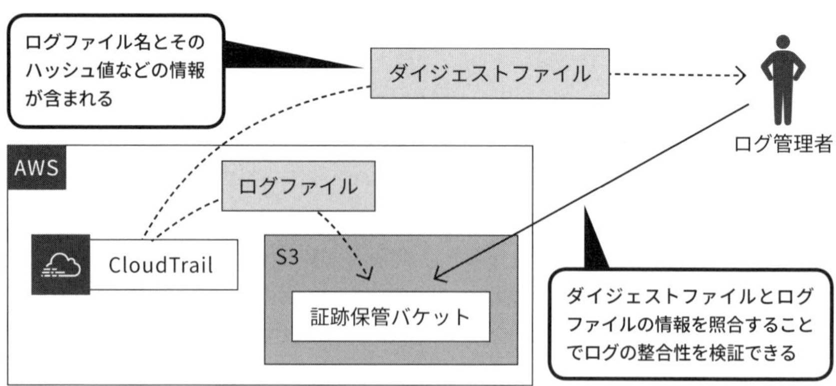

5-4 AWS X-Ray

▶▶ 確認問題

1. AWS X-Rayはオンプレミス環境で動作するアプリケーションもトレースできる
2. AWS X-Rayによってアプリケーションを構成するサービスが可視化される
3. AWS X-Rayを利用すると各サービスのレスポンス速度などが把握できる

1.× 2.○ 3.○

ここは 必ずマスター!

AWS X-Rayはサービス間リクエストを収集する

アプリケーションと各サービス間のリクエストをエンドツーポイントで収集し、分析するためのサービス

アプリケーションが利用するサービスを可視化

アプリケーションを構成するサービスのマップが作成され、サービス間の関係が可視化できる

アプリケーションの問題箇所特定に役立つ

各サービスのリクエストの関係や障害発生率、レイテンシーなどから問題箇所を把握しやすくなる

5-4-1 概要

AWS X-Rayはアプリケーション内で発生するサービス間リクエストを収集し、分析するためのサービスです。

どのサービス間でリクエストのやり取りが行われたかを可視化したり、それらのレイテンシや障害発生率を検出することもできるため、パフォーマンスのボトルネック調査のような、内部処理を細かく追う必要がある場合に便利です。

対応しているアプリケーションは、Amazon EC2、Amazon ECS、AWS Lambda、AWS Elastic Beanstalkで実行しているNode.js、Java、.NETのアプリケーションです。対象のアプリケーションにX-Ray SDKを統合し、X-Rayエージェントをインストールすることで、X-Rayがデータをキャプチャできるようになります。

X-RaySDKでは、アプリケーションからのAmazon RDSやAmazon Aurora、またはオンプレミスで動作するMySQLやPostgreSQL、Amazon DynamoDBに対するリクエストのメタデータをキャプチャできます。また、Amazon SQSやAmazon SNSに対するリクエストのメタデータもキャプチャできます。

5-4-2 リクエストのトレーシング

AWS X-Rayを用いることで、サービス全体でアプリケーションに対して行われたリクエストをエンドツーエンドで表示することができます。個々のリクエストがどのように各サービスに転送されているのかを確認することができ、問題発生箇所の特定に役立ちます。

AWS X-Rayではアプリケーションで使用されるサービスのマップが作成されます。また、特定のサービスや問題について詳しく調査するために使用するためのトレースデータが提供されます。トレースデータには、リクエストの応答コードやエラー、各サービスで集計された障害発生率やレイテンシーといった情報が含まれています。

これにより、サービス間のつながりが把握しづらい分散アプリケーションにおいても、リクエストの実行状況が確認しやすくなり、どの処理でパフォーマンスが落ちているのかを把握することができるため、どのリソースを増強することでサービスの応答速度や可用性を上げることができるのかを判断できるようになります。

■ 図5-9　サービスマップ画面

5-5 Amazon Inspector

▶▶ 確認問題

1. Amazon Inspectorではオンプレミスのサーバーのセキュリティ評価は実施できない
2. Amazon InspectorはEC2インスタンスおよびECSタスクのセキュリティを評価する
3. Amazon Inspectorで発見されたセキュリティリスクは自動的に修正される

1.○　2.×　3.×

ここは 必ずマスター！

EC2インスタンスのセキュリティ評価を行う

EC2インスタンスを対象とし、ネットワークとホストの観点からセキュリティ評価を行う

評価のルールはAWSが用意したものから選択する

評価ルールは用意されたものから選択し、ユーザーが独自に定義することはできない

設定した内容に従い、自動的にチェックを実行

評価テンプレートにルールパッケージ、評価実行期間などを設定しておけば、自動でチェックが行われる

5-5-1 概要

Amazon Inspectorはセキュリティ評価のためのサービスです。EC2インスタンスにインストールしたエージェントが取得する情報からEC2インスタンスのネットワークアクセスおよび、そのインスタンスで実行しているアプリケーションのセキュリティ状態を評価できます。

ルールパッケージと呼ばれるセキュリティチェックのコレクションを選択し、評価テンプレートと呼ばれる評価の実行設定を作成しておくことで、評価テンプレートに沿って自動的にセキュリティチェックが行われます。評価テンプレートには、評価に利用するルールパッケージ、評価実行期間、通知の送信先（SNS）などが含まれています。

Amazon Inspectorによるセキュリティチェックの内容は、AWSによって用意されたルールパッケージから選択します。ユーザーが独自にルールを定義することはできません。

5-5-2 ルールパッケージ

ルールパッケージにはネットワークの到達可能性をチェックするものと、EC2インスタンス自体の脆弱性・問題のある設定をチェック（ホスト評価）するものがあります。

ネットワークの到達可能性のルールパッケージはAmazon Inspectorのエージェントをインストールせずに実行できます。ホスト評価のルールパッケージの実行にはAmazon Inspectorエージェントのインストールが必要となります。

■ 図5-10　Amazon Inspector Agent概要

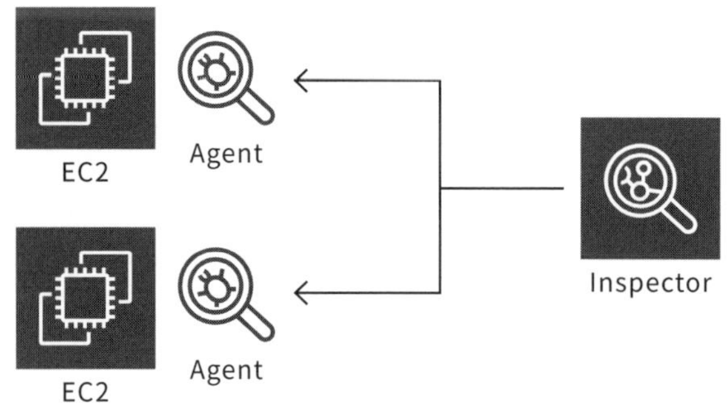

ネットワークの到達可能性のルールパッケージでの評価が行われる場合、Amazon InspectorによってEC2のネットワーク構成が分析され、ネットワークを通じてどのようなアクセスがEC2へ到達するのかが検査されます。

ホスト評価のルールパッケージでの評価が行われる場合、Amazon Inspectorのエージェントがホストにインストールされたソフトウェアデータと設定データを収集します。収集されたデータはAmazon Inspectorが受信し、ルールパッケージと比較することでセキュリティの問題がないかを検査します。

ホスト評価のルールとしては、下記のようなものが用意されています。

- **共通脆弱性識別子（CVE）**
- **Center for Internet Security（CIS）**
- **オペレーティングシステム構成のベンチマーク**
- **セキュリティのベストプラクティス**

5-5-3 評価ターゲット

Amazon Inspectorの評価対象は評価ターゲットというグループで管理されます。評価ターゲットにはそのAWSアカウントの対象リージョンすべてのEC2インスタンスを含めることもできますが、EC2にタグを付与しておき、対象のタグをもつEC2インスタンスのみを含めるという指定をすることも可能です。

例えば、「environment」というキーのEC2タグを作成し、開発環境のEC2インスタンスには「development」、製品環境のものには「production」という値を付けているとします。

この場合、評価ターゲットに「environment」というキーで「development」という値をもつタグを指定することで、開発環境のEC2インスタンスのみを評価対象とすることができます。

図5-11　Amazon Inspector結果のサンプル

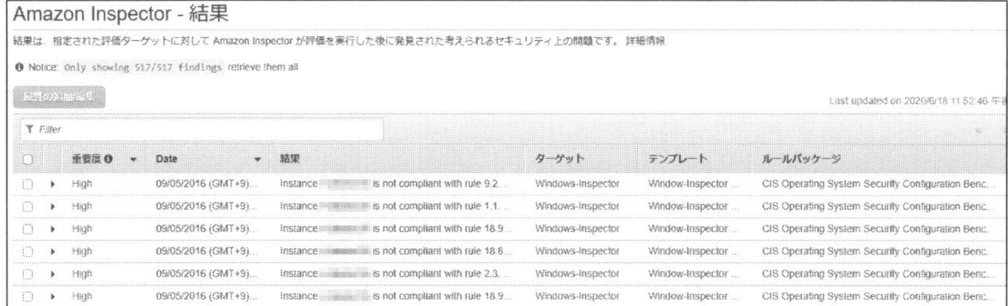

Amazon Inspector - 結果

結果は、指定された評価ターゲットに対して Amazon Inspector が評価を実行した後に発見された考えられるセキュリティ上の問題です。 詳細情報

Notice: Only showing 517/517 findings retrieve them all

Filter

重要度	Date	結果	ターゲット	テンプレート	ルールパッケージ
High	09/05/2016 (GMT+9)...	Instance is not compliant with rule 9.2....	Windows-Inspector	Window-Inspector ...	CIS Operating System Security Configuration Benc...
High	09/05/2016 (GMT+9)...	Instance is not compliant with rule 1.1. ...	Windows-Inspector	Window-Inspector ...	CIS Operating System Security Configuration Benc...
High	09/05/2016 (GMT+9)...	Instance is not compliant with rule 18.9...	Windows-Inspector	Window-Inspector ...	CIS Operating System Security Configuration Benc...
High	09/05/2016 (GMT+9)...	Instance is not compliant with rule 18.8...	Windows-Inspector	Window-Inspector ...	CIS Operating System Security Configuration Benc...
High	09/05/2016 (GMT+9)...	Instance is not compliant with rule 2.3. ...	Windows-Inspector	Window-Inspector ...	CIS Operating System Security Configuration Benc...
High	09/05/2016 (GMT+9)...	Instance is not compliant with rule 18.9...	Windows-Inspector	Window-Inspector ...	CIS Operating System Security Configuration Benc...

図5-12　タグを用いた評価ターゲットの指定

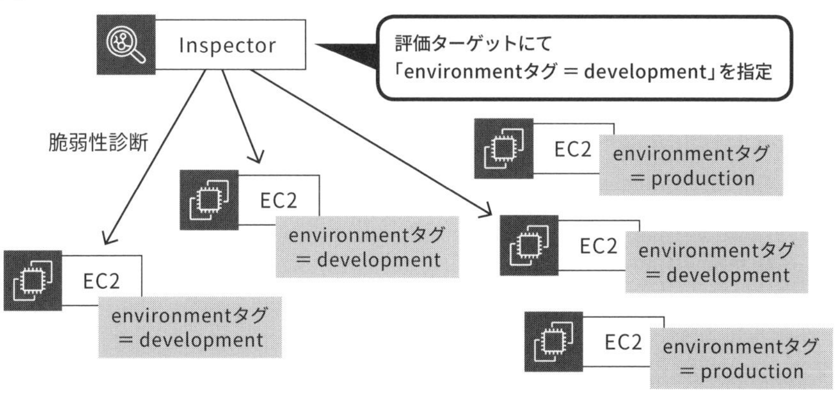

5-6 S3に保存される AWSサービスのログ

▶▶ 確認問題

1. Elastic Load BalancingにはS3にログ出力する機能がある
2. S3上に出力されたログファイルは通常可視性が低い

1.○　2.○

ここは 必ずマスター!

S3にログ出力される主要サービス
Elastic Load BalancingやVPC Flow LogsなどのAWSサービスのログファイルがS3バケットに出力される

ログの運用方法
大量でない限り引き落としは不要、確認業務がある場合はAthenaなどで可視化を行う必要がある

5-6-1 概要

AWSのさまざまなサービスでログ機能が備わっており、ログファイルや結果ファイルがS3バケットにファイルとして保存されるものが多くあります。例えば以下のようなものがあります。

- **CloudTrailの証跡**
- **Elastic Load Balancingのアクセスログ**
- **Amazon CloudFrontのアクセスログ**
- **Amazon GuardDuty 結果ファイル**
- **AWS WAF のログ**
- **VPC Flow Logs （フローログ）**

S3バケットだけではなく、CloudWatch Logsにログを送信できるサービスもいくつか

あります。ログの利用状況に応じてCloudWatch LogsかS3バケットか使い分ければ良いですが、ログファイルの監視要件や特別な要件がない限りは、料金の安いS3バケットが良い選択肢となるでしょう。

5-6-2 AWSサービスのログの設定例

サービスの設定方法を見ていきましょう。本書ではElastic Load Balancingの1つである、Application Load Balancerを例に見ていきます。対象のロードバランサーを選択し、属性の編集からアクセスログの有効化にチェックを入れればOKです。

有効化と合わせて格納先のバケット名を指定する必要があります。

図5-13　ELBのアクセスログ設定

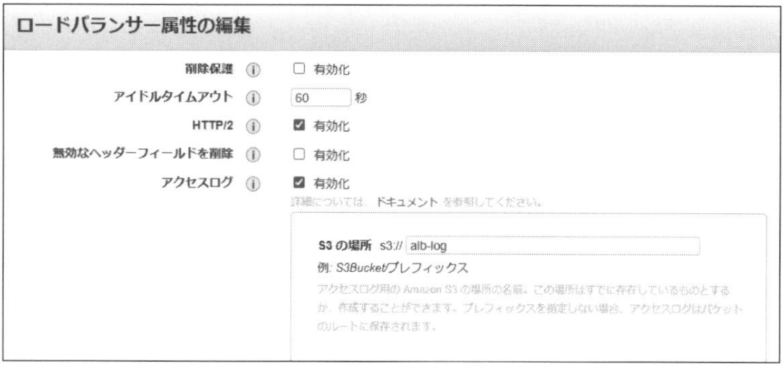

設定が完了すると、設定したS3バケットにログファイルが順次格納されていきます。ログファイルはリアルタイムに転送されるわけではなく、サービスごとに、決まった間隔で転送されます。Elastic Load Balancingでは5分ごとにアクセスログが転送されます。

サービスごとに間隔は異なるため、詳細はサービスの公式ドキュメントを確認しましょう。

ほかのAWSサービスも基本的にはログの有効化と対象のバケットを指定することでログ出力が可能です。

5-6-3 ログファイルの運用について

S3の料金は安いため、よほど大量のログを出力しない限り、過去全てのログを格納しておいても問題ないでしょう。

ログが大量になる可能性がある場合は、ライフサイクルポリシーを使用した引き落としやGlacierへの移行を検討します。

■ 図5-14　S3のライフサイクルポリシー設定

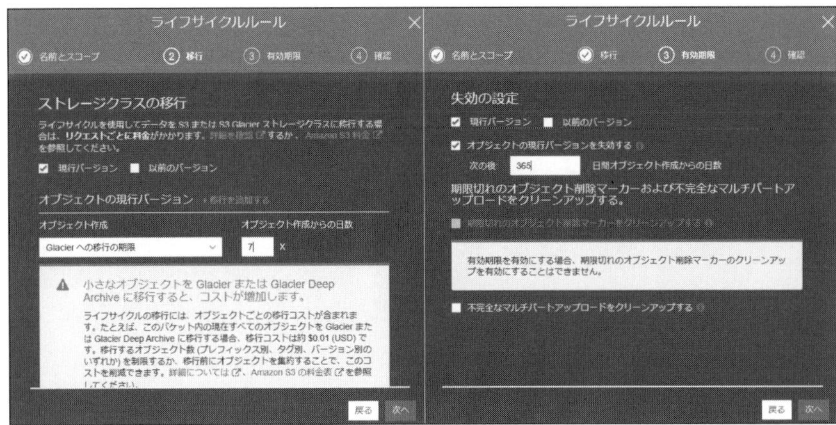

また、ログファイルの確認を行う場合、S3に格納しただけでは、都度ファイルをダウンロード、圧縮されている場合は解凍して確認するといった手順を行う必要があります。

確認の都度この手順を行うのは手間であるため、次に説明するAthenaなどを使用して可視化したほうが良いでしょう。監査の要件などで保存のみしておけば良い場合は、特に可視化の対応は不要です。

5-7 Amazon Athena

▶▶ 確認問題

1. Athenaで使用するテーブルなどのスキーマ情報はS3に登録される
2. Athenaを使用してS3上のデータにSQLを実行できる

1.× 2.○

ここは▶ 必ずマスター!

S3上のデータにSQLクエリを実行できる

アドホックにSQLクエリをS3上のデータに実行できるというサービスの概要を理解しておく

Athenaの仕組み

テーブルなどのスキーマ情報はGlue上に格納される

5-7-1 概要

Amazon Athena（以下Athena）は、S3に格納されているデータに対しSQLで分析ができるサービスです。ユーザーが任意のタイミングでアドホックにクエリを実行することが可能です。

CSV形式、JSON形式、列データ形式(Apache ParquetやApache ORCなど)に対応しています。GZIPなどの圧縮形式のデータにも対応しており、データ量を削減しながら分析を行うことも可能です。

5-7-2 Athenaの仕組み

AthenaではSQLを実行するため、通常のデータベースと同様にテーブルや列名などのスキーマ情報をメタデータとしてもつ必要があります。これらのメタデータは、AWS Glueというサービスのデータカタログというところに格納されます。

Athenaではそこに格納されたスキーマ情報をもとに、S3上にあるファイルに対してSQLを実行することができます。

■ 図5-15　AthenaとGlueの連携

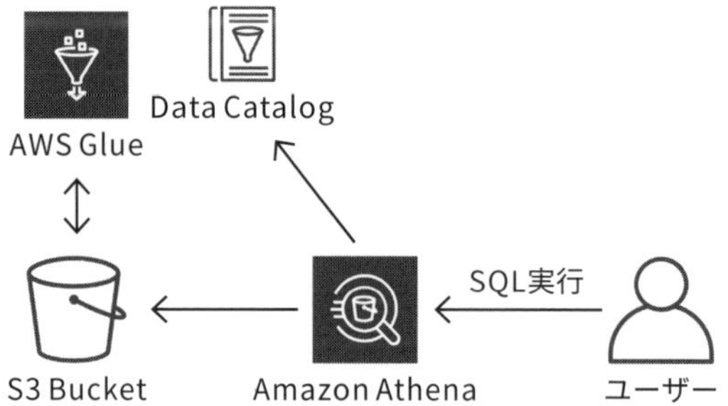

AthenaからCREATE TABLE文を使用して、データカタログに登録することも可能ですが、AWS Glueのクローラーという機能を使用して、テキストデータの内容から自動的にスキーマ情報を検知してデータカタログとして登録することも可能です。

AWS Glueの詳細な部分がセキュリティ認定試験に出ることはおそらくないため、参考程度に覚えておくと良いでしょう。

■ 図5-16　Glueのクローラー機能

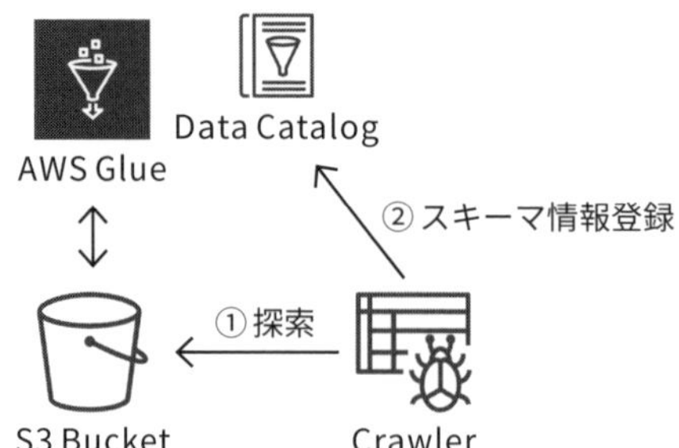

5-7-3 AWSサービスログのクエリ

「S3に保存されるAWSサービスのログ」で紹介した各種AWSサービスのログについては、Athenaの公式ドキュメントにテーブル情報を作成するサンプルのSQL文が公開されています。作成したテーブルに対するサンプルのSELECT文も合わせて公開されています。

AWSサービスログをクエリする
https://docs.aws.amazon.com/ja_jp/athena/latest/ug/querying-AWS-service-logs.html

例えばGuardDutyの結果ファイルをAthenaのテーブルとして作成するSQL文は以下の通りです。バケット名など環境に合わせて一部変更する必要があります。

```
CREATE EXTERNAL TABLE `gd_logs` (
 `schemaversion` string,
 `accountid` string,
 `region` string,
 `partition` string,
 `id` string,
 `arn` string,
 `type` string,
 `resource` string,
 `service` string,
 `severity` string,
 `createdate` string,
 `updatedate` string,
 `title` string,
 `description` string)
ROW FORMAT SERDE 'org.openx.data.jsonserde.JsonSerDe'
LOCATION 's3://findings-bucket-name/AWSLogs/account-id/GuardDuty/'
TBLPROPERTIES ('has_encrypted_data'='true')
```

CloudTrailでは、CloudTrailのイベント履歴の画面からAthenaのテーブル作成画面に自動的に遷移して簡単にAthenaテーブルの作成、SELECT文の実行まで行うことが可能です。

■ 図5-17　CloudTrailのAthena有効化

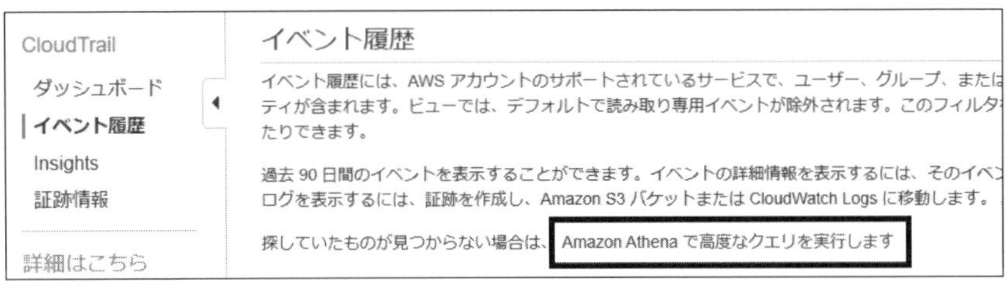

5-7-4 SQLクエリの実行

AWSマネジメントコンソール、Amazon Athena API、AWS CLIを使用してAthenaへのアクセスおよびSQLクエリの実行が可能です。ここではわかりやすいAWSマネジメントコンソールの例を紹介します。

先ほどのCloudTrailの画面からAthenaを有効化すると、下記の画像のようにCloudTrail証跡のテーブルが作成されます。

■ 図5-18　CloudTrail証跡のテーブル確認

右側の新しいクエリ1にSELECT文を記載し、クエリの実行を押下することで、S3上のファイルに対してSQLを実行できます。ここでは以下の通り入力して、サンプル10件（全ての列）を表示してみます。

```
SELECT * FROM "default"."cloudtrail_logs_xxx_cloudtrail" limit 10;
```

defaultはデータベース名で、cloudtrail_logs_xxx_cloudtrailはテーブル名です。環境によってデータベース名やテーブル名は変更になるため注意してください。

実行がうまく行くと、クエリの実行ボタンの下にSELECTの結果が表示されます。下記サンプルの画像では一部の列しか表示されていませんが、スクロールすることで全ての列を表示することが可能です。

SELECT文で特定の列を指定して出力することも可能です。

■ 図5-19　Athena実行結果

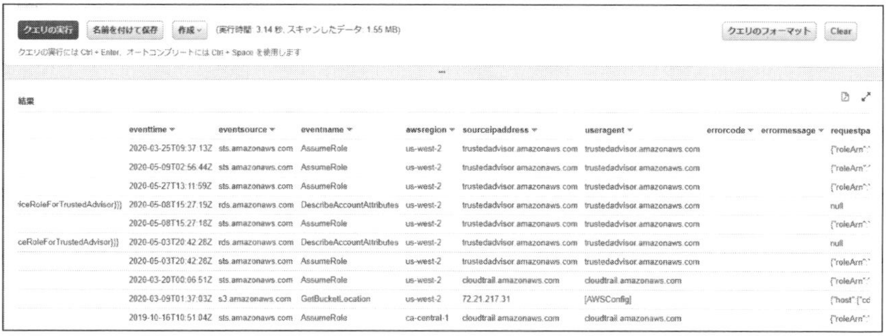

クエリの実行　名前を付けて保存　作成　(実行時間: 3.14 秒, スキャンしたデータ: 1.55 MB)　クエリのフォーマット　Clear
クエリの実行には Ctrl + Enter, オートコンプリートには Ctrl + Space を使用します

結果

	eventtime	eventsource	eventname	awsregion	sourceipaddress	useragent	errorcode	errormessage	requestpa
	2020-03-25T09:37:13Z	sts.amazonaws.com	AssumeRole	us-west-2	trustedadvisor.amazonaws.com	trustedadvisor.amazonaws.com			{"roleArn":"
	2020-05-09T02:56:44Z	sts.amazonaws.com	AssumeRole	us-west-2	trustedadvisor.amazonaws.com	trustedadvisor.amazonaws.com			{"roleArn":"
	2020-05-27T13:11:59Z	sts.amazonaws.com	AssumeRole	us-west-2	trustedadvisor.amazonaws.com	trustedadvisor.amazonaws.com			{"roleArn":"
iceRoleForTrustedAdvisor}}}	2020-05-08T15:27:19Z	rds.amazonaws.com	DescribeAccountAttributes	us-west-2	trustedadvisor.amazonaws.com	trustedadvisor.amazonaws.com			null
	2020-05-08T15:27:18Z	sts.amazonaws.com	AssumeRole	us-west-2	trustedadvisor.amazonaws.com	trustedadvisor.amazonaws.com			{"roleArn":"
ceRoleForTrustedAdvisor}}}	2020-05-03T20:42:28Z	rds.amazonaws.com	DescribeAccountAttributes	us-west-2	trustedadvisor.amazonaws.com	trustedadvisor.amazonaws.com			null
	2020-05-03T20:42:28Z	sts.amazonaws.com	AssumeRole	us-west-2	trustedadvisor.amazonaws.com	trustedadvisor.amazonaws.com			{"roleArn":"
	2020-03-20T00:06:51Z	sts.amazonaws.com	AssumeRole	us-west-2	cloudtrail.amazonaws.com	cloudtrail.amazonaws.com			{"roleArn":"
	2020-03-09T01:37:03Z	s3.amazonaws.com	GetBucketLocation	us-west-2	72.21.217.31	[AWSConfig]			{"host":["cc
	2019-10-16T10:51:04Z	sts.amazonaws.com	AssumeRole	ca-central-1	cloudtrail.amazonaws.com	cloudtrail.amazonaws.com			{"roleArn":"

実行結果は結果格納用のS3バケットに保存されるため、過去の結果は後から確認、ダウンロードすることもできます。

S3上にあるAWSサービスのログファイルを可視化したい場合は、まずこのAthenaを検討すると良いでしょう。

5-8 VPC Flow Logs

▶▶ 確認問題

1. VPC Flow Logsを使用して、HTTPヘッダ情報などパケットの詳細情報を確認できる

1. ×

ここは 必ずマスター！

VPC Flow Logsで取得できる内容

送信元IP、送信先IP、通信許可/遮断といったネットワークの基本情報がVPC Flow Logsに含まれている

5-8-1 概要

VPC Flow Logs（以下フローログ）はVPC内のIPトラフィック状況をログとして保存できるVPCの機能です。CloudWatch LogsまたはS3上に保存することができます。監視要件がある場合はCloudWatch Logsを、必要なときに確認できれば良い程度であればS3を選ぶと良いでしょう。

フローログはネットワークインターフェイス単位で出力され、EC2だけでなくELBやRDS、Redshiftなど VPC上で稼働するサービスのログが全て出力されます。CloudFrontのようなVPC外のサービスはアクセスログなど個別に出力されるログを確認する必要があります。

なお、通信パケットの詳細な情報はフローログでは確認できないため、パケット確認が必要な場合はEC2にキャプチャツールを導入する必要があります。

5-8-2 フローログに含まれる情報

以下の情報が含まれます。

フィールド	説明
version	フローログバージョン、デフォルトでは2
account-id	フローログのAWSアカウントID
interface-id	トラフィックが記録されるネットワークインターフェイスのID
srcaddr	受信トラフィックの送信元IPアドレス
dstaddr	送信トラフィックの送信先IPアドレス
srcport	トラフィック送信元ポート
dstport	トラフィック送信先ポート
protocol	トラフィックのプロトコル番号
packets	フロー中に転送されたパケットの数
bytes	フロー中に転送されたバイト数
start	フローの開始時刻(Unix 時間)
end	フローの終了時刻(Unix 時間)
action	ACCEPTまたはREJECT
log-status	OK(正常)、NODATA(ネットワークトラフィックなし)、SKIPDATA(エラーにより一部のログレコードがスキップ)の3種いずれか

5-8-3 フローログサンプル

AWSアカウント「123456789012」のネットワークインターフェイス「eni-1235abcd12345abcd」へのSSHトラフィック(22ポート)が許可されており、通信が発生した場合は以下のように出力されます。

セキュリティグループまたはNetwork ACLで拒否された場合はACCEPTの部分がREJECTになります。

```
2 123456789012 eni-1235abcd12345abcd 172.18.10.111 172.18.20.211 20641 22 6 20 4249 1418530010 1418530070 ACCEPT OK
```

5-8-4 Network ACLとセキュリティグループ

3-10-2「Amazon VPCのネットワーク制御について」でも説明したとおり、Network ACLはステートレスであるため、特定の通信を拒否する場合はインバウンドとアウトバウンドを分けて考える必要があります。セキュリティグループはステートフルであるため、片側の通信許可を行っていれば戻りの通信は自動的に許可されます。

ある自宅PC(IP:11.22.33.44)からEC2(IP:172.18.20.211)へping通信を行う場合に、セキュリティグループがインバウンド許可、Network ACLがインバウンドのみ許可されていた場合、以下のように1件のACCEPTと1件のREJECTが出力されます。Network ACLはインバウンドとアウトバウンドの許可両方を許可する必要があり、アウトバウンド通信が拒否されているため、このような結果となります。

これはAWSの仕様により、セキュリティグループより許可されたアウトバウンドのACCEPTと、Network ACLにより拒否されたアウトバウンドのREJECTが出力されるためです。ping通信は結果的にドロップされることになります。

---

2 123456789012 eni-1235abcd12345abcd 11.22.33.44 172.18.20.211 0 0 1 4 336 1645968071 1645968131 ACCEPT OK

2 123456789012 eni-1235abcd12345abcd 172.18.20.211 11.22.33.44 0 0 1 4 336 1645968131 1645968191 REJECT OK

5-8-5 Athenaを使用したフローログの確認

S3にフローログを出力している場合は、Athenaを使用することでSQLを使用したログ確認が可能です。S3のファイルをダウンロードして確認するには手間がかかるため、必要な情報のみを抜き出して確認する場合はAthenaを使用することで効率的にログを確認することができます。

■ 図5-20　Athenaを使用したフローログの確認

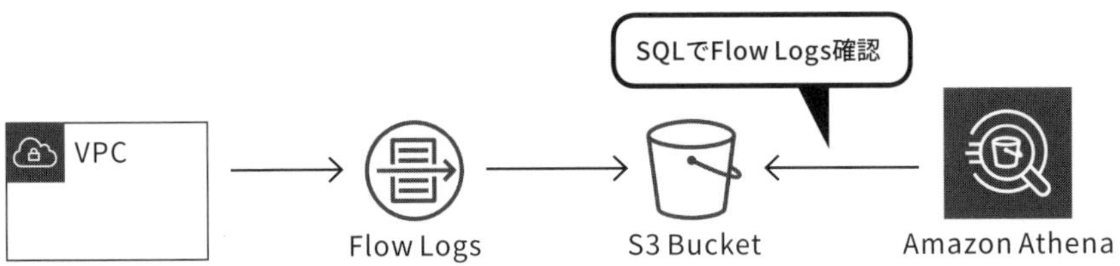

5-8-6 CloudWatch Logsを使用したフローログ監視

CloudWatchのアラーム機能を使用することで、フローログを使用したVPCへの不正通信を監視することができます。例えば、特定EC2へのSSH接続の試み（REJECT）が1時間以内に5回以上あった場合に通知するといったことや、アクセス回数が多い通信をDDos攻撃として検知することが可能です。

後述するGuardDutyでも同様の処理が裏側で行われており、フローログをインプットとして、VPCへの不正通信を自動検知してくれます。

■ 図5-21　CloudWatch Logsを使用したフローログ監視

なお、CloudWatch LogsはS3と比べて料金が高くなるため注意が必要です。S3が1GBあたり0.025USDに比べ、CloudWatch Logsは1GBの収集あたり0.76USDとなるため、S3の約30倍となります。収集あたりの料金のため、CloudWatch Logsに転送された時点で料金が発生し、それに加えてアーカイブ（保存）料金が1GBあたり0.033USD発生します（東京リージョンの場合の料金です）。

収集もアーカイブも月あたり5GBまでは無料となるため量が多くなければCloudWatch Logsでも問題ありませんが、特に監視要件がない場合はS3を保存先とするのが良いでしょう。

5-9 Amazon QuickSight

▶▶ 確認問題

1. QuickSightのデータソースに対応しているものはRDSやDynamoDBといったデータベースのみである
2. QuickSightを使用してGUIの操作でグラフ化が行える

1.×　2.○

ここは必ずマスター！

AthenaやS3上のファイルを可視化できる

RDSなどのデータベースに加え、S3上に格納されたJSONやCSVなどのテキストデータも可視化することができる

S3、Athena、QuickSightの連携

AWSの各種サービスがS3に出力するログなどのデータをAthena、QuickSightを通じて可視化できる

5-9-1 概要

Amazon QuickSight（以下QuickSight）はAWSが提供するマネージド型のビジネス分析（BI）サービスです。

AWSの様々なサービス上に存在するデータを、QuickSightのインメモリであるSPICEというところに取り込み、棒グラフや折れ線グラフ、テーブルや散布図といった様々な形で可視化が可能です。

■ 図5-22　QuickSightのサンプル

5-9-2 サポートされるデータソース

QuickSightのインプットとなるデータソースは以下のものがサポートされています（一部）。

- **Amazon Athena**
- **Amazon Aurora**
- **Amazon Redshift**
- **Amazon S3**
- **MySQL（オンプレミスも可）**
- **PostgreSQL（オンプレミスも可）**

そのほか、SalesforceなどのSaaSにも接続が可能です。

5-9-3 QuickSightの実装例

Athenaの説明では、CloudTrailの証跡に対してSQLを実行できることを確認しました。このAthenaの実行結果をQuickSightで可視化することが可能になります。

各サービスの関連図は次のとおりです。

■ 図5-23　QuickSightによるCloudTrail証跡の可視化

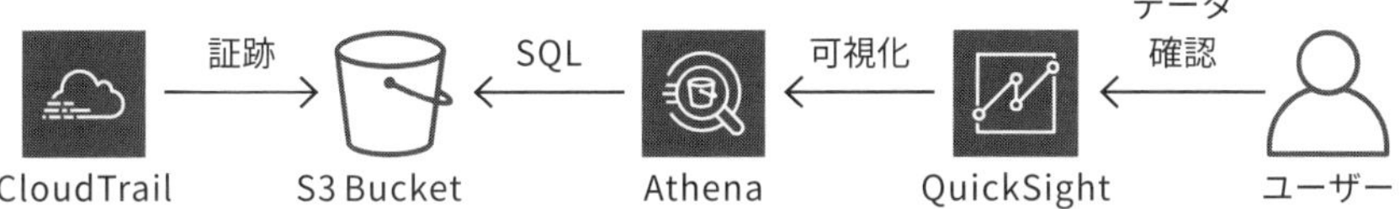

データソースとしてAthenaの説明で紹介したCloudTrailのテーブルを指定します。環境によりデータベース名とテーブル名は異なります。

データベース名：default　　テーブル名：cloudtrail_logs_xxx_cloudtrail

データソースを選択してVisualizeボタンを押下すると以下のような画面になります。画面左のフィールドリストから可視化したいデータ項目を選択し、左下のビジュアルタイプを選択することで可視化ができます。

■ 図5-24　CloudTrailテーブルの選択後画面

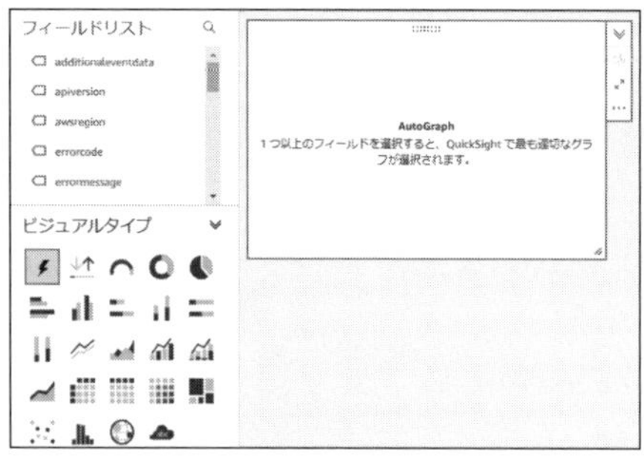

例えば、フィールドリストからeventsource(対象のAWSサービス)を選択し、ビジュアルタイプで垂直棒グラフを選択すると次のように棒グラフが表示されます。これにより、どのサービスに対してどれくらいの回数のAPIが実行されたかという状況を可視化することができました。

■ 図5-25　QuickSightグラフ作成後画面

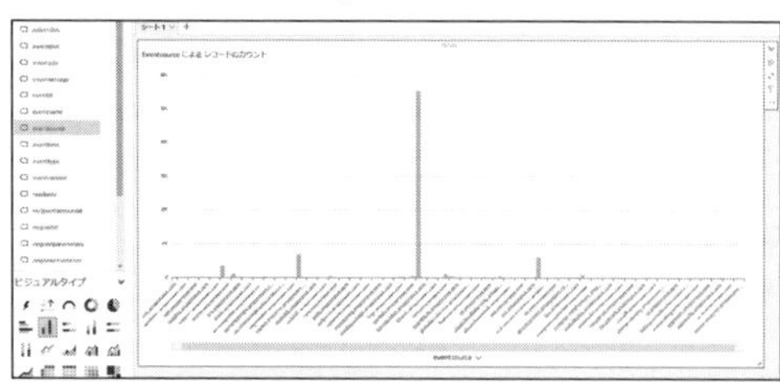

このように対象のデータを選択し、グラフ化するという流れをGUIを通じて実装することができました。ツールのセットアップなどの事前準備は不要なため、データの可視化を行う場合はQuickSightで検討してみると良いでしょう。

5-10 Amazon Kinesis

確認問題

1. Kinesis Data Streamsはストリームデータを収集し、永続的に保管する
2. Kinesis Data Firehoseを使うとストリームデータを容易にS3にロードできる
3. Kinesis Data AnalyticsではSQLを使ったストリームデータの分析ができる

1 ×　2.○　3.○

ここは 必ずマスター!

多数の送信元からのデータを収集し、配信する

数十万規模の送信元からの大量のデータを収集し、リアルタイムに配信することができる

数クリックでデータロードの設定が完了

Kinesis Data Firehoseを使えばコンソールから数クリックでデータレイクへのロード設定が完了する

ストリームデータをリアルタイムで分析できる

受信したストリームデータをSQLやJavaアプリケーションを用いてリアルタイムに分析できる

5-10-1 概要

Amazon Kinesis(以下、Kinesis)は、ストリームデータ（継続的に生成されるデータ）を高速に取り込み、集約するためのサービスです。大きく下記の4つのサービスからなり、それらはまとめてKinesis Familyとも呼ばれます。

- **Kinesis Data Streams**

大量のストリームデータをリアルタイム処理するためのサービスです。

- **Kinesis Data Firehose**

ストリームデータをAWSのデータストアにロードするためのサービスです。

- **Kinesis Data Analytics**

ストリームデータをリアルタイムでSQL処理するためのサービスです。

・**Kinesis Video Streams**

動画データをAWSへストリーミングするためのサービスです。

Kinesisの扱うストリームデータはデバイスの操作データやセンサーのデータ、システムログやカメラの動画など多岐に渡ります。本章ではセキュリティに関する利用シーンとしてシステムログをストリームデータとして処理することを想定し、Kinesisについて解説します。

よって上記サービスのうち、Kinesis Video Streamsを除く3つのサービスについて説明します。

5-10-2 Kinesis Data Streams

Kinesis Data Streamsは、多数のソースから送信されるストリームデータを収集し、処理を行うプログラムなどに配信するためのサービスです。ストリームデータの送信元をプロデューサ、取り込まれたデータを取得して処理を行うものをコンシューマと呼びます。

プロデューサにはセンサーやログの出力元、カメラなどが該当します。コンシューマはデータを処理するEC2やLambdaなどが該当します。

Kinesis Data Streamsは処理性能に優れており、数十万規模のプロデューサから受け取ったデータを数秒でコンシューマへ配信可能な状態にすることができます。

これによりストリームデータのリアルタイム処理が可能となります。

追加されたデータはデフォルトで24時間、設定により最大8760時間（1年間）保持されます。1レコードの最大サイズは1メガバイトです。Kinesis Data Streamsは複数のシャードと呼ばれる処理機構によって構成され、1つのシャードは1メガバイト/秒の速度で、秒間1000PUTレコードを処理することができます。

シャードの数を増やすことでより多くのデータを処理することができるようになります。

■ 図5-26　Kinesis Data Streams

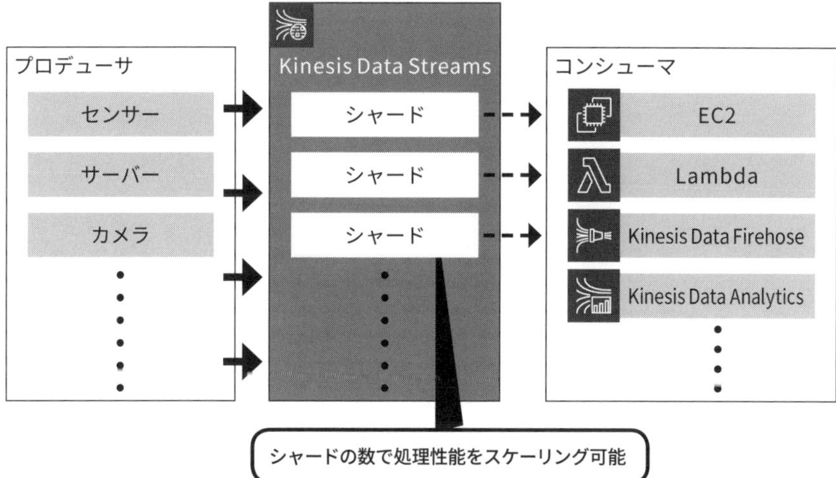

5-10-3 Kinesis Data Firehose

Kinesis Data Firehoseは、ストリームデータをデータレイクやデータストア、分析ツールにロードするためのシンプルなサービスです。AWSマネジメントコンソールからわずか数回のクリックで、簡単にストリーミングデータをキャプチャ、変換、ロードするための設定ができます。

Amazon Kinesis Data Firehose はAmazon S3、Amazon Redshift、Amazon OpenSearch Service と統合されており、これらのサービスに簡単にストリームデータをロードすることができます。

Kinesis Data Streamsほどではありませんが処理速度は速く、新しいデータがKinesis Data Firehoseに送信されると60秒以内にデータがロードされ、ほぼリアルタイムでの処理を行うことが可能です。

また、データをロードする前にデータを処理し、送信先で必要となるフォーマットにあらかじめデータを変換することも可能です。

■ 図5-27　Kinesis Data Firehose

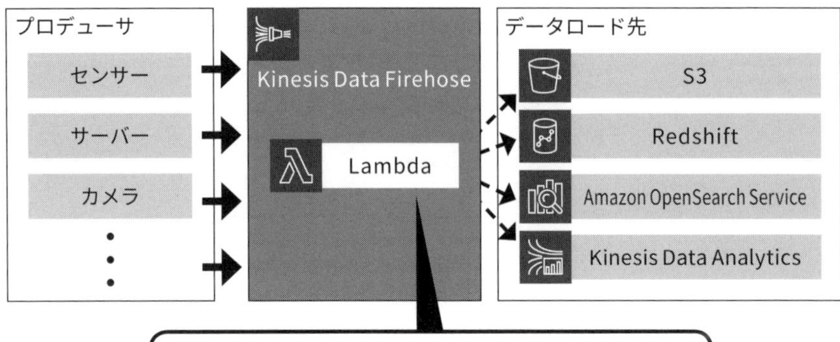

5-10-4 Kinesis Data Analytics

Kinesis Data Analyticsは、SQLやJavaアプリケーション(Apache Flink)を使ってストリームデータをリアルタイム分析するためのサービスです。

Kinesis Data StreamsもしくはKinesis Data Firehoseからストリームデータを取得し、そのデータをあらかじめ作成したSQLアプリケーションやJavaアプリケーションに渡します。

データの処理結果は、Kinesis Data Streams、Kinesis Data Firehose、Amazon DynamoDB、Amazon S3といったAWSサービスに配信することができます。

■ 図5-28　Kinesis Data Analytics

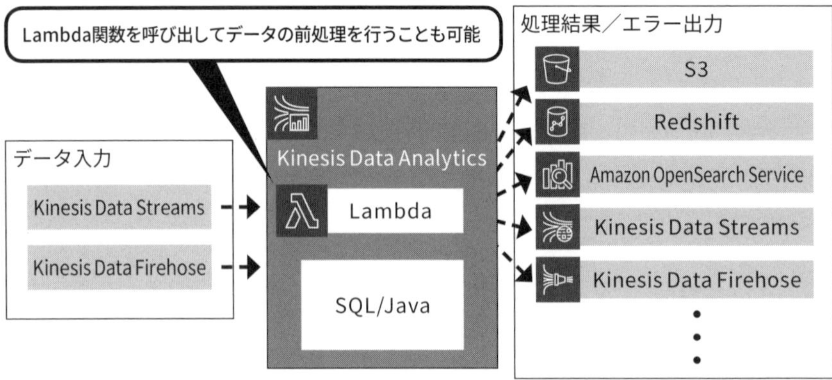

5-11 Amazon OpenSearch Service

▶▶ 確認問題

1. Amazon OpenSearch Serviceは検索エンジンの実行環境を提供する
2. Amazon OpenSearch ServiceはDynamoDBのデータを直接検索できる
3. Amazon OpenSearch Serviceのノードは自動的にスケーリングする

1.○　2.×　3.×

ここは 必ずマスター!

ロードしたデータを検索可能な状態にする

OpenSearchの機能により、データを検索できる状態にし、リクエストに応じた検索結果を提供します

AWSの様々なサービスからのデータロードが可能

S3、DynamoDBなどにデータを出力すればOpenSearchへ取り込み、検索可能な状態にすることができる

障害復旧やパッチ適用といった管理は不要

完全マネージドサービスであり、自動での障害復旧やパッチ適用、バックアップなどが行われる

5-11-1 概要

Amazon OpenSearch Serviceは、OpenSearchというオープンソースのRESTful分散検索/分析エンジンのクラスタをAWSクラウド上にデプロイして利用できるようにするマネージド型サービスです。

Amazon OpenSearch Service上のOpenSearchにおけるクラスタはドメインと呼ばれます。ドメインには作成時に設定したインスタンスタイプ、インスタンス数、ストレージリソースといった設定内容が含まれます。

ドメイン内のノードに障害が発生した場合、自動的に障害が検出されて異常のあるノードが正常なノードに置き換えられます。

また、スケーリングを行いたい場合はAPI呼び出しにて設定するか、マネジメントコン

ソールからの設定で簡単にスケーリングすることが可能です。

OpenSearchはオープンソースのソフトウェアであり、オンプレミスのサーバーやEC2インスタンスにデプロイして実行することもできます。しかし、その場合はインストールから細かな設定、クラスタの管理などを自身で行わなければなりません。

Amazon OpenSearch Serviceでは、ハードウェアのプロビジョニング、ソフトウェアのパッチ適用、障害復旧、バックアップ、モニタリングといった管理がすべてAWS側で実施されるため、運用コストが削減できます。

5-11-2 OpenSearchとは

OpenSearchとはオープンソースのRESTful分散検索/分析エンジンです。Apache Luceneを基盤として構築されており、ログ分析、フルテキスト検索、ビジネス分析などに幅広く利用されています。なお、Elasticsearchというソフトウェアがベースになっており、Elasticsearchのライセンス変更に伴ってAWSが独自開発をすすめるようになりました。もともとは本サービスでもElatsticsearchが利用されており、サービス名称は2021/09/08まではAmazon Elasticsearch Serviceでした。

APIやKinesis Data Firehoseのようなツールからデータを取り込むことができ、取り込んだデータに対して検索インデックスを作成します。検索インデックスが作成されると、APIを通してドキュメントの検索と取得ができるようになります。

5-11-3 OpenSearch Dashboardsの利用

OpenSearch DashboardsはOpenSearchで稼働するように設計された、オープンソースの可視化ツールです。前身のEasticsearchではKibanaという名称でした。OpenSearch上の検索インデックスが作成されたデータを可視化し、Web画面にて表示することができます。

すべてのドメインにてOpenSearch Dashboardsのインストールが提供されており、取り込んだデータをOpenSearch Dashboardsで可視化するといった環境が完全マネージドで利用可能となります。OpenSearch Dashboardsへのアクセス制御にはAmazon Cognito認証を利用することができます。

なお、すでに利用しているOpenSearch Dashboardsが存在する場合はそこからドメインに接続することもできます。

セキュリティの観点では、システムのログをKinesis Data FirehoseなどからAmazon OpenSearch Serviceに集約し、OpenSearch Dashboardsを利用して問題のあるログを検索するといった環境を構築することができます。

5-11-4 ほかのAWSサービスとの連携

Amazon OpenSearch Serviceには他のAWSサービスを利用してデータを取り込むことが可能です。例えば、前節で紹介したとおり、Kinesis Data Firehoseを利用することで容易に多数の送信元からAmazon OpenSearch Serviceにストリームデータを集約して取り込むことができるようになります。

また、Lambdaを利用することでS3、DynamoDB、Kinesis Data Streamsなどからデータを取り込むことも可能です。AWSではそのためのLambdaサンプルコードが提供されています。

■ 図5-29　Amazon OpenSearch Serviceへのデータ取り込み

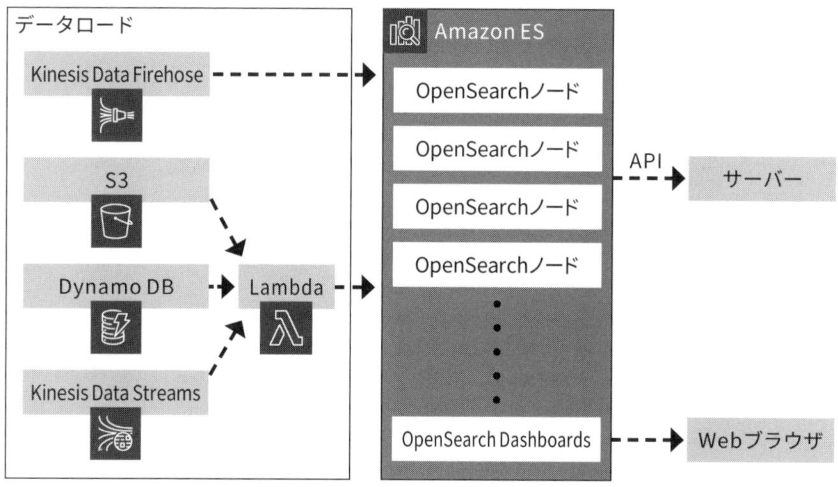

検索/分析エンジンというサービスの特性上、Amazon OpenSearch Serviceには機密性の高いデータが含まれることも多いです。Amazon OpenSearch ServiceはIAMでのアクセス制御に対応しており、適切なポリシーを設定することでデータを保護することができます。

5-12 ログと監視に関するアーキテクチャ、実例

5-12-1 リソース状況・ログ・設定の一元管理

CloudWatch、Configでは設定によりオンプレミスサーバーのデータを収集することが可能となります。AWSとオンプレミスの両方を利用したハイブリッドなシステムであれば、この機能でサーバー情報をAWSコンソール上で一元管理することができ、運用の簡素化に繋がります。

また、CloudWatchアラームやConfigルールを用いてAWSのサーバーとオンプレミスのサーバーを同じレベルで監視することができるようになります。

■ 図5-30　リソース状況・ログ・設定の一元管理

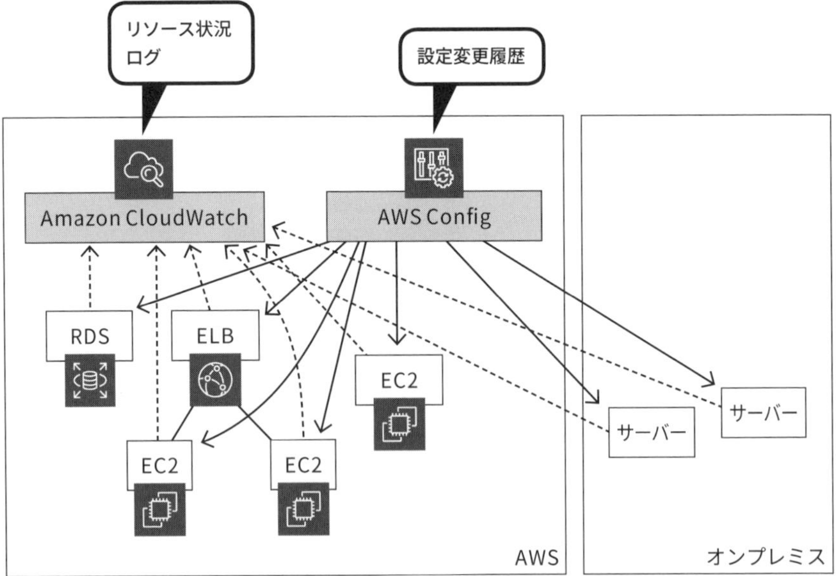

5-12-2 ログのリアルタイム管理、分析

CloudWatchエージェントによりサーバーやコンテナのログを監視することができるようになります。ログの内容はCloudWatch Logsに転送されますが、KinesisやOpenSearchと連携することで、リアルタイム管理や分析を行うことが可能になります。

■ 図5-31　ログのリアルタイム管理、分析

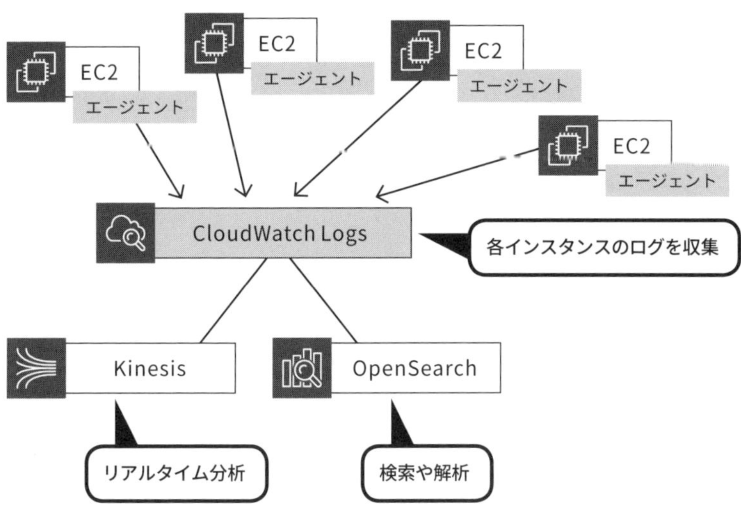

5-12-3 別アカウントへのCloudTrailログ転送

CloudTrailのログ（証跡）は別のAWSアカウントのS3バケットへ出力することも可能です。ログの保管専用のAWSアカウントを用意し、そこにログを保管することで実際の操作対象と操作ログを完全に分離することができるため、ログのセキュリティが高まります。

また、組織で複数のアカウントを利用している場合、ログ保管専用アカウントにログを集約させることでログを一元管理することができ、ログ管理者の運用がやりやすくなります。

こういった構成にする場合、各アカウントにてCloudTrailの証跡を設定し、証跡の配信先S3バケットにログを受信するための適切なバケットポリシーを設定する必要があります。

証跡の配信設定にてプレフィックスを指定することで、複数のアカウントの証跡を1つのS3バケットに集約することも可能です。

■ 図5-32 証跡の集約

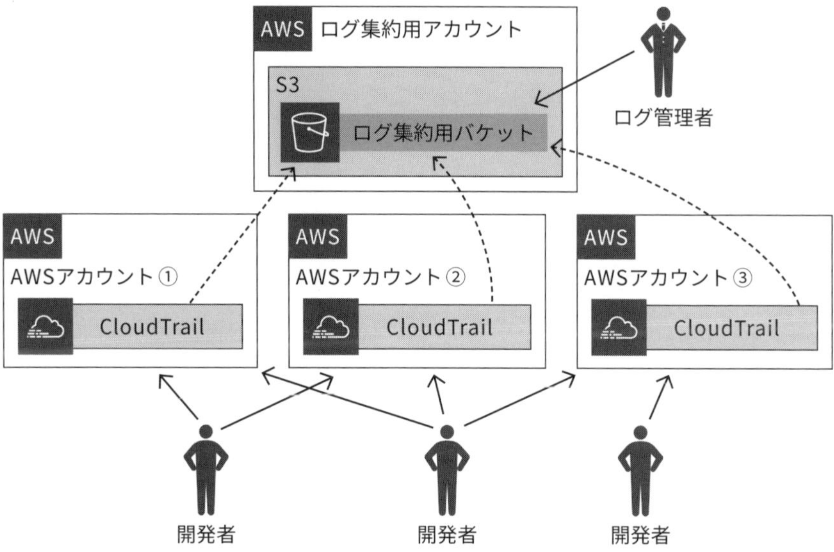

5-12-4 脆弱性管理

EC2インスタンスの脆弱性はInspectorを用いることで容易に管理することができます。また、Systems Managerを組み合わせることで対策の適用を自動化することができます。

■ 図5-33 脆弱性管理

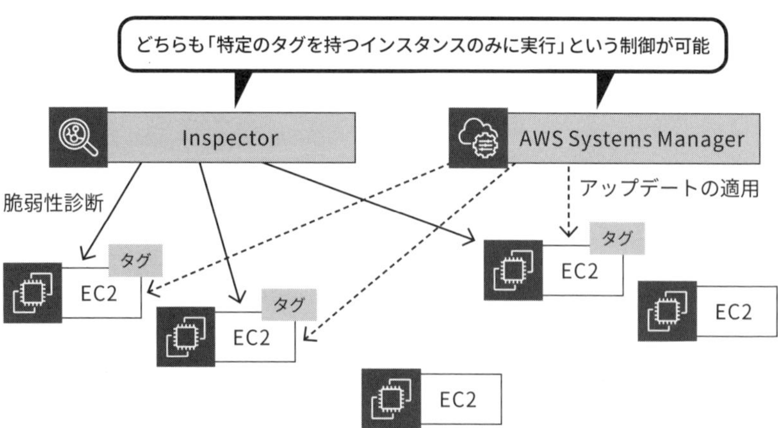

5-12-5 S3へ出力したログの定期的な監査

S3にはAWSの様々なログを出力することができます。また、Athenaを利用することでS3へ保管されたログに対してSQLによる検索を実行することができます。

例えばCloudTrailの証跡において注視したい特定の操作を検索するためのSQLを用意しておけば、そのSQLを実行することで簡単にその操作の実行状況を把握することができます。これを利用することでAWSの利用状況についての監査を行うことができます。

さらに、AthenaのSQL実行はAWSマネジメントコンソールだけでなく、APIやAWS CLIからも呼び出せることを利用して、SQLを実行するLambdaなどを定期的に実行させることで、監査のためのログを自動的に取得することが可能です。

■ 図5-34　監査ログの定期取得

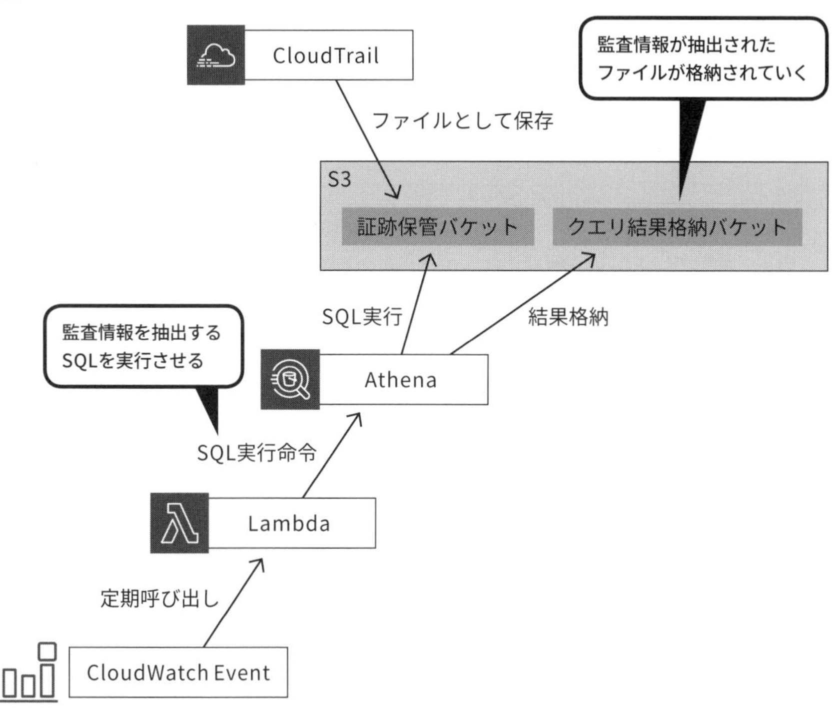

5-13 ログと監視まとめ

本章ではAWSにおける、ログの取得と監視のためのサービスについて説明しました。

システムのセキュリティにおいて攻撃を未然に防ぐことは重要ではありますが、完全に攻撃を防ぐことは非常に困難です。そこで、問題が発生したときに気付くための監視や、当時の状況を追うためのログ保管がより重要となります。

特に、改ざんされない形でログを保管しておくことは、被害を受けた場合の法的措置の際に状況証拠となるため、「どういったログがどこで取得でき、どのように保管されるか」ということや「問題が発生したとき、どのようにログをたどれば良いか」ということをしっかり押さえておきましょう。

本章の内容が関連する練習問題

5-3 → 問題6、10

5-5 → 問題13

5-10 → 問題16、37

5-11 → 問題16

6 インシデント対応

6-1 AWS Config

▶▶ 確認問題

1. Config ルールを使用することで、AWSの設定履歴を保存することができる
2. 修復アクションを使用することで、簡単に自動修復の設定を行うことができる

1.×　　2.○

ここは 必ずマスター!

マネージドルールの概要と種類
AWSから提供されるチェックルールで、EBS暗号化やタグのチェックを行うことができる

修復アクションの概要と種類
Automation ドキュメントから選択でき、AWSからCloudTrailの証跡有効化など、多くのアクションが用意されている

6-1-1 インシデント対応の概要

インシデントとは出来事や事件という意味になりますが、システムでいうと障害、損失になり得る出来事、緊急事態、その一歩手前の状況を意味します。その中でもセキュリティに関するインシデントをセキュリティインシデントと言います。

どんなにセキュリティ対策を行っても、残念ながらセキュリティインシデントをゼロにすることはできません。人間の設定ミスや新しい脅威など、様々な要因でインシデントは発生します。

そのため、インシデントが発生する前提で、対策と対応の訓練を行うことが重要です。

AWSではインシデントを管理者に通知するアラート機能や、発生時の状況診断を行うためのさまざまなサービス、機能が提供されています。内容は多岐に渡るため、この章で順に確認して覚えていきましょう。

6-1-2 Config ルール（Config Rules）

Config を使用することで、AWSの設定履歴を保存できるということを5章で説明しました。Configには履歴を残すだけでなく、**Config ルール** という機能があり、AWSアカウント内の各設定がルールに準拠しているかチェックをすることができます。

例えば、以下のようなルールが設定できます。

- **EBSが暗号化されているか**
- **CloudTrailが有効になっているか**
- **S3バケットがパブリック読み書き可能になっていないか**
- **Security GroupでSSHポート（22）がパブリック公開されていないか**
- **指定したタグがリソースに設定されているか**
- **指定されたAMIが使用されているか**

S3バケットに関するルールであれば、Config ルールの画面上にAWSアカウント内のS3バケットが一覧で表示され、それぞれルールに準拠か非準拠かが表示されます。ルールの評価タイミングはリソースの設定変更時と定期的（24時間ごとなど）の2種類あり、ルールに応じてタイミングを設定します。

非準拠のリソースがあった場合、CloudWatch Eventsによる運用担当者への通知や、次に説明する修復アクションを使用することで全てのリソースが準拠状態になるよう運用していくことが大切です。

図6-1　Config ルール 準拠状況一覧

対象のリソースを選択

対象範囲内のリソースは、このルールが適用されているリソースとそのコンプライアンス状況を表します。

コンプライアンス状況：準拠

例外の削除　リソースのアクション　修復

リソース ID	リソースタイプ	リソースのコンプライアンス状況	アクションステータス
	S3 Bucket	準拠	該当なし
	S3 Bucket	準拠	該当なし
	S3 Bucket	準拠	該当なし
	S3 Bucket	準拠	該当なし
	S3 Bucket	準拠	該当なし
	S3 Bucket	準拠	該当なし
	S3 Bucket	準拠	該当なし

マネージドルールとカスタムルール

Config ルールには**マネージドルール**と**カスタムルール**の２種類あります。マネージドルールはAWS側であらかじめ準備されており、さきほど例示したルールは全てマネージドルールとして存在します。本書執筆時点でマネージドルールは100個以上あり、AWSアカウントで基本的なセキュリティチェックを行いたい場合は、まずマネージドルールを検討すると良いでしょう。

カスタムルールはLambda関数を使用したチェックとなります。チェックロジックはLambda関数内で実装するため、さまざまなルールを作成することができます。ただし、実装の手間がかかるため、基本はマネージドルールを検討し、より具体的なチェックや個別の要件が出てきた場合はカスタムルールの実装を検討すると良いでしょう。

主要なマネージドルールを以下の表にまとめておきます。

ルール名	内容
approved-amis-by-id	実行中のインスタンスが指定したAMI IDになっているか
ec2-instance-no-public-ip	インスタンスにパブリックIPが関連付けされていないか
encrypted-volumes	EBSボリュームが暗号化されているか
restricted-ssh	セキュリティグループのインバウンドSSHのIPアドレスが制限されているか
rds-instance-public-access-check	RDSパブリックアクセスが無効になっているか
cloudtrail-enabled	CloudTrailが有効になっているか
required-tags	指定したタグがリソースに設定されているか
vpc-flow-logs-enabled	Logsが有効になっているか
guardduty-enabled-centralized	GuardDutyが有効になっているか
iam-password-policy	IAMパスワードポリシーが文字数、記号などの要件を満たしているか
iam-root-access-key-check	rootユーザーのアクセスキーが無いか
iam-user-mfa-enabled	IAMユーザーのMFAが有効になっているか
s3-bucket-public-read-prohibited	S3のパブリック読み込みが禁止されているか
s3-bucket-public-write-prohibited	S3のパブリック書き込みが禁止されているか
s3-bucket-server-side-encryption-enabled	S3のサーバーサイド暗号化が有効になっているか

6-1-3 Config ルールの自動修復

Config ルールで非準拠となったリソースに対し、検知したタイミングで自動修復を行うことができます。例えばCloudTrailが無効化されたら有効化したり、S3がパブリック公開されたら自動的にプライベートに戻すといった制御が可能になります。

Configの自動修復機能

2019年9月にConfigの修復アクションという機能がリリースされ、これを使用してConfigのコンソール画面で自動修復の設定を行えるようになりました。この機能がリリースされるまでは、CloudWatch Events経由でLambdaを呼び出して修復を行うという実装が必要でしたが、この機能がリリースされたことにより簡単に修復機能を実装することができるようになりました。

ただし、セキュリティ認定試験ではこの修復アクションの機能がないことを前提とした問題が出題される可能性があります。修復アクションが解答の選択肢にない場合は次に説明するCloudWatch Events＋Lambdaを選択するようにしてください。

修復アクションは簡単に設定することができます。自動修復を行いたいConfigルールの画面で、「修復の管理」から対象の修復アクションを選択します。修復アクションは**Systems Manager Automation ドキュメント**から選択できます。Automationドキュメントには、修復アクションに使用できるものがAWSから多く提供されています。

例えばCloudTrailを有効化する「AWS-EnableCloudTrail」や、S3のパブリック公開を無効化する「AWS-DisableS3BucketPublicReadWrite」といったものが用意されています。ユーザー独自のAutomationドキュメントも作成することが可能です。

■ 図6-2　Config 修復アクション設定画面

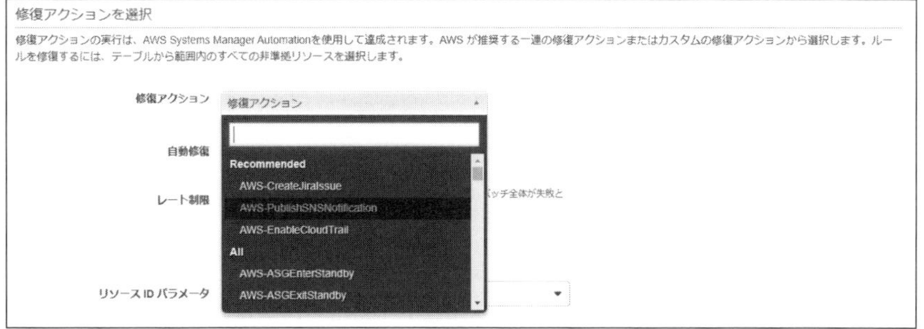

修復アクションの実行タイミングは自動または手動を選択することができます。手動を選んだ場合は、ユーザーがConfigの画面から非準拠のリソースに対して任意のタイミングで修復アクションを実行することができます。

■ 図6-3　Config 自動修復（Automationドキュメント）

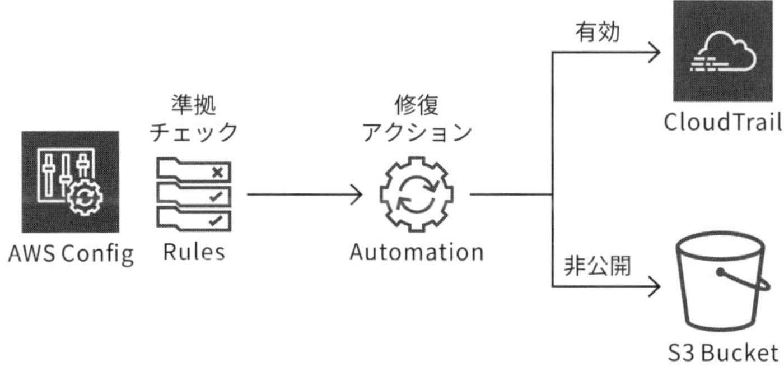

CloudWatch Eventsを使用した修復

Configの自動修復機能が出た現在でも、CloudWatch Eventsを使用して検知、Lambda実行を行い自動修復を実装することが可能です。Lambda実装の手間がかかるため基本はConfigの修復アクションを使用したほうが良いですが、認定試験でこのパターンが出題される可能性もあります。

CloudWatch イベントのイベントソースにConfig、ターゲットにLambdaを設定することになります。実際の操作方法については、CloudWatchイベントの章に記載しています。

■ 図6-4　Config 自動修復（CloudWatch Events、Lambda）

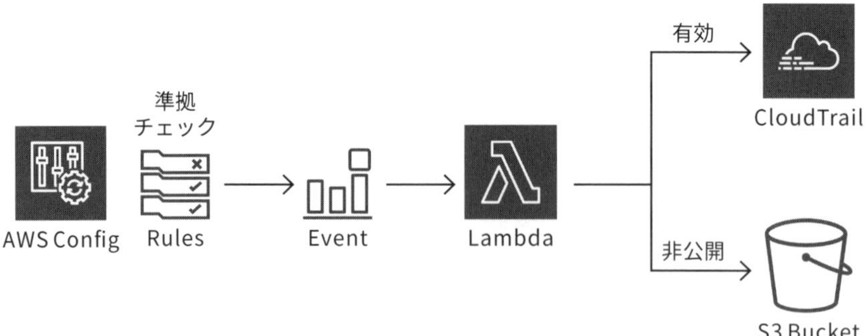

6-2 AWS Systems Manager

1章 2章 3章 4章 5章 6章 7章 8章

▶▶確認問題

1. Systems ManagerはEC2だけでなく、オンプレミスのサーバーにも使用できる
2. Run Commandを使用して、多くのサーバーに対して共通の処理を同時実行できる

1.○　2.○

ここは必ずマスター!

Systems Managerの主要機能

Run Command、Inventory、Patch Managerなどのいくつかの機能が含まれている

複数サーバーの管理に向いているサービス

EC2、オンプレミスのサーバー、数十台以上のサーバーを管理するために使用することが多いサービスである

6-2-1 概要

AWS Systems Manager（以下Systems Manager）は、EC2やオンプレミスのサーバー（Linux、Windows）を制御、管理するためのサービスです。現在では新機能も多く出ており、サーバー以外のAWSリソースも管理することができますが、基本的にはLinuxやWindowsのサーバーを管理するためのサービスです。

認定試験でEC2やオンプレミス上にあるサーバーを同時に管理したいといった問題が出てきた場合は、真っ先にこのSystems Managerを頭に浮かべると良いでしょう。

元々はAmazon EC2 Simple Systems ManagerというEC2の一機能でした。この歴史からもサーバー管理のためのサービスということがわかると思います。Systems ManagerのことをSSMと呼ぶことがありますが、このSSMはSimple Systems Managerの略です。

Systems Managerの機能

Systems Managerは複数の機能から構成されており、それら複数の機能を総称してSystems Managerというサービスになります。提供される機能と概要は以下のとおりです。いくつかの機能の詳細は別途説明します。

ここでは機能名と概要を記載しておきます。

・**Session Manager**

Security Groupの許可不要、SSHキーも不要でサーバーにSSHやPowerShellで接続ができます。

・**Maintenance Windows**

毎日23:00～24:00など、メンテナンス時間帯をCron形式で設定することができます。この機能単体では利用せず、ここで設定した時間帯にAutomationなどのタスクと実行対象のサーバー（ターゲット）を登録してメンテナンス作業を実行することができます。

・**Run Command**

複数のサーバーに一括でコマンドを実行できます。

・**Automation**

複数の処理をAutomation Document（JSONまたはyaml形式で記載）という形でステップで記載し、それを自動実行できます。

・**State Manager**

サーバーをあらかじめ定義された状態（State）に保つための機能です。

例えば特定のソフトウェアがインストールされているか定期的にチェックを行い、インストールを行うといったことが可能です。

・**Inventory**

サーバー上で稼働するソフトウェアの一覧を表示することができます。

・**Patch Manager**

パッチの適用状況の確認および自動適用を行うことができます。

・**Parameter Store**

4章で説明した通り、パスワードなどの文字列情報を保存管理できる機能です。サーバー管理だけでなく広い用途で使用できます。

・**Document**

Run CommandやState Managerから実行する内容を、このDocumentに保存することができます。AWS提供のDocumentも保存されています。

以下のSystems Manager機能は、比較的新しい機能です。認定試験で出題される可能性は低いですが、概要を記載しておきます。

・**OpsCenter**

運用（Ops）のための機能です。AWS上で発生したイベントを管理することができます。

発生したイベントに対して各種対応やクロージングを行うことができ、インシデント管理ツールのような形で使用ができます。

・**Explorer**

インスタンス数やパッチ適用状況、OpsCenterのイベント状況をダッシュボードで確認することができます。Systems Managerは基本単一リージョン、単一アカウント向けのサービスですが、この機能に関してはマルチリージョンおよびマルチアカウントに対応しています。

・**Change Calendar**

カレンダーの特定の日時を指定して、定期処理を実行拒否したり実行許可したりすることができます。例えば平日日次でEC2の停止・起動を行っている場合に、祝日の場合は例外的に実施しないといったことが可能になります。ただし、日本の祝日を自動取得してくれる機能はないので、例外の日付は手動登録する必要があります。

・**AppConfig**

アプリケーションの設定情報やデプロイを管理する機能です。アプリケーションデプロイ時にアラート設定や、デプロイするインスタンタンス比率（20%のインスタンスからデプロイするなど）を設定することができます。

Systems Managerの動作の仕組み

Systems Managerの一部の機能は、サーバー上に**SSM Agent**をインストールする必要があります。インストールしたSSM AgentがAWS上にあるSystems Manager APIと通信を行います。ユーザーから利用する場合もこのSystems Manager APIへ通信を行うため、ユーザー、サーバー間で直接通信を行わずにサーバーの操作が実行できます。

■ 図6-5　SystemsManager接続概要

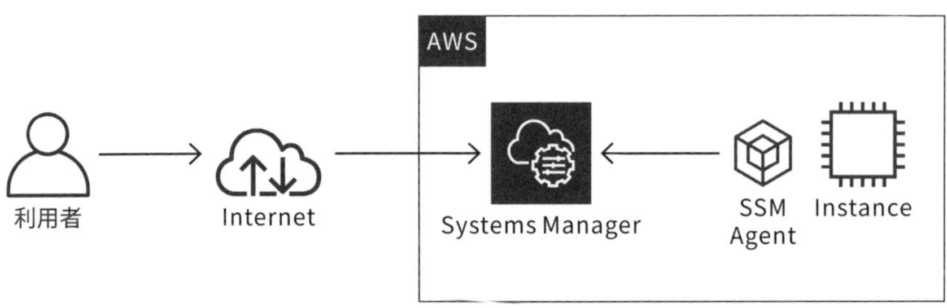

VPNまたはDirectConnect経由でSystems Managerを使用したい場合は、VPC Endpointを使用することで接続することができます。

■ 図6-6　SystemsManager接続概要（閉域ネットワーク）

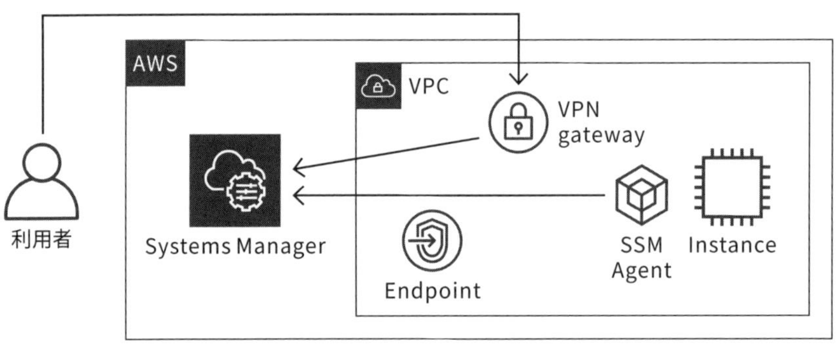

6-2-2 Session Manager

Session Managerは、EC2やオンプレミスのサーバーへSSH接続（Linux）またはPowerShell接続（Windows）ができる機能です。サーバー側は下記を満たしていれば使用可能です。

- **SSM Agentがインストールされている**
- **SystemsManager APIへ通信できる（Internet Gateway,NAT Gateway経由またはEndpoint経由）**
- **SystemsManager接続に必要なIAM Roleが設定されている**

Security Groupの通信許可や、SSHキーの作成は不要です。プライベートサブネットにいるインスタンスへも接続ができます。ブラウザから利用することもできますし、AWS CLIを使用してコマンド経由で接続することもできます。

Systems Managerの画面またはEC2画面の「接続」から使用することができます。

■ 図6-7　SessionManager画面（ブラウザ）

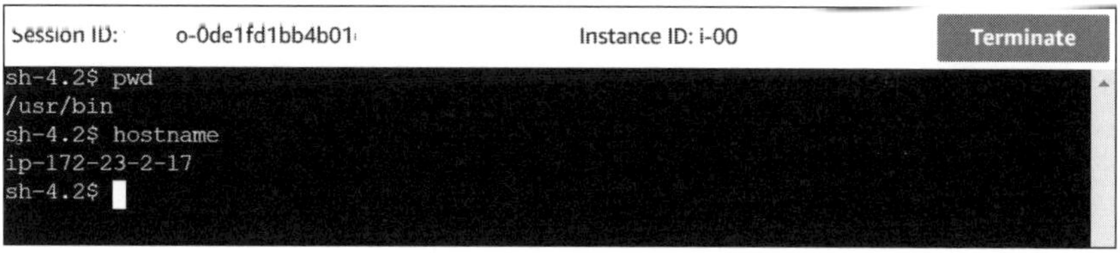

Session ID: o-0de1fd1bb4b01　Instance ID: i-00　Terminate

```
sh-4.2$ pwd
/usr/bin
sh-4.2$ hostname
ip-172-23-2-17
sh-4.2$
```

操作ログ保存機能

Session Managerでは、操作ログの保存機能があります。S3またはCloudWatch Logsに保存が可能です。監査などの要件で操作ログが必要な場合はこの機能を使用します。CloudWatch Logsとアラート機能を組み合わせることで、特定の操作をした際に通知を行うことも可能です。

本書執筆時点では、ログ転送はセッション終了時になるため、残念ながらリアルタイムでアラートを行うことはできません。

Session Managerが登場する前はパブリックサブネットに踏み台サーバー（Bastion、要塞サーバーとも呼ばれます）を用意し、操作ログが必要な場合はログ取得の仕組みを実装する必要がありました。この機能によりそういった手間が大きく省けることになります。

接続ユーザー

デフォルトでは、Session Managerを使用すると「ssm-user」というOSユーザーで接続が行われます。このユーザーはroot権限でsudoコマンドが実行できるなど、権限が強いため、本番運用で使用する際はRun Asという設定を使用して権限が絞られたユーザーで接続するようにしましょう。

6-2-3 Run Command

Run Commandは、複数のサーバーに対し、同時に同じ処理を実行できる機能です。処理内容はDocumentに保存されているものから選択することができます。例えばシンプルにLinuxサーバーでシェルコマンドを実行したい場合は「AWS-RunShellScript」というDocumentを選択し、コマンド欄に実行したいコマンドを入力し、実行対象のサーバー（ターゲット）を選択して実行します。

ほかにはWindowsサーバーに特定の.msiアプリケーションをインストールする「AWS-InstallApplication」や、SSM Agentを更新する「AWS-UpdateSSMAgent」といったものがAWSから提供されています。ユーザー独自のDocumentを作成して実行することも可能です。

レート制御

処理を同時に実行するサーバー台数を指定することが可能です。台数または割合で指定します。例えば対象が20台で25%とした場合は5台ずつ実行されることになります。また、エラーのしきい値（台数）も指定することが可能で、指定した台数または割合のサーバーでエラーが発生した場合に処理が停止されます。

出力オプション

実行結果はS3またはCloudWatch Logsに出力することが可能です。Run Commandのコンソールでも実行結果は確認できますが、文字数が2500文字に限定されるため、どちらかの出力を有効にして実行したほうが良いでしょう。

通知

Run Commandの成功や失敗、タイムアウト等のイベントをSNSを使用して通知することができます。

AWS CLIコマンドの生成

Run Commandでは対象Document、パラメータ、対象サーバーなど各種パラメータの設定をして処理実行しますが、これらの設定はRun Commandを実行する都度指定する必要があり、情報は保存されず再利用ができません。最初からAWS CLIで実行している場合はそのコマンドを再実行すれば良いのですが、マネジメントコンソール上で再実行しようとすると最初からやり直すことになります。

マネジメントコンソール上で実行時もAWS CLIコマンド（aws ssm send-command [各種オプション]）が出力されるので、これをCLIで再使用することで、同様のRun Commandを再実行することができます。

Run Commandのユースケースについて

数台程度のサーバーであれば、サーバーにログインして直接処理を実行したほうが楽かもしれません。100台を超えるような大量のサーバーで同様の処理を実行する場合はRun Commandを使用することになります。オンプレミスのサーバーも同時に管理ができます。実際の運用で大規模サーバーを管理したことがない方も多いかもしれませんが、認定試験ではこういった大規模環境もよく出てきますので想定しておくと良いです。

また、同じ処理を実行することにより手作業のミスを減らし、操作ログを残すことで監査要件を満たすといった利点もあります。

メンテナンスウィンドウやCloudWatch経由でも実行が可能なため、バッチ的に実行する場合やアラート検知時に実行するといった使用も可能です。

6-2-4 Automation

Automationは、Run Commandと同じく複数のサーバーに対し、同時に同じ処理を実行できる機能ですが、複数の処理をステップで実行できるという点でRun Commandとは少々異なります。

また、EC2を起動する「AWS-StartEC2Instance」、S3バケットのデフォルト暗号化を有効にする「AWS-EnableS3BucketEncryption」といった、サーバー内の処理ではなくAWSリソースを変更する処理も多く用意されています。手動承認というステップも含めることができ、承認がされた場合のみ処理を実行するといった制御も可能です。

ユーザー独自のAutomationもDocumentという形で作成、保存することができるので、前後関係のある複数処理をメンテナンスウィンドウやCloudWatch、Configなどの他サービスから実行する場合に活用できます。

6-2-5 State Manager

State Managerは、サーバーをあらかじめ定義された状態（State)に保つための機能ですが、実行方法はこれまで紹介してきた機能の組み合わせとなります。Run CommandまたはAutomationにDocumentとして保存されている処理内容を、定期的に実行することでサーバーの状態を定期更新することができます。

■ 図6-8　State Manager

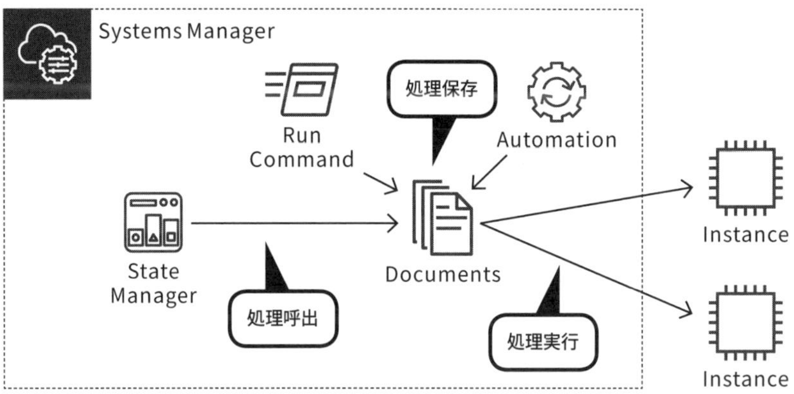

例えば以下のようなことを実現できます。

- **定期的に任意のコマンドを実行する（cronのような使い方）**
- **定期的にWindows Updateを実行する**
- **SSM Agentなどのエージェントソフトを定期的にアップデートする**

6-2-6 Inventory

Inventoryは、サーバーにインストールされているソフトウェアを一覧で表示できる機能です。SSM Agentがサーバーにインストールされて、必要なIAM Roleが付与されていれば自動的にSystems Manager Inventoryの画面にソフトウェアの状況が表示されます。

サーバーごとにインストールされているソフトウェア一覧を確認できるだけでなく、対象サーバーのうちTOP5のOSバージョンやアプリケーションもデフォルトで表示することができます。

Excelなどで設計書としてソフトウェアの一覧を管理していると、実際のサーバーに導入されているソフトウェアと差分が発生してしまうことがあります。このInventoryを使うことで、実際のソフトウェア状況がリアルタイムで更新されるため、そういった情報更新の漏れを防ぐことができます。

■ 図6-9　Inventory画面

名前	バージョン	公開者	アプリケーションタイプ	インストール時刻 (UTC)	アーキテクチャ	URL
acl	2.2.51	Amazon Linux	System Environment/Base	Tue, 07 Apr 2020 01:50:45 GMT	x86_64	http://acl.bestbits.at/
acpid	2.0.19	Amazon Linux	System Environment/Daemons	Tue, 07 Apr 2020 01:51:21 GMT	x86_64	http://sourceforge.net/projects/acpid2/
amazon-linux-extras	1.6.10	Amazon Linux	Unspecified	Tue, 07 Apr 2020 01:50:56 GMT	noarch	https://aws.amazon.com/amazon-linux-2/
amazon-linux-extras-yum-plugin	1.6.10	Amazon Linux	Unspecified	Tue, 07 Apr 2020 01:51:38 GMT	noarch	https://aws.amazon.com/amazon-linux-2/
amazon-ssm-agent	2.3.714.0	Amazon.com	Amazon/Tools	Tue, 07 Apr 2020 01:51:29 GMT	x86_64	http://docs.aws.amazon.com/ssm/latest/APIR
at	3.1.13	Amazon Linux	System Environment/Daemons	Tue, 07 Apr 2020 01:51:36 GMT	x86_64	http://ftp.debian.org/debian/pool/main/a/at
attr	2.4.46	Amazon Linux	System Environment/Base	Tue, 07 Apr 2020 01:50:45 GMT	x86_64	http://acl.bestbits.at/
audit	2.8.1	Amazon	System	Tue, 07 Apr 2020	x86_64	http://people.redhat.com/sgrubb/audit/

S3へのリソース同期

InventoryにはS3にソフトウェア情報を送るリソースデータの同期機能があります。S3上に情報を保存することで、AthenaでSQLとして情報を抽出できたり、それをQuickSightでユーザー特有の可視化（グラフ化、一覧化）を行うことができます。

ConfigのBlackList機能

Configには「ec2-managedinstance-inventory-blacklisted」というルールがAWSから用意されており、Inventoryとこのルールを組み合わせることで特定のソフトウェアがインストールされた際に検知することができます。禁止ソフトウェアを定義してインストール時に検知や何かしらのアクションを実行したい場合に使用します。

6-2-7 Patch Manager

Patch Managerは、サーバーにインストールされているOSやソフトウェアをチェックして、自動的にパッチをインストールできる機能です。最初にpatch baselineを作成し、ここで対象OSのバージョンや適用対象のパッチの重要度、パッチが公開されてから適用するまでの日数などを設定します。

次にMaintenance Windowsを作成し、パッチを適用する時間帯と対象のサーバーを設定します。設定が完了すると、Maintenance Windowsで設定した時間帯にパッチが自動適用されます。

baselineでは、パッチをインストールまたはチェックのみの設定ができるので、本番環境など即時インストールで影響がありそうな環境についてはチェックのみや適用までの日数を設定し、事前に開発環境などで確認後に適用するのが良いでしょう。

インストールを行わない除外パッチも設定できるため、必要に応じて設定しましょう。

SSM Agentがインストールされていれば、オンプレミスのサーバーも適用可能なため、AWSとオンプレミスのハイブリッド環境でもPatch Managerを活用することができます。

6-2-8 Documents

これまで紹介したRun CommandやAutomationから実行される各処理内容がこの**Documents**に保存されています。各ドキュメントはJSONまたはYAML形式で記載されています。AWSが提供するドキュメントが多く保存されており、それをSystems Managerの機能や一部別のサービスから呼び出し使用することが可能です。

ユーザー独自のドキュメントも作成することができます。ユーザー独自で作成したドキュメントは、ほかのアカウントに公開して使用することも可能です。

6-3 Amazon CloudWatch

▶▶ 確認問題

1. CloudWatchの機能を使用してログ監視を実装できる
2. CloudWatchの機能を使用してCronのようなバッチ処理実行はできない

1.○　2.×

ここは 必ずマスター!

CloudWatch アラーム設定機能

収集したメトリクスの値に応じて通知を行うことができ、CloudWatch Logsに送信されたログ内容に応じた通知も設定することができる

CloudWatch イベントによる処理実行

時刻指定の定期実行、またはAWS上のイベントを契機にSNS通知やLambda処理を呼び出すことができる

6-3-1 CloudWatch アラーム

5章で説明したとおり、CloudWatchではメトリクスとしてサーバーなどから取得した値をグラフとして可視化することが可能です。**アラーム**機能を使用して、メトリクスの値が指定の数値になった際に通知やアクション実行を行う設定が可能です。

例えば、EC2のCPU使用率が高くなったらSNSを呼び出して通知を行うといったことが可能です。SNSにはLambda処理も設定できるため、EBSの使用容量が増えてきたら、Lambda経由でAWSのAPIを実行し、EBSの容量を拡張するといった自動対応も可能になります。

アラームの設定手順

1. CloudWatchアラームの画面からアラームを作成します。
2. アラーム設定を行いたいメトリクス（グラフ）を選択します。

■ 図6-10　CloudWatch アラーム メトリクス選択

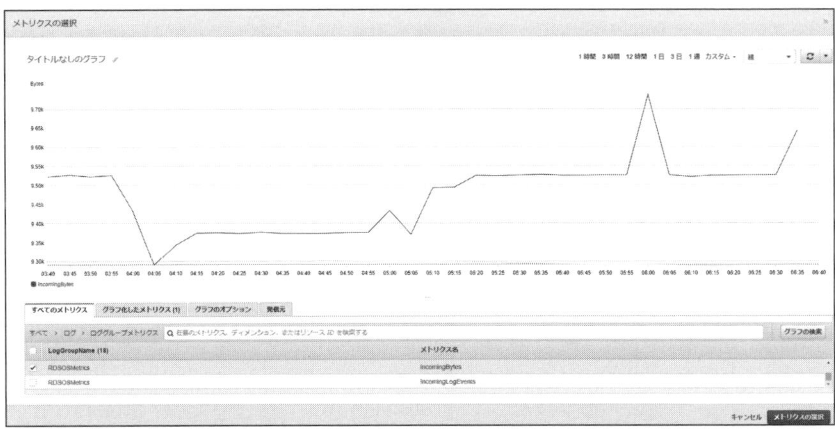

3. アラームの条件を設定します。基本的にはしきい値（アラームを行いたい値）としきい値より大きいまたは小さいを選択します。以下図の例では値が20より大きいときにアラームを実行する設定となります。

■ 図6-11　CloudWatch アラーム条件

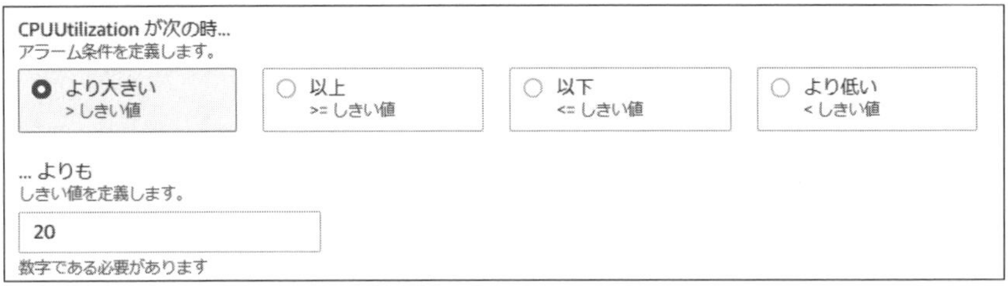

CPUUtilization が次の時...
アラーム条件を定義します。

- より大きい > しきい値
- 以上 >= しきい値
- 以下 <= しきい値
- より低い < しきい値

... よりも
しきい値を定義します。

20

数字である必要があります

4. アクションの設定を行います。3.で設定した条件発生時に通知を行いたい場合は、通知からSNSを選択すればOKです。SNS経由でLambdaの実行も可能です。SNSのほかにはAuto Scalingアクション、EC2アクション（停止、削除、再起動）を選択できます。

■ 図6-12 CloudWatch アラームアクション

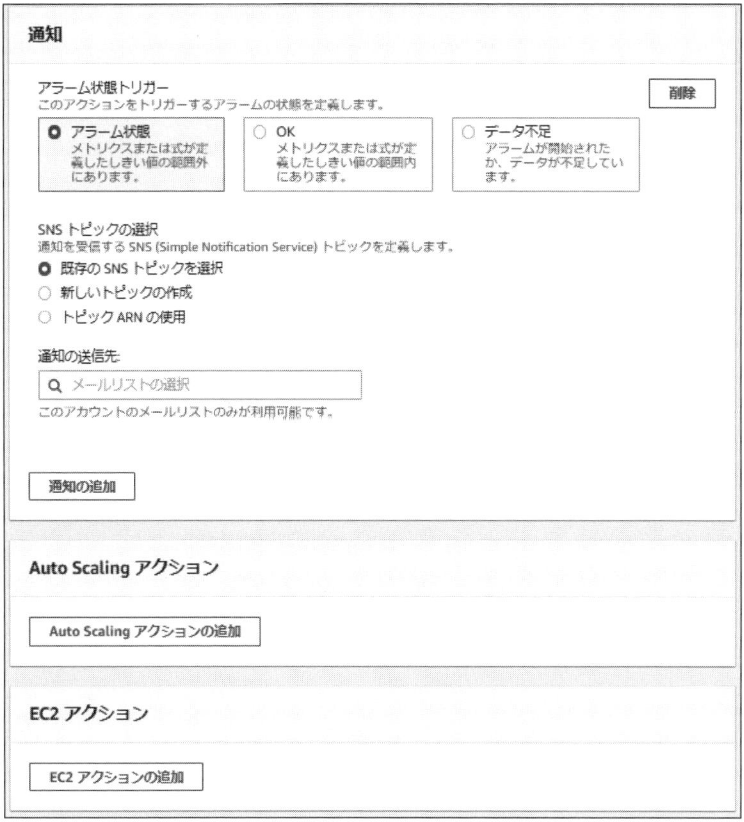

通知
アラーム状態トリガー
このアクションをトリガーするアラームの状態を定義します。
削除
アラーム状態
メトリクスまたは式が定義したしきい値の範囲外にあります。
OK
メトリクスまたは式が定義したしきい値の範囲内にあります。
データ不足
アラームが開始されたか、データが不足しています。
SNS トピックの選択
通知を受信する SNS (Simple Notification Service) トピックを定義します。
既存の SNS トピックを選択
新しいトピックの作成
トピック ARN の使用
通知の送信先
メールリストの選択
このアカウントのメールリストのみが利用可能です。
通知の追加
Auto Scaling アクション
Auto Scaling アクションの追加
EC2 アクション
EC2 アクションの追加

5. アラーム名と説明を追加します。

6. これまで設定した内容を確認してアラームを作成します。

■ 図6-13 CloudWatch アラーム

CloudWatch
Metrics
Alarm
SNS
Email
Lambda

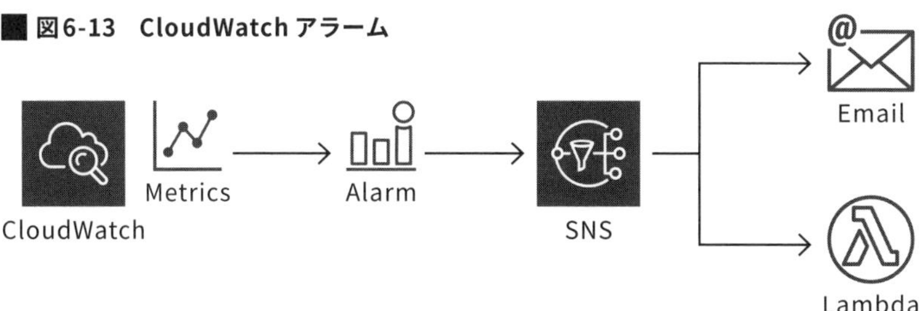

アラームの詳細設定

設定手順では基本的なアラーム設定を紹介しましたが、より複雑な設定も可能です。いくつか詳細なパターンをここで紹介します。詳細なパターンまで認定試験に出てくる可能性は低いですが、便利な機能なので覚えておくと良いでしょう。

・しきい値の条件回数設定

5分間隔で値を取得している場合は、1回ごとに値を確認し、しきい値を超えた場合にアラームが発動することになります。

図6-14　デフォルトの検知条件

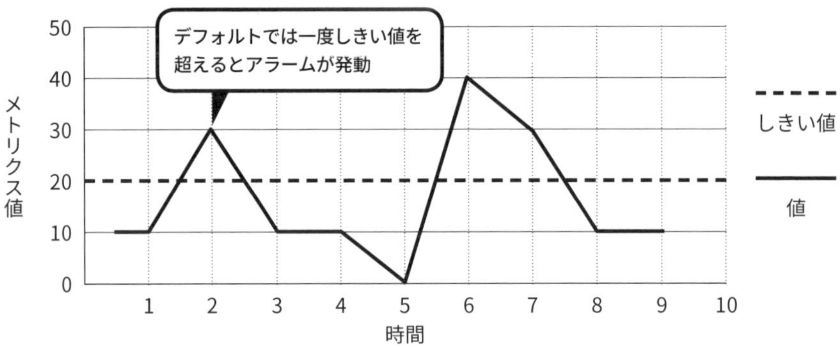

この1回を変更し、2回連続でしきい値を超えた場合に発動するといった設定も可能です。評価期間も同時に設定可能で、過去3回のうち2回超えた場合に発動することも可能です。

図6-15　検知条件の変更（2回しきい値超え）

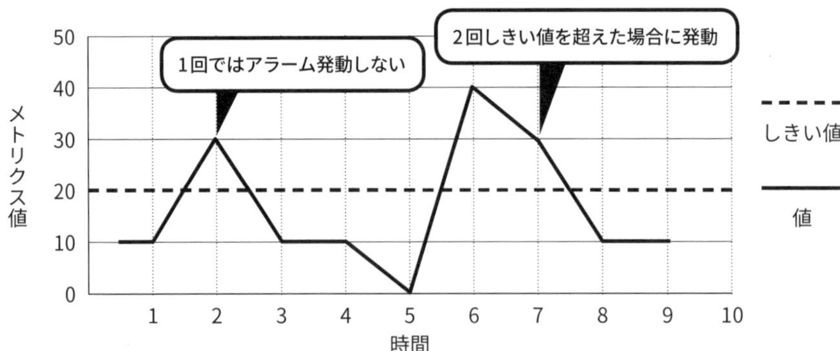

・異常検出機能

通常はアラーム発動の契機となるしきい値を数値で決定しますが、過去の傾向から大きなずれがないかという判断を行う「異常検出」の設定も可能です。過去の値から通常と考えられる値の幅を機械学習を使用してAWS側で決定します。その幅（期待値）から外れた場合にアラームが発動することになります。

■ 図6-16　異常検出設定時のグラフ

Percent
1.2
1.1
1
12:00
13:00
14:00
CPUUtilization
CPUUtilization (期待値)

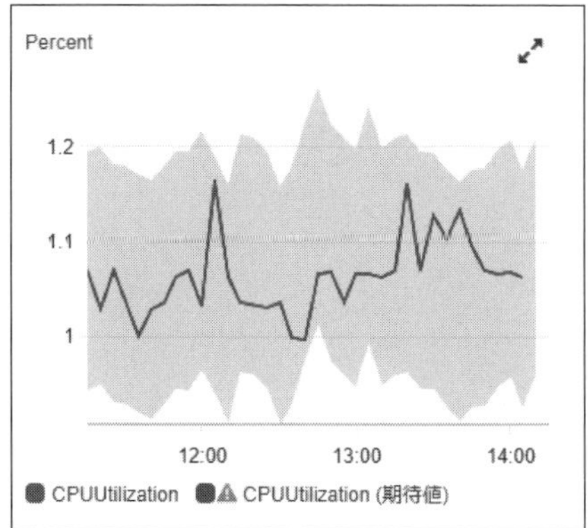

■ 図6-17　異常検出設定

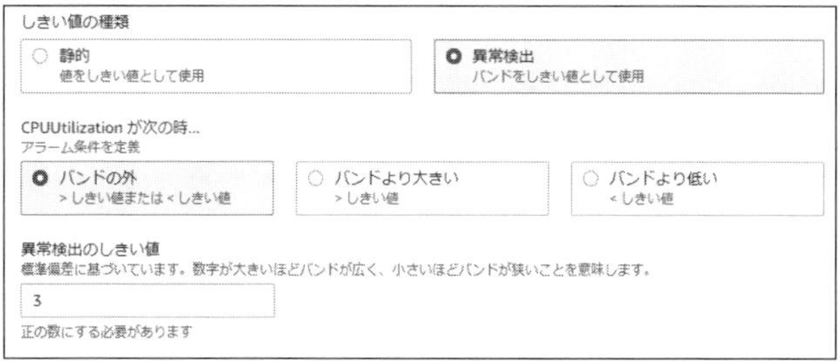

しきい値の種類
静的
値をしきい値として使用
異常検出
バンドをしきい値として使用
CPUUtilization が次の時...
アラーム条件を定義
バンドの外
> しきい値または < しきい値
バンドより大きい
> しきい値
バンドより低い
< しきい値
異常検出のしきい値
標準偏差に基づいています。数字が大きいほどバンドが広く、小さいほどバンドが狭いことを意味します。
3
正の数にする必要があります

・複合アラーム

複数のアラームを組み合わせて、複合アラームとして設定することが可能です。例えばCPU使用率アラームとメモリ使用率アラーム両方（AND条件）が発動した場合に複合アラームを発動するといった設定が可能です。複合の条件はOR、ANDが使用可能です。複数のメトリクスでアラームを設定したい場合はこの機能を使用します。

アクションの設定はSNSのみ可能で、Auto Scalingアクション、EC2アクションは設定できません。

6-3-2 CloudWatch Logsの監視

インシデント対応におけるCloudWatchの使い方を紹介していきます。CloudWatchにさまざまなAWSサービスやEC2上のログを送信して確認できることはすでに紹介済みですが、そのログの内容に応じて通知や処理を実行するアラーム機能も存在します。

Logsアラームの設定手順

監視したい文字列の検知数をCloudWatchのメトリクスとして設定でき、そのメトリクス値（検知件数）に対してアラームを設定していきます。

メトリクスを作成してしまえば、先ほど説明した通常のCloudWatchアラームと設定方法は同じになります。

1. アラームを設定したいロググループを選択して、メトリクスフィルター列をクリックし、フィルターを追加します。

■ 図6-18　CloudWatch Logs フィルター追加

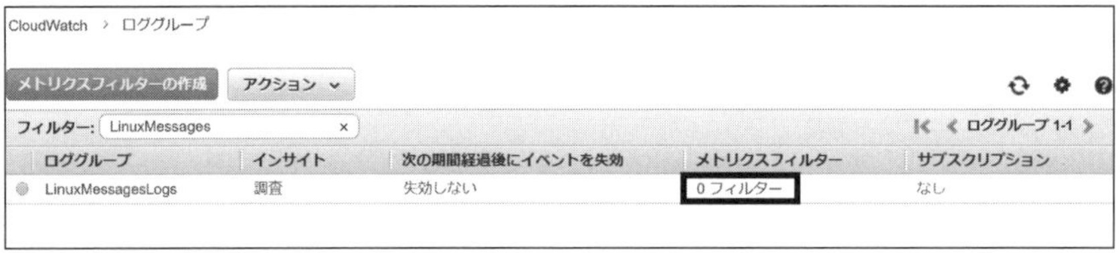

2. フィルターしたい文字列を設定します。例えば「ERROR」という文字列が含まれる場合に検知したい場合はそのままERRORという文字列を入力すればOKです。複数文字列のOR条件や、特定文字列の除外（ERRORがあっても、NORMALが同時にあったら検知しないなど）といった設定もできます。

■ 図6-19　CloudWatch Logs フィルター設定

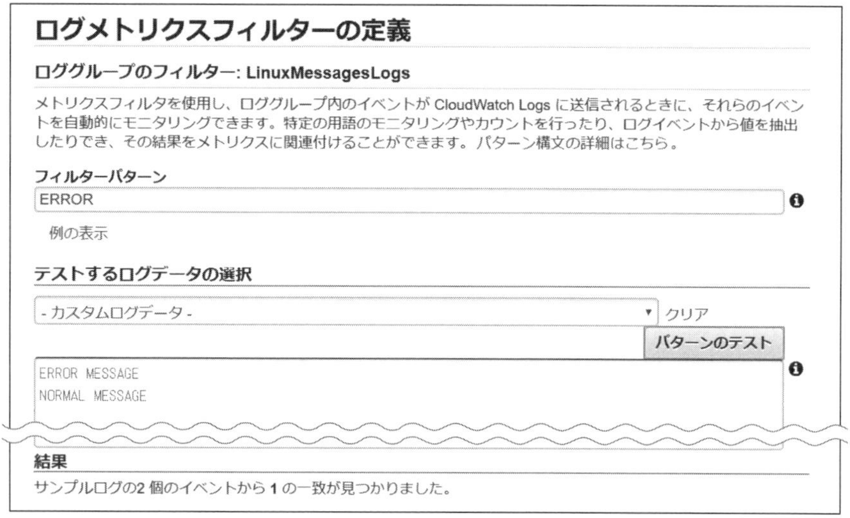

ログメトリクスフィルターの定義
ロググループのフィルター: LinuxMessagesLogs
メトリクスフィルタを使用し、ロググループ内のイベントが CloudWatch Logs に送信されるときに、それらのイベントを自動的にモニタリングできます。特定の用語のモニタリングやカウントを行ったり、ログイベントから値を抽出したりでき、その結果をメトリクスに関連付けることができます。パターン構文の詳細はこちら。
フィルターパターン
ERROR
例の表示
テストするログデータの選択
- カスタムログデータ -
クリア
パターンのテスト
ERROR MESSAGE
NORMAL MESSAGE
結果
サンプルログの2 個のイベントから 1 の一致が見つかりました。

3. メトリクスフィルターの設定が完了すると、EC2のCPU使用率などが表示されているCloudWatchメトリクス上にメトリクスとして2. で設定したメトリクスが表示されます。検知した行数がグラフとなって表示されることになります。以降のアラーム設定は、すでに説明したCloudWatchアラームの設定手順と同様です
4. CloudWatchアラームからアラームを作成し、3. で設定したメトリクスを選択します。
5. 条件を指定します。単純に2. で設定したERRORという文字列が1件あった場合に検知したい場合は「1より大きい」という条件を指定すればOKです。
6. アクション（SNS）を指定します。

■ 図6-20　CloudWatch Logs アラーム

Instance
Log
CloudWatch
Metrics
Alarm
SNS
Email
Lambda

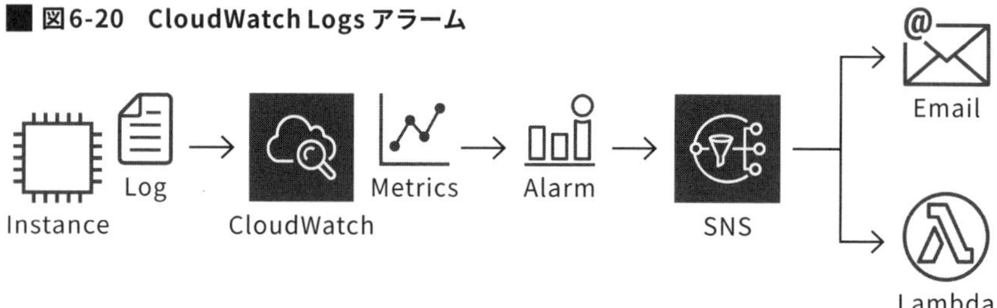

初めてやる場合は操作が多く慣れないかもしれませんが、一度やれば簡単に監視サーバーなしでログ監視を実装できますので、積極的に使用していくと良いでしょう。

6-3-3 CloudWatchイベント

CloudWatchのアラームと少し似た機能で、**CloudWatchイベント**というものがあります。アラームは既に取得しているメトリクス（グラフ）の数値を対象に処理を設定しますが、イベントではAWS上で発生するイベントまたはスケジュール形式（Cron形式）で処理を設定することができます。

様々な処理をさまざまな契機で実行することができますが、ここではセキュリティに関連する部分を中心に説明します。

Amazon EventBridgeについて

2019年7月にCloudWatch イベントを拡張するサービスとして、**Amazon EventBridge**が発表されています。Amazon EventBridgeではCloudWatch イベントの機能に加え、外部アプリケーションとの連携など、追加の機能が実装されています。本書ではCloudWatch イベントという記載で統一しますが、最新の認定試験や開発の現場ではAmazon EventBridgeがCloudWatch イベントの代わりに使われるケースもあるため、注意してください。

ルールの作成

イベントを実行するために**ルール**を作成します。ルールには処理の発生源となる**イベントソース**と処理内容を指定する**ターゲット**を指定します。例えば、以下のようなルールを作成することが可能です。

- **イベントソースに「SecurityHub」や「GuardDuty」を設定し、ターゲットに「SNS」を設定することで、AWSのセキュリティイベントをメールなどで通知をする。**
- **イベントソースに「CloudTrail」のIAMアクセスキー作成といった特定操作を設定し、ターゲットに「Lambda」を設定することで強制的にIAMアクセスキーを削除する。（アクセスキー使用禁止の環境とした場合などに活用）**
- **イベントソースをスケジュール形式とし、ターゲットに「Lambda」を設定することで定期的にLambda処理を実行する。例えばEC2に特定のタグが付いているかチェックするなどの処理をLambdaに実装することで定期チェックが可能です。**

イベントソースはJSON形式で指定するため、JSONを編集することでより詳細なイベントソースを指定することもできます。例えばSecurityHubの検知の場合は、JSONを編集することで重要度の高い検知のみ設定できます。

■ 図6-21　CloudWatch イベント 設定

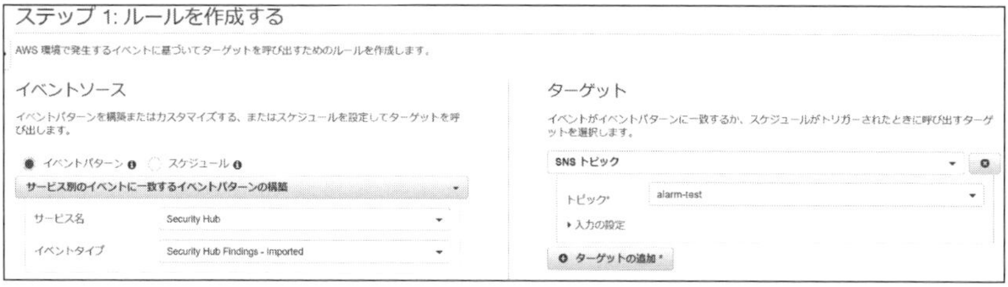

ステップ 1: ルールを作成する
AWS 環境で発生するイベントに基づいてターゲットを呼び出すためのルールを作成します。
イベントソース
イベントパターンを構築またはカスタマイズする、またはスケジュールを設定してターゲットを呼び出します。
イベントパターン　スケジュール
サービス別のイベントに一致するイベントパターンの構築
サービス名　Security Hub
イベントタイプ　Security Hub Findings - Imported
ターゲット
イベントがイベントパターンに一致するか、スケジュールがトリガーされたときに呼び出すターゲットを選択します。
SNS トピック
トピック*　alarm-test
▸入力の設定
ターゲットの追加*

AWS上にあるリソース状態をチェックして、通知処理や修復処理を実行するのは**Configルール**でも実装することができるため、AWSリソースの確認が目的である場合はまずConfigを検討すると良いでしょう。

GuardDutyやSecurityHubの検知の通知は本書執筆時点はCloudWatch Eventが必須となります。セキュリティサービスは有効にするだけでなく通知も含めて必ず設定するようにしましょう。

6-3-4 Amazon SNS

SNSはマネージド型pub/subメッセージングサービスで、CloudWatchとは異なるサービスですが、CloudWatchの通知用途として必ず使うサービスとなるため、ここで説明します。

本書執筆時点で、SNSでは以下の形式の通知に対応しています。

- **HTTP/HTTPS**
- **Email**
- **Email-JSON**
- **Amazon SQS**
- **Application**
- **AWS Lambda**
- **SMS**

基本的な通知ではEmailかSMSを使用し、自動修復などの処理をAWS内で実行させたい場合はLambdaを使用します。

SNSではトピックという論理的な1つの単位でアクセスポイントを作成し、1トピックに対して複数のエンドポイント（EmailやLambda）などを設定することができます。

例えば、CloudWatchの監視でSNSを呼び出す際、1つのSNS呼び出しでメール通知とLambda実行を同時に行うといったことが可能になります。

Emailの通知については、メールを受け取ったユーザー側で通知登録（サブスクリプション）を解除できるため、通知が行われなくなった場合は、解除されてないか確認する必要があります。

6-4 AWS Trusted Advisor

▶▶ 確認問題

1. Trusted AdvisorはAWSアカウント内の状況を5つの観点でチェックしてくれるサービスである
2. Trusted Advisorには状況をリアルタイムに通知する機能がサービス内にある

1.○　2.×

ここは 必ずマスター!

Trusted Advisorのチェックポイント
コスト、パフォーマンス、セキュリティ、フォールトトレランス、サービス制限の5つの観点からチェックを行ってくれるサービスである

Trusted Advisorの通知機能
Trusted Advisorには週次で状況をメール通知する機能が備わっている、リアルタイム検知を行いたい場合はCloudWatchを併用する

6-4-1 概要

AWS Trusted Advisor（以下Trusted Advisor）を使用すると、AWSが推奨するベストプラクティスに従い、以下5点の観点でアドバイスを受けることができます。

各観点に複数のチェック項目があり、チェック項目ごとにRed、Yellow、Greenの3段階で結果が表示されます。Redの場合は注意が必要です。

- **コスト**
- **パフォーマンス**
- **セキュリティ**
- **フォールトトレランス**
- **サービス制限**

なお、全てのチェック結果を確認するためには**ビジネスサポート**以上のサポートプランが必要です。セキュリティなど一部のチェック項目はサポートプランに関わらず確認することが可能です。

Trusted Advisorの画面に行くだけで状況を確認することができますので、見たことがない方は是非一度見てみてください。

■ 図6-22　Trusted Advisor ダッシュボード

セキュリティのチェック項目

一部ではありますが以下のような項目をチェックすることができます。特に追加設定は不要で画面に行くだけで確認が可能です。

- **セキュリティグループに無制限アクセス(0.0.0.0/0)を許可するルールがないか**
- **CloudTrailの証跡が有効になっているか**
- **ルートアカウントのMFAが設定されているか**
- **IAM パスワードポリシーが適切に設定されているか**
- **IAM アクセスキーがローテーションされているか**

6-4-2 Trusted Advisorの通知

Trusted Advisorには通知機能がついており、これを使用することで週一回メールを送信することが可能です。有効にすることで、AWSアカウント設定で行う代替の連絡先にメールが送信されます。

リアルタイムに検知を行いたい場合はCloudWatchイベントを使用します。イベントソースに「Trusted Advisor」を設定することで、SNS通知やLambda処理を実行することができます。結果のレベルやチェック項目を指定してイベントソースを設定することが可能です。

1点注意が必要なのは、CloudWatchの画面でリージョンをバージニア北部（us-east1）を設定しなければいけない点です。Trust AdvisorやIAMなど、一部のグローバルサービスとCloudWatchのようなリージョンサービスと連携する場合、バージニア北部リージョンを選択しないと表示されないことがあります。

■ 図6-23　CloudWatchイベントによるTrusted Advisor通知設定

6-5 AWS CloudTrail

▶▶ 確認問題

1. CloudTrailの監視を行い、AWS操作状況に応じて通知を行う場合はCloudWatchイベントかCloudWatch Logsのアラーム機能を使用する

1.○

ここは 必ずマスター!

CloudTrailの監視

特定操作に応じて通知やLambda処理を実行する場合はCloudWatchイベント、柔軟な監視をする場合はCloudWatch Logsのアラーム機能を使用する

6-5-1 CloudTrailを使用したインシデント対応

CloudTrail上にはAWS上での操作履歴が全て保存されるため、その操作状況に応じて検知や修復などのインシデント対応を行うことで、リアルタイムにAWS環境をセキュアな状態に保つことができます。

例えば、IAMユーザーの作成やアクセスキー発行といった特定の操作時に検知を行ったり、特定IAMユーザーの操作実行件数による検知も実装可能です。

対応方法は2種類あります。どちらもCloudWatchです。

CloudWatch イベントと CloudTrail

イベントルールのイベントソースで、検知したいサービス名を選択し、イベントタイプに「AWS API Call via CloudTrail」を設定し、ターゲットにSNS通知やLambda関数を設定

します。すべてのオペレーションを指定することもできますが、全オペレーションに対して何かの処理を実行することはほぼありませんので、特定のオペレーションを指定することになるでしょう。

検知や処理を実行したい対象のオペレーションが少なく明確になっている場合はこちらで設定すると良いでしょう。Trusted Advisorでも説明したとおり、IAMなどグローバルサービスのアクションを指定する場合はリージョンにバージニア北部（us-east1)を指定する必要があります。

CloudWatch Logs と CloudTrail

もう1つはCloudWatch Logsのアラーム機能を使用して検知や処理を実行する方法です。CloudTrailの証跡はS3またはCloudWatch Logsに出力することができますが、証跡の出力内容に応じて通知を行いたい場合は、S3ではなくCloudWatch Logsへの出力が必須となります。

ログ出力の使用にあたっては、S3よりも料金が高くなるため注意が必要です。ログ監視としてアラームが設定できるので、例えば特定のユーザーのオペレーションを全て検知させたいといった柔軟な設定も可能です。既にCloudWatch LogsにCloudTrailの証跡が出力されている場合や、特定オペレーションではなく柔軟な設定をしたい場合はこちらで設定すると良いでしょう。

■ 図6-24 CloudWatchを使用したCloudTrail監視

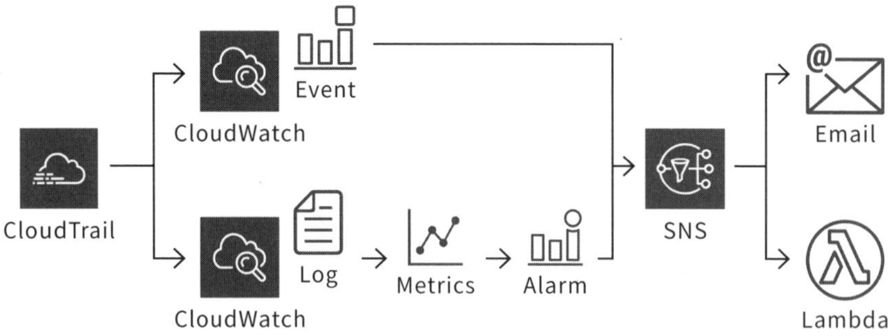

6-6 AWS CloudFormation

▶▶ 確認問題

1. CloudFormationにはリソースの変更を検出するチェンジ検出という機能がある
2. CloudFormationには更新時に稼働中のサービスへの影響を減らすためのロールバック設定機能がある

1.×　2.○

ここは▶ 必ずマスター!

インシデント対応時のCloudFormation活用
CloudFormationを使用して環境再現を容易に行うことができ、インデント発生時の調査に活用することができる

CloudFormationのインシデント対応
リソース変更時のドリフト検出機能や、ロールバック設定といったCloudFormation実行時のインシデントを想定した機能がある

6-6-1 概要

CloudFormationはJSONまたはYAML形式でAWSリソースをテンプレートファイル化し、構築を自動化することができる機能です。

インシデントが発生した際、CloudFormationを調査に活用することができます。本番環境でインシデントや障害などが発生した場合、サービス提供している環境を直接操作するとその操作により更なる障害を発生させるリスクがあります。

本番環境をCloudFormationテンプレートで構築している場合は、すぐにその環境を別の環境としたコピーを作成できるため、インシデントの再現や詳細調査を行うことができます。こういった環境再現のためにも、CloudFormationでテンプレート化を行っておくという考え方が重要です。

■ 図6-25　CloudFormationによる環境再現

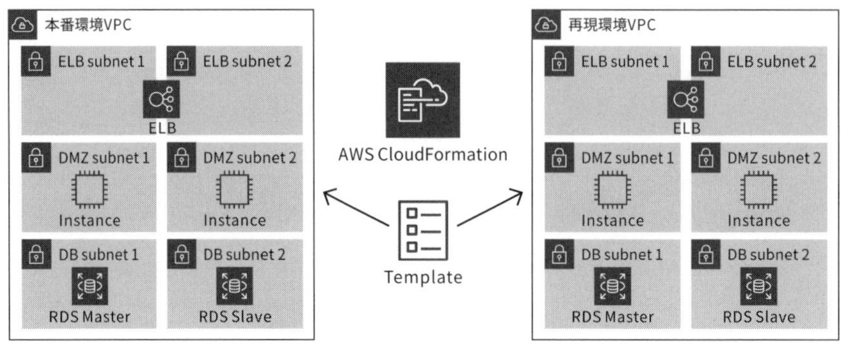

6-6-2 CloudFormationテンプレートの事前チェック

CloudFormationはテンプレートとして記載するその特性上、スペルミスなど少しでもミスがあると反映に失敗します。また、セキュリティグループなどのセキュリティに関する部分も、公開設定などの危険な設定があっても気づきにくい場合があります。次のようなツールが公開されているため、積極的に使用するようにしましょう。

cfn-python-lint

スペルミスなど、CloudFormation反映時にエラーとなってしまう簡単なミスを見つけてくれるツールです。cfn-lintコマンドを実行すると、作成したテンプレートのおかしな部分を表示してくれます。

(参考) cfn-python-lint GitHubサイト
https://github.com/aws-cloudformation/cfn-python-lint

cfn-nag

テンプレートの内容からセキュリティ的に問題がある部分を見つけ出して警告できるツールです。cfn-nagコマンドを実行すると、例えばセキュリティグループがインターネット公開されている設定を見つけて警告を表示してくれます。

(参考) cfn-nag GitHubサイト
https://github.com/stelligent/cfn_nag

6-6-3 CloudFormationドリフト検出

CloudFormation利用時に発生する可能性があるインシデントについて見ていきたいと思います。

テンプレートファイルを記載して、CloudFormationからAWSリソースの構築を行いますが、構築したAWSリソースは直接変更することが可能です。例えばセキュリティグループをCloudFormation経由で作成したあと、セキュリティグループのルールを手動変更することが可能です。

このとき、変更したセキュリティグループの内容は元のテンプレートには反映されません。テンプレートと実環境で差分が発生してしまうことになります。このまま放置しておくと、次回のCloudFormation変更時に元の状態に戻ってしまったり意図しない変更が発生する可能性があります。

そのため定期的にテンプレートを更新する場合は、テンプレートの状態と実際のAWSリソースの状態の差分を把握しておく必要があります。この差分検出を行える機能が**ドリフト検出**です。

■ 図6-26　ドリフト検出概要

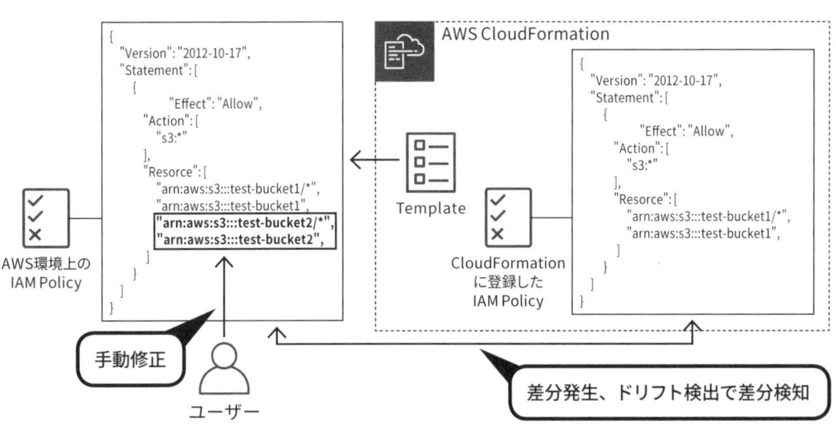

ドリフト検出の実施方法

ドリフト検出はマネジメントコンソールまたはAWS CLIを使用して実行することができます。CloudFormationでは構築する1つのまとまりをスタックと呼びますが、ドリフトの検出もこのスタック単位で実行します。

マネジメントコンソールから実行する場合は、CloudFormationの画面から対象のスタックを選択し、スタックアクション>ドリフトの検出を選択することで実行することができます。実行後しばらくすると、テンプレートの記載状態と実際のAWSリソース状態の差分がリソース単位で表示されます。差分を自動で修正してくれるような機能は現時点でないため、手動修正を行う必要があります。

■図6-27　CloudFormation ドリフトの検出

CloudFormation ＞ スタック
スタック (1)
削除　更新する　スタックアクション ▲　スタックの作成 ▼
AWS
アクティブ
ネスト表示
削除保護を編集する
ドリフト結果を表示
ドリフトの検出
既存スタックの変更セットを作成
スタックへのリソースのインポート
スタックの更新をキャンセル
更新ロールバックを続ける
スタックの名前　ステータス　説明
AWSSecurity　UPDATE_COMPLETE　Create security

■図6-28　CloudFormation ドリフト検出結果

Configを使用したドリフト自動検出

Config ルールのAWS提供マネージドルールに、ドリフト検出を行う「cloudformation-stack-drift-detection-check」というルールが存在します。これを使用することで、ユーザーが設定した間隔（1時間〜24時間）でドリフト検出を実行してくれます。修復アクションを設定することで、ドリフト検出時に通知やAutomationタスクを実行することも可能です。

6-6-4 CloudFormation ロールバック設定

CloudFormationテンプレートの更新や作成時に意図しない更新によって本番稼働中のアプリケーション動作に影響を与える可能性があります。こういった影響のある動作があった場合に更新作業をロールバックする設定をCloudFormationで行うことができます。

設定方法は以下の通りです。

1. ロールバックのきっかけとなるCloudWatchアラームを作成する。例えば本番アプリケーションの稼働状況を確認するアラームを設定する。
2. CloudFormationのスタック作成時、スタックオプションの設定画面でロールバック設定に1で作成したアラームを設定する。必要に応じて「モニタリング時間」を設定する。

■ 図6-29　CloudFormation ロールバック設定

▼ ロールバック設定

スタックの作成時および更新時にモニタリングする CloudFormation のアラームを指定します。オペレーションでアラームのしきい値を超過した場合、CloudFormation では値がロールバックされます。 詳細はこちら

モニタリング時間 - オプション
オペレーション完了後、CloudFormationが指定されたアラームをモニタリングし続ける必要がある時間 (分)。

10

CloudWatch アラーム - オプション
モニタリングするアラームの Amazon リソースネーム (ARN)。

arn:aws:cloudwatch:us-east-1:123456789012:alarm:MyAlarmName　削除

この設定を行うことで、スタックの作成、更新中にCloudWatchアラームが作動した場合は全ての作成更新作業をロールバックします。モニタリング時間を設定した場合は、スタックの更新完了後、この時間中にアラームが発生した場合はロールバックが行われます。

本番環境稼働中の環境でCloudFormationを利用する際など、細心の注意を払ってCloudFormationスタックの更新を行う場合に活用すると良いでしょう。

6-7 Amazon Macie

▶▶確認問題

1. Macieを使用してS3上の個人情報有無をチェックすることができる

1.○

ここは 必ずマスター！

Macieの基本機能

S3上にある個人情報や機密情報をチェックし、その利用状況を合わせて監視する

6-7-1 概要

Amazon Macie（以下Macie）は、S3バケット上にある個人情報などの機密データを自動的に発見し、通知や保護処理を実行することができるサービスです。**Macie**と書いてメイシーと読みます。

機密データの発見には機械学習の自然言語処理（NLP）が使われています。リリース当初は、S3バケット上のオブジェクトに加え、CloudTrailのアクセス状況を合わせて分析してくれる機能がありましたが、この機能は次に説明するアップデートのタイミングでなくなりました。今後はGuardDutyなど、別のサービスでアクセスパターンの検知ができるようになる可能性があります。

2020年5月のアップデートについて

2020年5月にMacieの大きなアップデートがありました。主な変更点は以下の通りですが、S3上の機密データを発見するという基本的な機能は変わっていません。本書では新しくなったMacieを前提に説明します。

- 対象リージョンを17に拡大（東京リージョンを含む）
- 機械学習モデルの更新、検出機能の拡張
- AWS Organizationsによる複数アカウントの対応
- 再設計されたMacieコンソールとAPI
- アップデートに伴い従来のタイプは「Amazon Macie Classic」に改名

※参考：Amazon Macieの大幅な機能強化、80％以上の値下げ、およびグローバルリージョンの拡大を発表
https://aws.amazon.com/jp/about-aws/whats-new/2020/05/announcing-major-enhancements-to-amazon-macie-an-80-percent-plus-price-reduction-and-global-region-expansion/

Macieで検知する情報について

AWSから提供されるのは個人情報（PII）、保護対象保健情報（PHI）、Financial information、Credentials and secretsの4タイプです。米国や海外の情報が多く、日本語の情報検知にはまだ対応していません。

例えば以下のような情報を検知できます。

- 氏名フルネーム
- メールアドレス
- クレジットカード番号、有効期限
- 運転免許証ID（米国）
- 生年月日
- AWSシークレットキー
- OpenSSHプライベートキー

「カスタムデータ識別子」という設定で、正規表現を使用した独自の情報検知も可能です。

Macieのアラート機能

Macieで検知した結果はCloudWatch イベントに送信されます。イベントソースにMacie、ターゲットにSNSを指定することでリスク検知時に通知を行うことが可能です。また、ターゲットにLambdaなどの処理を指定することで、リスクを検知したバケットを非公開状態にするといった自動処理も可能になります。

6-8 Amazon GuardDuty

▶▶ 確認問題

1. GuardDutyのインプット情報はS3、IAM、CloudTrailの3つである

1. ×

ここは▶ 必ずマスター!

GuardDutyの基本機能

AWS上で発生する不正やセキュリティイベントなどの脅威を検出することができる

6-8-1 概要

Amazon GuardDuty（以下GuardDuty）は、AWS上で発生する不正やセキュリティイベントなどの脅威を検出するサービスです。サービスをワンクリックで有効化でき、すぐにAWSアカウント内のセキュリティ状況を分析することができますので、AWSアカウントを開設したらすぐに有効化すると良いでしょう。

GuardDutyのインプット情報となるのはCloudTrail、VPC Flow Logs、DNS Logs、Kubernetes監査ログの4種類です。情報の検出には機械学習が組み込まれており、さまざまな条件で脅威を検出することが可能です。例えば、以下のような情報が検出されます。

- **rootアカウントの使用**
- **IAMアクセスキーの大量利用**
- **EC2がDoS攻撃の踏み台にされている可能性あり**

GuardDutyにはサンプルイベントを発行する機能がありますので、どういったものが検出されるのか確認したい場合は一度発行してみると良いでしょう。

■ 図6-30　GuardDutyサンプルイベント結果

GuardDuty ×

結果
設定
リスト
アカウント
最新情報
無料トライアル

パートナー

結果

表示中: 53 / 53

アクション ▼　保存済みフィルタ / 自動アーカイブ　保存済みのフィルタがありません

最近 ▼　フィルタの追加

	検索タイプ	リソース	最終ア...	カウント
	[例] UnauthorizedAccess:EC2/TorIPCaller	Instance: i-99999999	1分前	1
	[例] Trojan:EC2/BlackholeTraffic	Instance: i-99999999	1分前	1
	[例] Backdoor:EC2/DenialOfService.Udp	Instance: i-99999999	1分前	1
	[例] Recon:EC2/Portscan	Instance: i-99999999	1分前	1
	[例] Backdoor:EC2/DenialOfService.Tcp	Instance: i-99999999	1分前	1
	[例] UnauthorizedAccess:EC2/RDPBruteForce	Instance: i-99999999	1分前	1
	[例] Recon:EC2/PortProbeUnprotectedPort	Instance: i-99999999	1分前	1

なお、インプットにしている情報を見るとわかりますが、EC2内のセキュリティイベントやLambda関数などのセキュリティイベントはGuardDutyでは検知できないので注意が必要です。あくまでAWSリソースの動きをみて脅威を検出するサービスとなります。

EKS保護の追加について

2022年1月に、Amazon Elastic Kubernetes Service（以下、EKS）クラスター保護に対応しました。EKSクラスターから出力される、Kubernetes監査ログをインプットとして、EKS上のコンテナの詳細を含むセキュリティ検出結果を検知します。なお、デフォルトではEKSクラスター保護機能は無効となっているため、必要に応じて利用者が有効にする必要があります。

GuardDutyの通知

GuardDutyを有効にすることで脅威の検出状況を画面上で確認することができます。ただし、これだけではリアルタイムな検知を行うことができません。AWS管理者などへリアルタイムな通知を行う場合はCloudWatchイベントを使用します。

イベントソースにGuradDuty、ターゲットにSNSを指定することで通知が可能です。ターゲットにLambdaを設定して自動アクションを設定することも可能です。

■ 図6-31　GuardDutyの通知

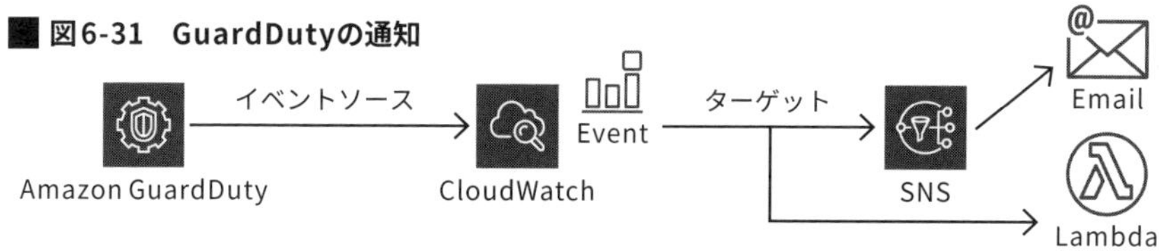

テストなどで特定のIPアドレスについての検知を抑止したい場合は、信頼されているIPリストを追加することで、そのIPアドレスに関しては検知をしない、といった設定も可能です。

6-9 AWS Security Hub

▶▶ 確認問題

1. Security HubにはPCI DSSのコンプライアンスチェック機能がある

1.○

必ずマスター!

Security Hubの基本機能

GuardDutyやMacieのようなセキュリティサービスの検知内容をSecurity Hubに集約して確認することができる

6-9-1 概要

AWS Security Hub（以下Security Hub）は、AWSのセキュリティ状況やコンプライアンスの準拠状況を1箇所で確認できるサービスです。AWS上にあるセキュリティ情報の集約場所のような役割を担っています。

2019年6月に一般公開された比較的新しいサービスであるため、認定試験には出題されない可能性が高いですが、重要なサービスのため本書にも記載しています。

Security Hubの主要な機能として大きく下記の2種類があります。

- **CIS AWS Foundations BenchmarkやPCI DSSといった基準にしたがったコンプライアンスチェック**
- **GuardDuty、Macie、Inspector、Firewall Manager、IAM Access Analyzerといった各種AWSのセキュリティサービスや3rd Partyのセキュリティサービスの検出、アラートの一元管理**

コンプライアンスチェックについては、2020年4月に「AWS基礎セキュリティのベストプラクティス」が追加され、よりAWSの一般的なセキュリティチェックができるようになりました。

■ 図6-32　AWS基礎セキュリティのベストプラクティス

Security Hubが登場するまでは、各サービスの画面で検出結果を確認する必要がありましたが、セキュリティ検出状況を1箇所で確認できるようになりました。また、CloudWatchイベントと組み合わせることによって、検出結果の通知や自動アクションを組み込むことが可能です。

■ 図6-33　Security Hubの通知

6-10 Amazon Detective

▶▶ 確認問題

1. Detectiveにはコンプライアンスチェック機能がある

1. ×

必ずマスター!

Detectiveの基本機能

Detectiveは発生したインシデントについて時系列情報を含んだ形で調査ができるサービスである

6-10-1 概要

Amazon Detective（以下、Detective）は、VPC Flow Logs、CloudTrail、GuardDuty などのほかのAWSサービスの情報をインプットに、潜在的なセキュリティ問題や不審なアクティビティを分析、調査できるサービスです。2020年4月に一般公開された新しいサービスです。

GuardDutyは発生したセキュリティイベントを検知するため、発生したイベントベースでの調査を行うことになりますが、Detectiveでは過去のログやイベント情報といった時系列の観点を含み、グラフなどで視覚化することが可能です。GuardDutyとは目的が異なります。

認定試験には出題されない可能性が高いですが、重要なサービスのため本書にも記載しています。

6-10-2 Detectiveの使用例

Detectiveに関しては実際の画面を見たほうがわかりやすいため、画面ベースで説明していきます。次の画像はある特定のIAMユーザー1つを対象とした分析画面で、成功、失敗のAPI Call数（どれだけ操作を行ったのか）がグラフとして表示されています。

■ 図6-34　Detective IAMユーザー分析画面

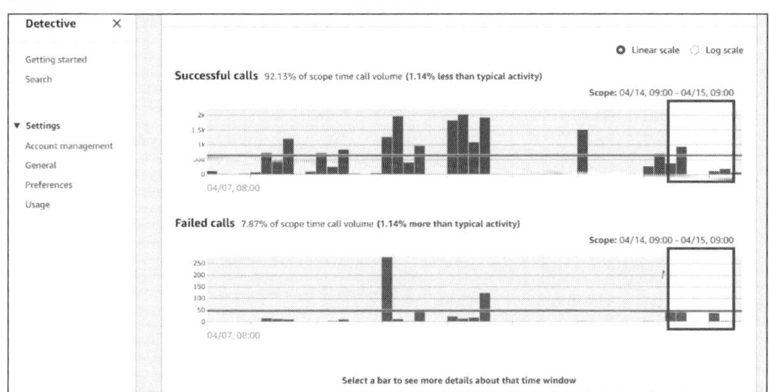

グラフの中から、Failed callsが多いグラフ部分をクリックすると、その時間帯に関する情報が合わせて表示されます。呼ばれたAPIの内容（失敗数、成功数含む）、実行元IPアドレス、使用されたアクセスキー情報を確認することができます。

■ 図6-35　Detective IAMユーザー分析詳細

こういった情報から、時間帯、実行量、実行内容といった観点で簡単に分析することができます。今回はIAMユーザーを例に紹介しましたが、他にもEC2、AWSアカウント、IPアドレス、ユーザーエージェント、GuardDutyの検知イベントをベースとした分析も可能です。どの地域から実行されているかといった観点で確認も可能です。

6-10-3 GuardDutyとの連携

GuardDutyの結果ページから、検知したイベントに関するDetectiveの調査ページにリンクすることが可能です。この機能を使用して検知と調査をより簡単に連続して実施することができます。

調査したいイベントを選択して、アクション>調査をクリックすればDetectiveのページへ遷移します。

■ 図6-36 GuardDuty結果画面からDetectiveへの遷移

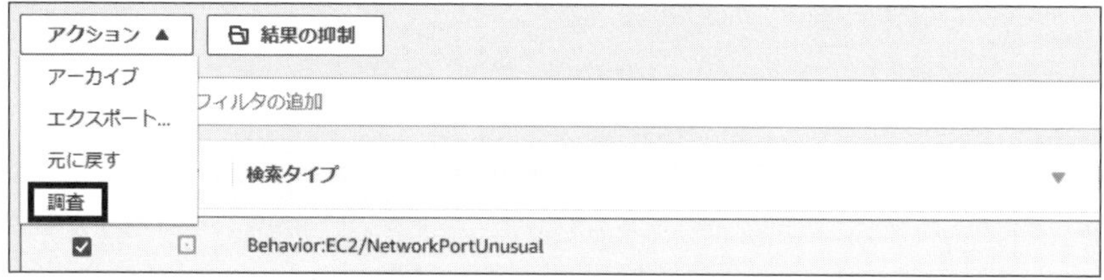

今回のサンプルではEC2のトラフィックに関するイベントを選択したため、以下のようにトラフィックの状況をグラフで確認できます。

■ 図6-37 Detectiveへの遷移後の詳細画面

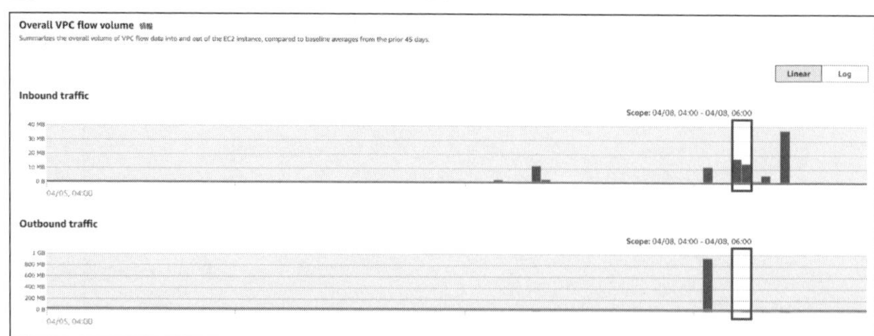

6-11 インシデント対応に関するアーキテクチャ、実例

6-11-1 EC2のパケットキャプチャ

VPC Flow Logsではネットワークのパケット情報までは確認できないため、EC2を通過するパケットを確認する場合は図のようにEC2上にパケットキャプチャツールを導入する必要があります。ELBやRDSについてはOSレイヤーはAWS管理となるため独自にキャプチャツールを導入することはできません。

■ 図6-38 EC2のパケットキャプチャ

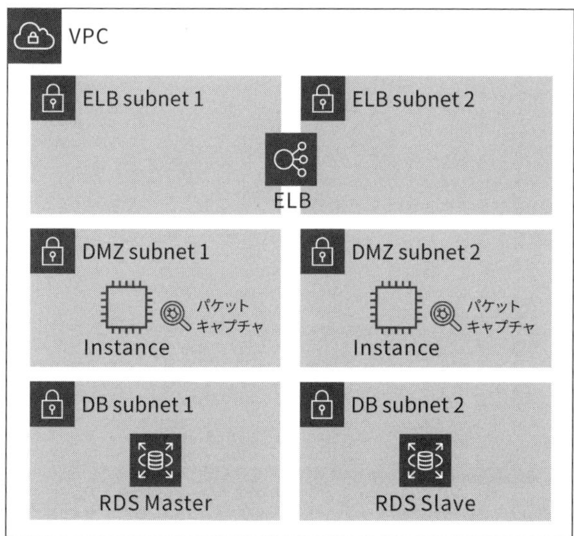

複数のVPC環境があり、各VPC上のEC2にキャプチャツールを導入することが難しい場合は、図のように共用のパケットキャプチャ導入済みのEC2をリバースプロキシ環境として接続することで、各VPCへのネットワークパケットをキャプチャすることが可能です。VPC間の接続はピアリングかTransit Gatewayを使用します。

図6-39　複数VPCにおけるEC2のパケットキャプチャ

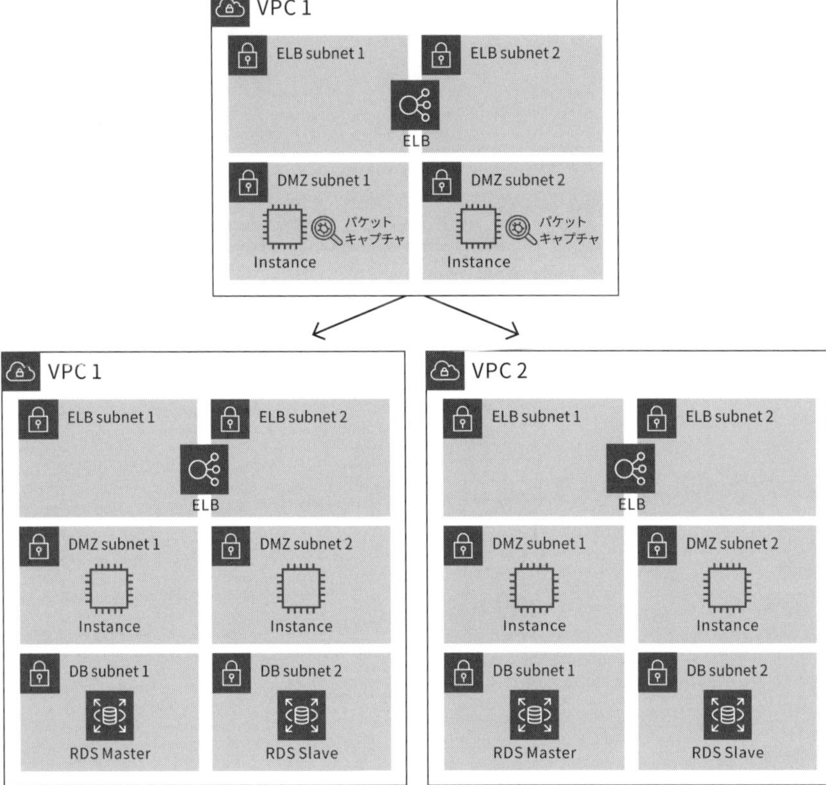

パケットキャプチャだけではなく、EC2内のファイル改ざん検知を行う場合もホスト型のIDSなどを導入する必要があります。

6-11-2 不正なEC2検知時のインシデント対応

複数のEC2で運用を行っている際、ある１台のインスタンスで不正な動きを検知したとします。ウイルスや踏み台にされて他環境へアクセスしているといったことを想定してください。そういった動きを検知した場合、対象のインスタンスをネットワークから切り離す必要がありますが、AWSではネットワークケーブルを切断するといったオンプレミス環境のような切り離し対応ができません。

AWSでこれを実現するには基本的にセキュリティグループを対象インスタンスに設定することで論理的な切り離しを行う必要があります。管理者のみからのアクセス許可を行い、その他インスタンスや外部への通信を拒否します。

Network ACLもアクセス制御の設定が可能ですが、Network ACLはサブネット単位の指定となるため1つのインスタンスのみに設定することができません。

切り離しを行った後は、必要に応じてEBSスナップショットやメモリダンプを取得してデータ調査を行います。

■ 図6-40　不正なEC2検知時のインシデント対応

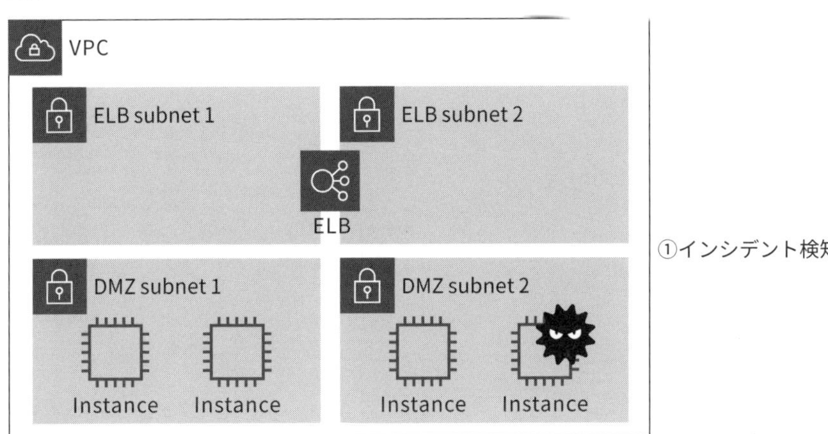

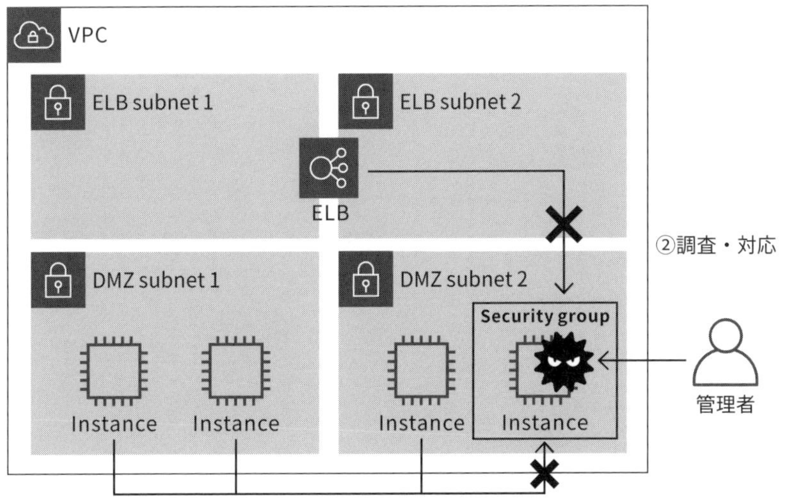

なお、AutoScaling グループに所属している場合は、停止を行おうとすると、EC2インスタンスがターミネート（削除）される可能性があるため、一度AutoScalingグループからデタッチしてからスナップショット取得などの作業を行います。

6-11-3 EC2キーペアのリセット

複数のEC2を管理し、共通のSSHアクセスキーを使用していたとします。このキーを紛失した場合や流出してしまった場合、キーをリセットする必要があります。こういった場合にAWSSupport-ResetAccessというAutoMationドキュメントを使用してキーをリセットすることが可能です。また、1台ずつキーをリセットするには非効率なため、Systems ManagerのRun Commandを使用して全てのEC2インスタンスに同時実行を行います。

図ではEC2が4台となっていますが、この台数が50台などと多くなってくると1台ずつの作業が困難になってきます。

■ 図6-41 EC2キーペアのリセット

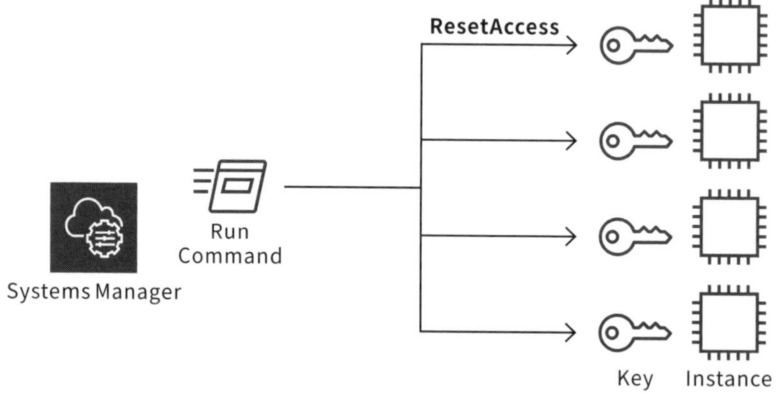

6-11-4 CloudTrailによるイベント検知

CloudTrailの操作履歴は、CloudWatch イベントのイベントソースとして設定できるため、AWS上のさまざまな操作が発生した際に通知を行うことができます。例えば以下のような操作発生時に通知が可能です。

- **海外リージョン（普段使用しないリージョン）でリソースが作成されたとき**
- **IAM アクセスキーが作成されたとき**
- **セキュリティグループが変更されたとき**

イベントソースで例に示した操作内容を設定し、ターゲットにSNSを設定することでメール通知が可能です。

また、ターゲットにLambdaを設定することでリソースの削除や復旧などの処理を自動実行することも可能です。

例えば、IAMのアクセスキーを使用禁止とする場合は、作成を検知してLambdaで削除処理を行うといった設定を行うと良いでしょう。

図6-42 CloudTrailによるイベント検知

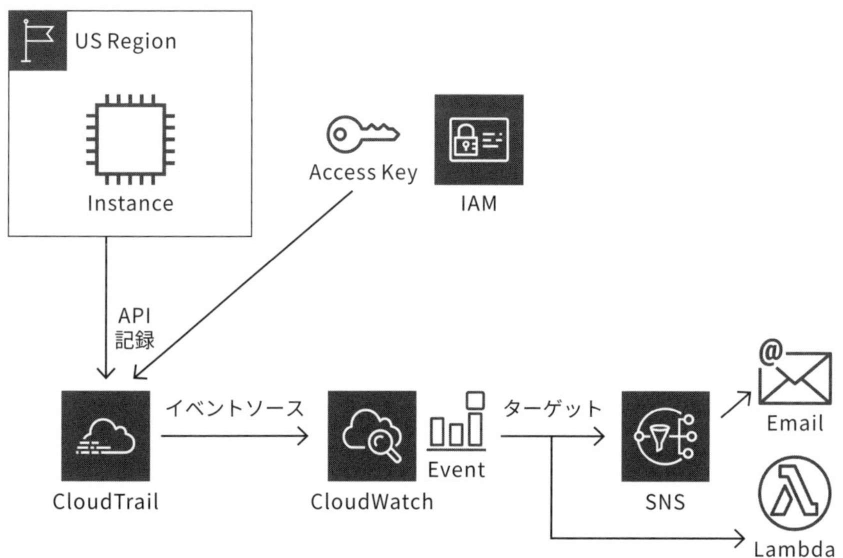

6-12 インシデント対応まとめ

多くの種類のサービスを本章では説明しました。サービス名からはその概要はわからないものも多く、一見似たように見えるサービスもあります。それぞれのサービスに異なった役割があるためその違いを正しく理解することが大切です。

サービス名を聞いて、自分の言葉でサービスの概要を説明できるくらいに理解しておけば試験でも迷うことはないはずです。

インシデントの検知は基本的にメールやPush通知によるリアルタイムな検知を検討する必要があるため、検知方法も紹介したサービスと合わせて学習しましょう。基本はCloudWatchやSNSを使用することになります。

検知後の対応は手動対応もしくは自動対応になりますが、AWSサービスを使用してどういった自動対応ができるのかも理解しておきましょう。

例えば、独自の自動インシデント対応を実装したい場合は基本的にLambdaを使用します。

本章の内容が関連する練習問題

6-1 → 問題1

6-2 → 問題13

6-3 → 問題33、34

6-7 → 問題29

6-11 → 問題4、37

AWS Well-Architected

7-1 AWS Well-Architected

▶▶ 確認問題

1. Well-Architected フレームワークにはAWSアカウントで設定すべき内容の詳細が記載されている

1. ×

ここは▶ 必ずマスター!

Well-Architectedフレームワークの概要

5本の柱をベースに設計の大局的な考え方が記載されており、特にセキュリティの柱が重要です

7-1-1 概要

AWSには「Well-Architected」という考え方があります。その名の通り「良く-設計された」考えが詰まっており、AWSの過去の経験がインプットとなっています。認定試験ではサービスの内容に踏み込んだものが多く、この考え方が直接出題されることはないですが、大局的な考え方や、解答を導き出す際の考え方として重要なため、理解しておくと良いでしょう。

セキュリティの柱についてはセキュリティ認定試験とも大きく関係するため、本書でも解説していきますが、AWSのホワイトペーパーなど公式ドキュメントにも目を通して全体を理解するようにしてください。

AWS上でシステムを設計・構築する際に非常に重要な考え方となるため、認定試験に関わらず、AWSに関わる方であれば知っておくと良いでしょう。

7-1-2 AWS Well-Architected フレームワーク

AWS Well-Architected フレームワークは、AWS使用時のベストプラクティス集であり、AWSのソリューションアーキテクトの経験や、多くの業界での設計・構築の考えが詰めこまれています。以下5つの観点について、大局的な設計の原則と、原則に従っているかどうかの質問という形式で構成されています。

これら5つの観点をAWS Well-Architected フレームワークでは「5本の柱」としています。

「5本の柱」

・運用の優秀性

・セキュリティ

・可用性

・パフォーマンス効率

・コスト最適化

Well-Architected フレームワークの詳細については、AWSが提供する以下の資料に書かれているため、セキュリティ以外の部分は本書では割愛します。

AWS Well-Architected フレームワーク Webサイト

https://wa.aws.amazon.com/index.ja.html

AWS Well-Architected フレームワーク 日本語ホワイトペーパー（PDF）

https://d1.awsstatic.com/whitepapers/ja_JP/architecture/AWS_Well-Architected_Framework.pdf

AWS Well-Architected Tool

AWS Well-Architected Tool はマネジメントコンソールから使用できるサービスで、Web画面上で稼働するシステムを定義し、質問に回答していくことで評価状況を把握することができます。組織内にAWS Well-Architected に詳しいメンバーがいる場合は、入力後にその方にレビューいただくと良いでしょう。

利用料はかかりませんので、使用したことのない方は是非使用してみてください。

■ 図7-1　AWS Well-Architected Tool入力画面

7-1-3 AWS Well-Architectedフレームワーク セキュリティの柱

5本の柱のうちの1つ、セキュリティについて解説していきます。セキュリティの柱では7つの設計原則と5つの定義および定義に関するベストプラクティスが書かれています。

(参考) AWS Well-Architectedフレームワーク Webサイト セキュリティ

https://wa.aws.amazon.com/wat.pillar.security.ja.html

設計原則

AWS Well-Architected フレームワークWebサイトで説明されている内容に補足する形で解説していきます。

・強力なアイデンティティ基盤の実装

(フレームワークWebサイトより)

最小権限の原則を実装し、役割分担を徹底させ、各AWSリソースとの通信において適切な認証を実行します。権限の管理を一元化し、長期的な認証情報への依存を軽減あるいは解消します。

（補足）

AWSにおける権限の一元管理は主にIAMで行います。必要最低限の権限をIAMポリシーという形で設定し、IAMユーザー、グループ、ロールに設定します。不要となった認証情報は削除し、使用する認証情報の期間が短い場合はAWS Security Token Serviceを使用した一時的認証情報の利用なども検討します。

・トレーサビリティの実現
（フレームワークWebサイトより）

ご使用の環境に対して、リアルタイムで監視、アラート、監査のアクションと変更を行うことができます。システムにログとメトリクスを統合し、自動で応答してアクションをとります。

（補足）

トレーサビリティとは日本語で追跡可能性という意味になります。AWSではCloudTrailによる操作履歴の保存、AWS Configによる設定履歴の保存が可能です。また、VPC Flow LogsやELBのアクセスログなど、各サービスレベルでのログ保存も可能です。ログ情報は基本的にS3またはCloudWatch Logsに保存することになります。こういったログ情報からアラート検知を行うCloudWatchや、脅威を検出するGuardDutyといったサービスもあります。

・全レイヤーへのセキュリティの適用
（フレームワークWebサイトより）

外部に接する単一のレイヤーを保護することだけに重点を置くのではなく、深層防御をその他のレイヤーにも適用してセキュリティをコントロールします。すべてのレイヤー（エッジネットワーク、VPC、サブネット、ロードバランサー、すべてのインスタンス、オペレーティングシステム、アプリケーションなど）に適用します。

（補足）

Webアプリケーションを AWS上で構築する場合、CloudFront、ELB、EC2といった構成が考えられます。外部インターネットに直接接するのはCloudFrontのみとなりますが、CloudFrontにWAFをアタッチしたからOKというわけではなく、ELBにも必要に応じてWAFをアタッチ、セキュリティグループは必要な通信のみ許可、アプリケーションをセキュアに実装といった、各レイヤーで考えられる対策は全て行うという考え方です。

・セキュリティのベストプラクティスの自動化
（フレームワークWebサイトより）

自動化されたソフトウェアベースのセキュリティメカニズムにより、スケール機能を改善して、安全に、より速く、より費用対効果の高いスケールが可能になります。バージョン管理されているテンプレートにおいてコードとして定義および管理されるコントロールを実装するなど、セキュアなアーキテクチャを作成します。

（補足）

AWSのセキュリティ設定では、GuardDutyの設定やCloudTrailの証跡有効など、必ず実施しておくべき設定がいくつか存在します。これらの設定作業をアカウント作成やVPC作成の都度手作業で実施した場合、時間もかかりますし、漏れが発生する場合があります。こういった設定内容をコード化して実行することで、設定作業も速くなり、作業漏れも減り、よりセキュアな状態を保つことができます。

・伝送中および保管中のデータの保護
（フレームワークWebサイトより）

データを機密性レベルに分類し、暗号化、トークン分割、アクセスコントロールなどのメカニズムを適宜使用します。

（補足）

データの分類はコンプライアンス要件や組織要件に応じて決定します。例えば、公開データと機密データに分類し、機密データはKMSを使用して暗号化を行い、アクセス可能者も必要最低限とします。公開データについても、S3に格納して耐久性を上げる、改ざん検知の仕組みを導入するといった対応も必要に応じて実施します。

・データに人の手を入れない
（フレームワークWebサイトより）

データに直接アクセスしたりデータを手動で処理したりする必要を減らす、あるいは無くすメカニズムとツールを作成します。これにより、機密性の高いデータを扱う際のデータの損失、変更、ヒューマンエラーのリスクを軽減します。

（補足）

人間はミスをするものです。そのため、重要なデータを人が操作することにより、操作ミスによる削除や変更のリスクが発生します。AWSではデータ暗号化に使用する鍵情報の管理をKMSに任せたり、パスワードなどの重要データをSecrets Managerで行うといった対策が考えられます。データ処理の内容もLambdaなどでコード化しておくことが重要です。

セキュリティイベントへの備え

（フレームワークWebサイトより）

ご所属の組織の要件に合わせたインシデント管理プロセスにより、インシデントに備えます。インシデント対応シミュレーションを実行し、自動化されたツールを使用して、検出、調査、復旧のスピードを上げます。

（補足）

インシデント発生時の管理や対応方法は組織により異なるため、組織のプロセスに合わせてシミュレーションを行うことが大切です。自動化を行い、より速くインシデント対応を行うことでリスクや損失を少なくすることができます。AWSではConfig ルールを使用したルールの準拠チェックおよび自動修復、CloudWatchとSNSを使用したアラート通知やLambdaを使用した自動修復処理が考えられます。

定義

以下５つのベストプラクティスが定義されています。

- **アイデンティティ管理とアクセス管理**
- **発見的統制**
- **インフラストラクチャ保護**
- **データ保護**
- **インシデント対応**

認定セキュリティ試験の試験ガイドに書かれている分野を見ると、文言と順番は多少異なりますが、各ベストプラクティスと同じ分類になっていることがわかります。

- **分野 1: インシデント対応**
- **分野 2: ログと監視　(※発見的統制に対応)**
- **分野 3: インフラストラクチャのセキュリティ**
- **分野 4: ID およびアクセス管理**
- **分野 5: データ保護**

本書もこの分野に沿った章の構成となっています。そのため、各ベストプラクティスの概要や使用するサービスの内容については、本書を読んでいただくことで理解できるようになっています。模擬試験で点数が低かったなど、苦手意識のある分野は是非該当の章を読み直してみてください。

試験ガイドとAWS Well-Architected フレームワークにも大事な考え方が記載されているため、合わせて読むようにしてください。

（参考）AWS認定セキュリティ－専門知識
https://aws.amazon.com/jp/certification/certified-security-specialty/

7-2 AWS Well-Architected まとめ

AWS Well-Architected フレームワークというAWS公式の整備されたドキュメントがあるため、それに補足する形でセキュリティ部分をメインに紹介しました。

パブリッククラウドならではの考え方がまとまっていますので、オンプレミスシステムを中心に設計や構築をされてきた方は、その違いを理解するためにも読んでほしいドキュメントです。考え方と共にその考えをAWSサービスでどう実現するのかも合わせて学習すると良いでしょう。

練習問題

8-1 練習問題

これまで各サービスやアーキテクチャをベースに学習をして来ましたが、試験に合格するためには実際の問題形式で練習することも非常に重要です。練習問題およびその解答、解説を本章にまとめています。解き方のコツを覚えていきましょう。受験前の力試しとして見てもらってもけっこうです。なお実際の問題は、ここで掲載する練習問題より文章が長く、難しく感じるかもしれません。しかし、問われている内容をシンプルに表記すると練習問題のような内容になります。 試験では長く複雑な文章の中から、何を問われているのかを抽出する力も必要となります。

8-1-1 問題の解き方

練習問題に入る前に、解き方のコツをいくつか紹介します。一通り練習問題を解き終わった後に再度見直してもらっても良いと思います。プロフェッショナル、スペシャリティ認定はいくつか癖がありますのでそういったところも合わせて紹介します。

問題文を読んでサービス名が頭に浮かぶように

問題により難しさが異なりますが、簡単な問題ではサービス名とその内容がある程度わかっていれば正解を選べる問題もあります。また、少々難しい問題でも4つの選択肢から2つに絞れる問題も多いです。

例えば、「アプリケーション攻撃を・・」となっていたらAWS WAFを、「EC2やオンプレミスのサーバーを管理して・・」となっていたらSystems Managerが頭に浮かぶる程度にサービスの理解を深めておくと良いでしょう。

サービスの内容を知っておくことで除外する選択肢も選べることができます。例えば、「GuardDutyでDDoS攻撃対策を……」というものや、「Inspectorで個人情報の検知や保護を……」となっているものは即座に除外することができます。

サービス名だけしか知らないと間違えてしまいそうになるため、そのサービスの目的と内容もきちんと理解しておくことが重要です。ちなみに、DDoS攻撃対策はGuardDutyではなくSheildであり、個人情報の検知はInspectorではなくMacieになります。

何を優先すべきか

選択肢の文章が全て技術的には間違っていない問題（どの選択肢も正解になり得る）もいくつか出題されます。その場合は、たいていの場合は問題文に何を優先すべきか記載されていますので、必ず確認するようにしてください。

次のいずれかを優先するよう記載されています。例を合わせて記載しておきますので受験する際は意識するようにしておきましょう。

・利用料金（直接的な金銭コスト）

不正解の例：色々なサービスを追加導入する、EC2を新規で作成する

正解の例：Lambdaなどの実行ベースで実装する、既存のサービスのままオプションのみ変更する

・作業の手間（人の工数コスト）

不正解の例：RDSからDynamoDBに変更する、スクリプトを新規作成する

正解の例：マネージドサービスを使用する、既存のサービスのままオプションのみ変更する

・納期（なるべく早く、XX日間以内になど）

不正解の例：EC2を新規で作成してアプリケーションをインストールする

正解の例：イメージコピーしてそのまま起動して使用する

・品質（障害やサービス影響をゼロにしたいなど）

不正解の例：EC2を全て一旦停止する

正解の例：２環境用意してBlue/Greenデプロイを行う

・実行間隔（リアルタイム（自動化）、1時間ごと、1日ごとなど）

不正解の例：定期的に処理を行う（リアルタイム要件の場合不正解）

正解の例：S3のオブジェクトイベントをトリガーにLambdaを実行する（リアルタイム要件の場合正解）

英語の問題文も合わせて確認する

これは本書の練習問題ではわからない部分ですが、実際の試験文章は、元の英語で記載された文章を翻訳しているため、読みにくく、まれに誤った表現もあります。

問題文や選択肢の文章がわかりにくい場合や、解答が選べない場合は英語に切り替えて確認してみると良いでしょう。日本語で受験申込を行った場合でも、試験画面上でいつでも日本語・英語に切り替えることが可能です。

練習問題

問題1　セキュリティグループを利用して外部からのアクセスを一部のクライアント端末に制限しています。セキュリティグループがパブリック公開状態（0.0.0.0/0に対して許可）になった場合は検知を行い、できる限り早急に修正を行いたいです。もっとも手間がかからずに実現できる方法はどれでしょうか。

A. CloudWatch Eventで定期的にセキュリティグループの状態をチェックするLambda処理を呼び出し、変更があった場合は同Lambdaによって修正処理を行う。

B. Config Rulesでセキュリティグループの変更を検知し、修復アクションで修正を行う。

C. CloudWatchアラームにより検知を行い、検知した管理者が手動でセキュリティグループの修正を行う。

D. CloudTrailのセキュリティグループ変更操作を検知し、Lambda処理により修正を行う。

問題2　Webサービスを公開するためにEC2をパブリックサブネットに配置しています。WEBサーバーのフロントにはELBを設置しています。EC2を外部の通信から保護する（できる限り外部通信をさせない）にはどうしたら良いでしょうか。

A. パブリックサブネットに配置しているEC2をプライベートサブネットに配置しなおす。

B.EC2にセキュリティソフトウェアをインストールして外部攻撃を防御する。

C. セキュリティグループを設定して、必要な通信のみを許可する。

D.ELBにAWS WAFをアタッチして攻撃対策を行う。

問題3　KMSのキーを使ってデータの暗号化を行っています。厳しいセキュリティ要件があるため、このキーを3ヵ月ごとにローテーションを行いたいです。どのように実装するにはどうすれば良いでしょうか。

A. カスタマー管理CMKを作成して自動ローテーション機能を使用する。

B. AWS管理CMKを使用して自動ローテーション機能を有効にする。

C. 3ヵ月ごとにCMKの新規作成および削除を行って手動ローテーションを行う。

D. Cloud HSMを使用して手動ローテーションを行う。

問題4　EC2を利用してWebサイトを公開しています。外部からの攻撃などでEC2上のWebコンテンツファイルに改ざんがあった場合に検知したいです。どう実装すれば良いでしょうか。

A. Inspectorを導入し、定期的にスキャンを実行することによって改ざん検知を行う。

B. GuardDutyのコンテンツ改ざん検知機能を使用する。

C. Macieを使用して改ざん検知を行う。

D. EC2にホスト型IDSを導入して改ざん検知を行う。

問題5 **プライベートサブネット上にあるEC2インスタンスが、インターネット上のソフトウェアをダウンロードするために外部へ通信（アウトバウンド通信）する必要がありますが、外部通信ができずエラーとなってしまいます。どの設定を見直せば良いでしょうか。次の選択肢から2つ選びなさい。**

A. EC2があるVPC上にインターネットゲートウェイが存在し、EC2が配置されているサブネットのルートテーブルにもインターネットゲートウェイが存在することを確認する。

B. EC2があるVPC上にNATゲートウェイが存在し、EC2が配置されているサブネットのルートテーブルにもNATゲートウェイが存在することを確認する。

C. EC2があるサブネットのネットワークACLでアウトバウンド通信が許可されていることを確認する。インバウンド通信の確認は不要。

D. EC2があるサブネットのネットワークACLでアウトバウンドおよびインバウンド通信が許可されていることを確認する。

E. EC2に設定されているセキュリティグループでインバウンド通信が許可されていることを確認する。

問題6 **複数AWSアカウントのCloudTrailログを1つのAWSアカウント上にまとめて保管して管理しようとしています。あるアカウントのCloudTrailログ情報が確認できませんでした。どの設定を見直せば良いでしょうか。次の選択肢から3つ選びなさい。**

A. 各アカウントでCloudTrailの証跡が有効になっていることを確認する。

B. 各アカウントのCloudTrailが他アカウントへの書き込み権限が設定されていることを確認する。

C. 書き込み先AWSアカウントのCloudTrail設定で書き込み許可設定が行われていることを確認する。

D. 書き込み先のS3バケットポリシーで書き込み元アカウントからの許可が設定されていることを確認する。

E. 各アカウントのCloudTrail設定で出力先のS3バケットが正しく設定されていることを確認する。

問題7 **オンプレミス環境とAWS環境を接続したいと考えています。ネットワークのレイテンシー（遅延）はできる限り少なくし、通信の暗号化も行う必要があります。どうAWSサービスを組み合わせて接続を行えば良いでしょうか。**

A. インターネット経由で接続を行い、HTTPSやSSHなどの暗号化されたプロトコルを利用する。

B. Site-to-Site VPNを使用して接続を行う。レイテンシーを少なくするために二重でVPNを接続する。

C. DirectConnectを使用して接続を行う。DirectConnectにより自動的に通信は暗号化される。

D. DirectConnectを使用して接続を行う。DirectConnect上でVPNを実装して通信を暗号化する。

問題8 **WEBシステムをCloudFront、Application Load Balancer（ALB）、EC2を複数台という構成で運用しています。EC2上で稼働しているアプリケーションに対する攻撃を効果的に防御したいと考えています。どういった対策を取るのが一番効果的でしょうか。**

A. EC2上にIDSソフトウェアを導入してアプリケーション攻撃を防御する。

B. ALBに設定するセキュリティグループで必要な通信のみを許可する。

C. AWS WAFのWeb ACLを作成してCloudFront distributionにアタッチする。

D. AWS WAFのWeb ACLを作成してALBにアタッチする。

問題9 **Lambdaを使用してログファイルの分析処理を行いたいと考えており、現在開発を行っている際中です。分析した結果ファイルをS3バケットに格納しようとしているのですが、Lambda実行時にエラーとなってしまいます。どこが原因と考えられるでしょうか。**

A. Lambdaに付与したIAM RoleにS3バケットにオブジェクトを格納する権限がなかったため。

B. S3バケットにデフォルト暗号化が設定されていたため。

C. Lambdaコンソールにログインしているユーザーに権限が不足していたため。

D. 処理するログファイルの容量が大きいため。

問題10 **32日前にアクセスキーが不正利用されたことが判明しました。不正利用された時にどの程度対象のAWSアカウントに影響があったか調査したい場合、どう行えば良いでしょうか。なお、CloudTrailの証跡情報は有効になっていません。**

A. AWS Configを使用して各AWSリソースの設定変更履歴を確認する。

B. CloudTrailの証跡情報が有効になっていないため、不正利用時の操作状況を確認できない。

C. CloudTrailのイベント履歴画面から不正利用時の操作内容を確認する。

D. GuardDutyの結果情報を確認して不正利用情報を確認する。

問題11 **AWS上でアプリケーションを開発しています。ユーザー認証の仕組みを実装しようとしており、外部のSNS（Facebook、Googleなど）のログイン情報を使用したいと考えています。より簡単に実装するためにはどうすれば良いでしょうか。**

A. アプリケーション上で外部ID認証の仕組みを実装する。

B. Amazon Cognitoを使用する。

C. IAMの外部ID認証機能を使用する。

D. AWSが提供する外部ID認証のLambda関数を使用する。

問題12 **VPCのEC2上に独自のDNSサーバーを構築しました。同じVPC内のEC2は、AWSが提供するDNSサーバーを使用しないように設定したいです。どのように設定すれば良いでしょうか。**

A. セキュリティグループを使用して、AWS提供のDNSサーバーへの通信を拒否する。

B. ネットワークACLを使用して、AWS提供のDNSサーバーへの通信を拒否する。

C. VPCのDHCPオプションセットを変更し、DNSサーバーの設定を変更する。

D. サブネットのルーティングで、AWS提供のDNSサーバーへのルーティングをブラックホール設定する。

問題13 **AWS上でEC2を100台ほど管理しています。EC2上でCVE（Common Vulnerabilities and Exposures）の脆弱性を自動検知し、パッチの適用も自動的に行いたいです。管理している台数が多いため、効率的な管理を行いたいのですが、どのように実装すれば良いでしょうか。次の選択肢から2つ選びなさい。**

A. Macieを使用してEC2の脆弱性を検知する。

B. Inspectorを使用してEC2の脆弱性を検知する。

C. CloudWacth EventとLambdaを使用して定期的にパッチ適用作業を実施する。

D. Systems Managerの機能を使用してパッチ適用作業を実施する。

E. パッチ適用管理サーバーを新たに構築し、そこからパッチ適用作業を実施する。

問題14 **EC2上でアプリケーションを構築しています。コンプライアンス要件により、全ての通信を暗号化する必要があります。アプリケーションでは独自の専用プロトコルを使用して通信が行われます。また、利用者数に応じてサーバーのスケールも行う必要があります。どのような構成で構築すれば良いでしょうか。**

A. Application Load Balancerを作成し、リスナーをHTTPSで作成してその後ろにEC2を複数台配置する。
B. Classic Load Balancerを作成し、リスナーをTCPで作成してその後ろにEC2を複数台配置する。
C. Route 53にEC2のIPアドレスを設定し、EC2と直接通信を行う構成とする。
D. 利用者とEC2が格納されるVPCでVPN接続を行い、暗号化されたVPN内で通信を行う。

問題15 **AWSアカウントを複数管理しており、Organizationsの全ての機能を有効にしています。各AWSアカウントのrootアカウントは基本的には使わない方針としているため、rootアカウントの利用をできる限り制限したいと考えています。アカウント数が多いため、可能な限り一元管理で制限をしたいと考えています。どのように対応すれば良いでしょうか。**

A. rootアカウントは全ての操作が可能であり、制限することはできない。
B. 全てのrootアカウントでMFAを有効にし、数名の管理者でMFAトークンの管理を行う。
C. OrganizationsのService Control Policy（SCP）を使用して、rootアカウントの操作を制限する。
D. 各アカウントのIAMポリシーを使用してrootアカウントの操作を制限する。

問題16 **EC2やECS上のコンテナが出力するログを、できる限りリアルタイムで1つの場所でログ分析および可視化したいと考えています。より簡単にこの仕組みを実現するためには、どういった方法を行えばよいでしょうか。次の選択肢から2つ選びなさい。**

A. サーバーやコンテナ上のログをfluentdなどのソフトウェアを使用してKinesis Data Firehoseに送信する。
B. ログ出力転送処理をサーバーとコンテナ上に実装し、S3上にログを送信する。
C. 送信されたログファイルをAmazon OpenSearch Service上で可視化する。
D. 送信されたログファイルをAthena上で可視化する。
E. 送信されたログファイルを外部のログ管理サービスで可視化する。

問題17 AWSアカウントのrootアカウント管理者が異動になり、あなたはその情報を引継ぎ管理することになりました。元の管理者が対象のAWSアカウントにアクセスできないよう、あなたのみがrootアカウントの情報を使用できるようにする必要があります。対応すべき内容を次の選択肢から3つ選びなさい。

A. rootアカウントのログインパスワードを変更する。

B. rootアカウントのアクセスキーの存在有無を確認し、存在する場合は削除する。

C. IAMのパスワードポリシーを再設定する。

D. AWSアカウント名を変更する。

E. rootアカウントのMFAを再設定する。

問題18 複数のAWSアカウントを管理しており、各アカウントのIAMユーザーでログインするには手間がかかるため、踏み台アカウントを用意し、そこから各システムアカウントにスイッチロールする運用を検討しています。各アカウントに設定を行ったところ、一部のシステムアカウントにスイッチロールできませんでした。考えられる原因は何でしょうか。次の選択肢から2つ選びなさい。

A. IAMログイン時のパスワードが間違っている。

B. 踏み台アカウントにログインしたIAMユーザー権限に、sts:AssumeRoleの権限がない。

C. 踏み台アカウントにログインしたIAMユーザー権限に、sts:AssumeRoleの権限はあるが、Resource属性で接続できるアカウントを限定してしまっており一部のアカウントへの権限が不足している。

D. システムアカウント側のIAM Roleに設定した信頼関係の情報が誤っている。

E. ログインした踏み台アカウントのアカウントIDが間違っている。

問題19 オンプレミス上にあるMicrosoft Active Directoryのグループを使用して、ユーザーの管理を行っている。この管理情報を使用してAWSのIAMの操作権限を紐づけたいと考えている。どのようにIAMの情報と紐づけるのが良いか。

A. IAMユーザーを作成していき、Active Directoryの各ユーザーに対応させる。

B. アクセスキーおよびシークレットアクセスキーを作成して、Active Directoryの各ユーザーに対応させる。

C. IAMロールを作成して、Active Directoryのグループに対応させる。

D. IAMグループを作成して、Active Directoryのグループに対応させる。

問題20 **S3 Glacierのアーカイブに対して、数時間前にボールトロックポリシーを設定してボールトロックの開始（Initiate）を行いました。担当者がポリシーの設定ミスに気が付いたため、設定を修正したいです。より簡単に修正するにはどう対応すれば良いでしょうか。**

A. Initiate中のままロックポリシーの変更を行う。

B. ボールトロックを停止（Abort）し、ロックポリシーを修正して再度開始（Initiate）を行う。

C. 開始（Initiate）になったロックポリシーは修正することができない。

D. ボールトのデータをコピーして再度ロックポリシーを設定する。元のデータは削除する。

問題21 **外部のセキュリティ監査人にAWSアカウントのセキュリティ監査を依頼しようとしています。あなたはAWSアカウント内でどのようなサービス、機能が使われているのか詳細を把握していません。監査をできる限り早急に実施したいため、監査人用のIAMユーザーを急いで用意する必要があります。どのように用意するのが良いでしょうか。**

A. AWSアカウント内のサービス利用状況を確認してIAMポリシーをカスタマイズして作成する。

B. セキュリティ監査人用のIAMユーザーがAWSから用意されているため、それを使用する。

C. 職務機能のAWS管理ポリシーを使用する。

D. 各サービスのRead権限を付けたIAMポリシーを作成する。

問題22 **以下のようにKMSのキーポリシーを設定しています。**

```
{
 "Sid": "Allow use of the key",
 "Effect": "Allow",
 "Principal": {"AWS": [
  "arn:aws:iam::111122223333:user/CMKUser",
  "arn:aws:iam::111122223333:role/CMKRole",
  "arn:aws:iam::444455556666:root"
 ]},
 "Action": [
  "kms:Encrypt",
  "kms:Decrypt",
  "kms:ReEncrypt*",
```

```
      "kms:GenerateDataKey*",
      "kms:DescribeKey"
    ],
    "Resource": "*"
  }
```

次の選択肢のうち、正しいのはどれでしょうか。 なお、キーポリシーはアカウント「111122223333」で作成しているものとし、アクセスするIAMユーザーのポリシーでは、KMSのActionは全て許可されているものとします。

A. KMSのキーは他アカウントに許可できないため、Actionに記載した操作がアカウント「111122223333」の全てのIAMユーザーに許可される。

B. KMSのキーは他アカウントに許可できないため、Actionに記載した操作がアカウント「111122223333」のIAMユーザーCMKUserとIAMロールCMKRoleに許可される。

C. KMSのキーは他アカウントに許可できるため、Actionに記載した操作がアカウント「111122223333」のIAMユーザーCMKUserとIAMロールCMKRoleと、「444455556666」の全てのIAMユーザーに許可される。

D. KMSのキーは他アカウントに許可できるため、Actionに記載した操作がアカウント「111122223333」のIAMユーザーCMKUserとIAMロールCMKRoleと、「444455556666」のrootアカウントに許可される。

問題23 あるAWSアカウント内に開発者用IAMユーザーとS3バケットを作成しています。開発者のIAMユーザーにはIAMポリシーでS3バケットへのアクセスを許可しています。また、S3バケットはAWS管理のKMSでデフォルト暗号化の設定がされています。開発者がAWSへログインし、S3のオブジェクトを表示しようとしたところ、エラーとなりアクセスできませんでした。考えられる理由は何でしょうか。

A. KMSのキーポリシーで開発者ユーザーからのアクセスを拒否していたため。

B. 開発者用IAMユーザーにKMSへのアクセス権限がなかったため。

C. S3バケットのバケットポリシーで開発者IAMユーザーに対するAllowがなかったため。

D. S3バケットのバケットポリシーで開発者IAMユーザーに対するDenyが記載されていたため。

問題24 **VPC内にEC2、RDSを使用して社内システムを構築しており、システムへのアクセスは社内の環境からVPN接続で行います。インターネットからのアクセスは許可していません。社内で利用するデータの一部をS3上に格納したいと考えていますが、社内のコンプライアンス要件上、インターネット経由でS3へアクセスしたくありません。どのように対応すれば良いでしょうか。**

A. S3はVPC外にあるため、必ずインターネット経由でアクセスする必要がある。要件には対応できないためS3は利用しない

B. VPCにNAT Gatewayを配置してそれを経由してS3にアクセスする。

C. VPCエンドポイントを配置してそれを経由してS3にアクセスする。

D. VPCとS3でVPN接続を行いS3にアクセスする。

問題25 **HTML、CSS、PDFや画像ファイルを使用したWebサイトをAWS上に構築し、EC2を1台用意してそこにコンテンツを配置しています。EC2にElastic IPを付与してインターネット経由でアクセスできるようにしています。何日か前にDDoS攻撃を受け、Webサイトが一時的に見れなくなってしまいました。こういったDDoS攻撃に効果的に対応するには、どのような構成にすれば良いでしょうか。**

A. EC2を増やせるようAuto Scaling Groupを作成し、そのフロント側にALBを配置する。

B. EC2のインスタンスサイズを大きくする。

C. S3にコンテンツを移動して、スタティックWEBサイトの機能を有効にする。

D. S3にコンテンツを移動して、スタティックWEBサイトの機能を有効にする。その後、CloudFrontディストリビューションをS3のフロント側に配置する。

問題26 **あなたはシステムインテグレータの開発者として、顧客A向けのシステムをAWS上で構築しています。顧客Aから、AWSがISO 27001（情報セキュリティ）の認証があるかを確認してほしいとの連絡を受けました。あなたはAWSの認証状況を確認する必要があります。どのように確認すれば良いでしょうか。**

A. AWSでは監査状況を公開していないため、確認することはできない。

B. AWS Artifactから監査レポートをダウンロードして、顧客Aに報告する。

C. AWSサポートへ連絡して認証状況を確認する。

D. Secuty Hubから認証状況を確認する。

問題27 **あなたは多くの社員が所属する大企業の情報システム部に所属しており、複数の部署でAWSアカウントをそれぞれ開設して使用しています。各部署のAWSアカウント内にあるシステムがアクセスして利用する社内向けのアプリケーションを情報システム部のAWSアカウント上に作成しました。NLB＋EC2という構成で構築しています。このシステムをより安く、よりセキュアに各部署のAWSアカウントから接続されるにはどうすれば良いでしょうか。可能な限りインターネット上で通信を行いたくありません。なお、各アカウントのVPCで利用しているIPアドレス（CIDR）は重複してないものとします。**

A. Private Linkを使用して、情報システム部で開発したアプリケーションへ各部署のAWSアカウントのVPCから接続する。
B. 各部署のAWSアカウントのVPCと情報システム部のAWSアカウントのVPCでVPC Peeringを行い接続する。
C. 情報システム部で開発したアプリケーションをインターネット上に公開し、セキュリティグループで各システムのIPを許可する。
D. 各部署のAWSアカウントのVPCと情報システム部のAWSアカウントのVPCでインターネットVPNで接続を行う。

問題28 **CloudFront、ALB、EC2という構成でWebシステムを構築し、インターネット上に公開しています。あるとき、ある特定のIPアドレスからシステムに悪意あるアクセスがされていることがわかりました。CloudFrontを経由してアクセスしているようで、このIPアドレスからアクセスを拒否したいです。どのように対応するのが一番効果的でしょうか。**

A. EC2が所属するサブネットのネットワークACLを使用して特定のIPアドレスからのアクセスを拒否する。
B. EC2に設定しているセキュリティグループで特定のIPアドレスからのアクセスを拒否する。
C. AWS WAFをCloudFrontにアタッチし、IPアドレスを使用したルールでアクセスを拒否する。
D. CloudFrontの拒否ルールを使用して、特定のIPアドレスからのアクセスを拒否する。

問題29 **S3上にさまざまなデータを格納し、データレイクをAWS上に構築しようとしています。さまざまな場所に情報が格納されるため、クレジットカードやAWSシークレットキーといった重要な情報が格納された場合は検知を行いたいと考えています。より簡単に実装するには、どのように対応するのが良いでしょうか。**

A. S3バケット内の情報を探索するLambda処理を実装して定期的に重要な情報がないかチェックを行う。

B. S3のデフォルト暗号化機能を使用して情報を暗号化する。

C. Amazon Macieを使用して重要情報の検知を行う。

D. データをEC2に移し、EC2上でデータ管理のソフトをインストールして検知を行う。

問題30 **VPC内に構築したEC2からKMSに作成したCMKを使用して暗号化処理を実装しようとしています。VPCとKMS間の通信を完全プライベートなもの（インターネットを通さない）とし、KMSにはVPCのみアクセスできるようにしたいです。どのように実装すればよいでしょうか。次の選択肢から2つ選びなさい。**

A. VPC上にNAT Gatewayを設置して、NAT Gateway経由でKMSにアクセスする。

B. KMSへの通信はデフォルトでプライベートとなるため、追加設定は行わずKMSのAPIを呼び出せばよい。

C. KMS用のVPCエンドポイントを作成し、エンドポイント経由でKMSへアクセスする。

D. EC2のIPアドレスまたはNAT GatewayのIPアドレスをKMSのキーポリシーで許可する。

E. 作成したVPCエンドポイントからのみアクセスを許可するようKMSのキーポリシーを設定する。

問題31 **それぞれ別々のサブネットに配置されたアプリケーションサーバーとデータベースサーバーからなるWebアプリケーションを構築しようとしています。デプロイ後、動作確認をしたところ、アプリケーションサーバーからデータベースサーバーへの通信に問題があることがわかりました。**
どのような観点で設定を確認すれば良いでしょうか。

A. アプリケーションサーバーに割り当てられているセキュリティグループでデータベースサーバーへのアウトバウンドの通信が許可されていること、データベースサーバーに割り当てられているセキュリティグループでアプリケーションサーバーからのインバウンドの通信が許可されていることを確認する。

B. アプリケーションサーバーに割り当てられているセキュリティグループでデータベースサーバーとのインバウンド、アウトバウンド両方の通信が許可されていること、データベースサーバーに割り当てられているセキュリティグループでアプリケーションサーバーとのインバウンド、アウトバウンド両方の通信が許可されていることを確認する。

C. アプリケーションサーバーに割り当てられているセキュリティグループでデータベースサーバーへのアウトバウンドの通信が許可されていること、データベースサーバーに割り当てられているセキュリティグループでアプリケーションサーバーからのインバウンドの通信が許可されていることを確認する。
さらに、アプリケーションサーバーの所属するサブネットに紐付けられたNetwork ACLでデータベースサーバーへのアウトバウンドの通信が許可されていること、データベースサーバーの所属するサブネットに紐付けられたNetwork ACLでアプリケーションサーバーからのインバウンドの通信が許可されていることを確認する。

D. アプリケーションサーバーに割り当てられているセキュリティグループでデータベースサーバーへのアウトバウンドの通信が許可されていること、データベースサーバーに割り当てられているセキュリティグループでアプリケーションサーバーからのインバウンドの通信が許可されていることを確認する。
さらに、アプリケーションサーバーの所属するサブネットに紐付けられたNetwork ACLでデータベースサーバーとのインバウンド、アウトバウンド両方の通信が許可されていること、データベースサーバーの所属するサブネットに紐付けられたNetwork ACLでアプリケーションサーバーとのインバウンド、アウトバウンド両方の通信が許可されていることを確認する。

問題32 **KMSを用いてデータキーによるデータの暗号化/復号を行うアプリケーションがあります。**
アプリケーションの利用頻度が高く、1秒間のKMS APIリクエスト数のクォータによりリクエストが制限されることがしばしば発生しており、アプリケーションの利用に影響が出ています。KMSへのAPIリクエストが制限されることを解消するためにはどのように実装を行うのがよいでしょうか。

A. アプリケーション内の暗号化対象を減らし、KMSへのAPIリクエストを減らす。
B. AWS暗号化SDKのデータキーキャッシュ機能を有効にし、KMSへのAPIリクエストを減らす。
C. KMSへのAPIリクエスト時にランダムな秒数の待ち時間を入れ、特定の時間にAPIリクエストが集中しないようにする。
D. KMSへのAPIリクエスト制限が発生した場合は場合は数秒後にリトライするようにする。

問題33 **IAMユーザーを利用しているユーザーは自由にアクセスキーを作成して利用できる運用としています。セキュリティを考慮し、作成後6ヵ月（180日間）経過したアクセスキーは自動的に無効化するようにしたいと考えています。どのように対応するのが適切でしょうか。**

A. 作成後180日経過したアクセスキーを探して無効化するLambda関数を作成し、CloudWatch Eventから定期的に呼び出す。
B. AWS Configのaccess-keys-rotatedルールで生成から180日経過しても更新されていないアクセスキーを検知した場合、CloudWatch Eventを経由して該当のアクセスキーを無効化するLambdaを呼び出す。
C. IAMポリシーにてアクセスキーの有効期限を180日に設定する。
D. CloudWatchにアクセスキーの生成後の期間が180日を超えた場合のアラームを設定し、該当するアクセスキーを無効化するLambdaを呼び出す。

問題34 **CloudWatchのアラームがトリガされたときにSNSでメール通知を行うように設定しています。 設定後、しばらくはSNSからのメール通知が届いていましたが、ある日を境にアラームがトリガされてもメールが届かなくなりました。原因として考えられるのは次のうち、どれでしょうか。**

A. SNSのメール通知設定の有効期限が切れた。
B. SNSの設定を行ったIAMユーザーが削除された。
C. SNSの設定を行ったIAMユーザーのアクセスキーが削除された。
D. SNSのサブスクリプションが無効化された。

問題35 CloudFront、S3によってHLS形式の動画ストリーミングデータを配信するシステムを構築しました。
専用のアプリケーションによってCloudFrontにアクセスして動画のストリーミングデータを取得します。認証されたユーザーへの限定的なサービスのため、アプリケーションにてユーザー認証を行ったあと、対象のデータへ限定的なアクセスを許可する必要があります。どの方法が最適でしょうか。

A. KMSで送信するデータを暗号化し、データへアクセスする。
B. アプリケーション内にデータへのアクセスURLを暗号化した状態で保持し、データへアクセスする。
C. アプリケーションから署名付きURLを発行し、データへアクセスする。
D. アプリケーションから署名付きCookieを発行し、データへアクセスする。

問題36 KMSのキーマテリアルにユーザーが作成したキーをインポートして使うメリットは何でしょうか。
次の選択肢から**2つ**選びなさい。

A. ユーザーの管理するオンプレミスのシステムでも同じキーを利用できる。
B. 指定の暗号化アルゴリズムで作成されたキーであることが保証される。
C. ユーザーが任意の鍵長を指定できる。
D. KMSにインポートしておくことでCMKの障害時もAWSによってキーが復元される。

問題37 不正アクセスによって侵入された形跡のあるEC2インスタンスが見つかりました。初期対応として該当のEC2インスタンスはシステムから切り離し、ネットワーク上で隔離した状態で動作させています。
法的手段を取ることを考えているため、侵入の証跡を取る必要があります。何をすべきでしょうか。次の選択肢から**3つ**選びなさい。

A. インスタンスは動作させたまま、メモリダンプツールを用いてメモリダンプを取得する。
B. インスタンスを停止して、メモリダンプツールを用いてメモリダンプを取得する。
C. フォレンジックサーバーを用意し、ツールを利用して該当インスタンスのイメージを取得する。
D. AWS Artifactを利用し、該当インスタンスのイメージを取得する。
E. インスタンスを終了し、EBSのスナップショットを取得する。
F. ネットワークログをKinesisへ連携させる。

問題38 **EBSをKMSを利用して暗号化しています。S3にそのEBSのデータを定期的にコピーすることでバックアップしています。また、S3もEBSと同じCMKを用いて暗号化しています。**
オペレーションミスにより、それらの暗号化のためのCMKの削除のスケジュールを設定してしまいました。削除待機期間中に該当のCMKを使用していることに気付けないまま、CMKが削除されてしまいました。
どのように対応するのがよいでしょうか。

A. 削除したCMKは30日以内であれば復旧可能であるため、AWSマネジメントコンソールより復旧作業を行う。
B. AWSサポートへ連絡する。本人確認ができればCMKが復旧される。
C. CMKは復旧できないので、利用中のEBSをデタッチする前にデータを手動でバックアップする。新しいCMK、EBS、S3を作成し、新しく作成したEBSにバックアップしたデータを移して利用中のEBSと入れ替える。
D. CMKは復旧できないので、新しくEBSを作成して利用中のEBSと入れ替える。新しく作成したEBSにS3からデータをコピーする。

問題39 **あるVPC(VPC-A)にActive Directoryサーバーを構築し、稼働させています。現在構築中の新しいVPC(VPC-B)をVPCピアリングでそのVPCと接続し、VPC-Aに所属するActive Directoryサーバーを利用するようにVPC-Bのサーバーを設定しています。**
該当のActive Directoryサーバーを利用するための設定は、Active Directoryサーバーを正常に利用できているVPC-Aに所属するサーバーと同じにしているのですが、VPC-Bのサーバからうまく Active Directoryサーバーが利用できていないようです。どのように対応すればよいでしょうか。

A. VPC-BのVPCのDHCPオプションセットの設定でDNSサーバーにActive Directoryサーバーを指定する。
B. VPC-AとVPC-BのIPアドレス帯を同じ範囲に合わせる。
C. VPCピアリングではなく、Active DirectoryサーバーにEIPを付与してインターネット経由で利用する。
D. Active Directoryサーバーのセキュリティグループのアウトバウンドの通信をTCPのすべてのポートで許可する。

問題40 **複数のAWSアカウントを管理しています。ID情報の一元管理のために、社内のActive Directory（AD）の情報を利用してそれぞれのAWSアカウントのAWSコンソールに入れるようにしたいです。どのようにするのがよいでしょうか。**

A. 各AWSアカウントにAD Connecterを用意して、社内のADを参照してログインできるようにする。

B. 各アカウントにIAMと社内AD間の信頼関係を確立するIAMロールを作成し、ADで認証したユーザーと紐付ける。

C. 一元管理したいAWSアカウントをAWS Organizationsで組織化する。組織内でAWS SSOを作成し、ADの情報を元にログインする。

D. Cognito IDプールを利用する。IDプールとして社内ADを参照する。認証済みのユーザーに対して、AWSを利用するための一時的権限を付与する。

E. 各アカウントにIAMグループを作成し、ADのグループと紐付ける。ADで認証したユーザーにIAMグループの権限を与える。

8-2　解答と解説

問題1 正解　B

「できる限り早急に修正」と「もっとも手間がかからずに実現」という点に注目します。Lambdaは処理を開発する前提になるので手間がかかる可能性があります（A、Dを除外）。また、手動作業など、修正に時間がかかるものは除外することができます（Cを除外）。

A（不正解）この内容でも自動修正処理を実現することが可能ですが、検知および修復処理をLambdaで実装するにはBよりも手間がかかります。

B（正解）この方法が一番簡単です。Configのマネージドルールおよび修復アクションを設定することで実現できます。設定変更をトリガーに修復アクションの実行が可能です。

C（不正解）修復作業が手動作業のため、修復までにタイムラグがある可能性があり手間もかかります。

D（不正解）リアルタイム処理を実現できるのですが、CloudTrailではセキュリティグループを変更したことのみ検知できるので、パブリック公開されたことを検知する機能をLambdaで実装する必要があり手間がかかります。

本書の参考ページ：6-1「AWS Config」

問題2 正解　A

「できる限り外部通信をさせない」選択肢を探します。ELB配下のEC2に外部から通信が一切無くなる選択肢はAのみです。他の選択肢は外部通信が残ってしまう可能性があります。

A（正解）ELBがある場合は配下におくEC2はプライベートサブネットで問題ありません。こうすることで外部からの直接通信を全てなくすことができます。

B（不正解）セキュリティソフトウェアをインストールしても外部通信がなくなる訳ではありません。

C（不正解）一部の通信を保護することはできますが、EC2への直接通信は残ってしまうため、Aのほうがより適切です。

D（不正解）WAFで検知した通信をEC2に届かせないことはできるかもしれませんが、通常のEC2向け通信が残ってしまいます。

本書の参考ページ：3-9「Amazon Virtual Private Cloud」、3-12「セキュリティに関するインフラストラクチャのアーキテクチャ、実例」

問題3 **正解　C**

KMSの自動ローテーションの制約を理解しておく必要があります。カスタマー管理＝1年間、AWS管理＝3年間ということを知っていれば、手動ローテーションが必要なことがわかります。

A（不正解）カスタマー管理 CMKの自動ローテーションは1年間となります。この間隔は変更することができません。

B（不正解）AWS管理 CMKの自動ローテーションは3年間となります。この間隔は変更することができません。

C（正解）1年より短い期間でローテーションを行う場合はこの手法を取ることになります。

D（不正解）短いローテーションを行うためにCloudHSMを使用する必要はありません。詳細はCloudHSMの章をご確認ください。

本書の参考ページ：4-1「AWS Key Management Service（KMS）」

問題4 **正解　D**

選択肢に出てくるサービスの概要を理解しておく必要があります。
Inspector→EC2の脆弱性検知、GuardDuty→AWSアカウント内のセキュリティ検知、Macie→S3上の個人情報検知であり、いずれも改ざん検知用途では使用できません。そのため残ったDを選択することになります。

A（不正解）InspectorはEC2上に存在するソフトウェアの脆弱性を検知するサービスで、コンテンツの改ざんを検知することはできません。

B（不正解）GuardDutyはAWS上で発生する不正やセキュリティイベントなどの脅威を検出するサービスでEC2に対して利用できるサービスではありません。

C（不正解）MacieはS3上にある個人情報やその情報への不正アクセスを検知するサービスです。

D（正解）改ざん検知を行うAWSサービスは現状存在しないため、個別に改ざん検知が可能なIDSなどのソフトウェアを導入する必要があります。

本書の参考ページ：6-11「インシデント対応に関するアーキテクチャ、実例」

問題5 正解　B, D

1点目はパブリックサブネット/プライベートサブネットの違いです。この2つの違いはインターネットゲートウェイの有無です。インターネットゲートウェイがルートテーブルに存在する場合はパブリックサブネットとなるため、Aは除外されます。

2点目はネットワークACL/セキュリティグループの違いです。ネットワークACLはステートレスなため、アウトバンドとインバウンドの許可設定両方を見直す必要があります。

A（不正解）インターネットゲートウェイが存在する＝パブリックサブネットとなります。外部からEC2に直接通信する場合に必要となり、外部通信時は所属するサブネットには必要ありません。

B（正解）プライベートサブネット上のEC2が外部通信を行う場合はNATゲートウェイが必要となります。サブネットのルートテーブルにNATゲートウェイが設定されていることも合わせて確認しましょう。

C（不正解）NACLはステートレスであるため、アウトバウンドだけでなく戻り通信になるインバウンド通信の許可も必要となります。

D（正解）NACLはステートレスであるため、アウトバウンドだけでなく戻り通信になるインバウンド通信の許可も必要となります。

E（不正解）セキュリティグループはステートフルであるため、外部通信を行う場合はインバウンドの許可は必要ありません。

本書の参考ページ：3-9「Amazon Virtual Private Cloud」、3-10「Security Group」

問題6 **正解　A, D, E**

Aに関しては一度CloudTrailを設定したことがあればすぐに選択できるでしょう。証跡を設定したあとの権限は、出力先のS3バケットで制御することになります。CloudTrail側に書き込み権限の設定はありませんので、BとCを除外し、DとEが選択できます。

A（正解）CloudTrailの基本設定です。90日以上情報を保存する場合や他アカウントへ書き込みを行う場合はこの証跡を有効にする必要があります。

B（不正解）CloudTrailには自分自身が書き込みを行うための権限設定は存在しません。

C（不正解）CloudTrailの証跡は基本的にS3バケットに出力するため、CloudTrail側で許可を行う必要はありません。

D（正解）書き込み先のS3バケットポリシーで書き込み元アカウントから書き込みができるよう許可する必要があります。

E（正解）各アカウントで設定する出力先のS3バケットを書き込み先アカウントの正しいS3バケットに設定する必要があります。

本書の参考ページ：5-3「AWS CloudTrail」

問題7 **正解　D**

「ネットワークのレイテンシー（遅延）はできる限り少なく」とあるため、インターネット上で通信を行うAとBは除外できます。CとDに関しては、DirectConnectの通信は暗号化されていないという特性を知っている必要があります。なお、VPN接続をDirectConnect経由で行う場合、DirectConnectはプライベート接続ではなく、パブリック接続で行う必要があります。

A（不正解）インターネット経由の接続の場合はDirectConnectに比べネットワークのレイテンシーが発生します。

B（不正解）VPNを使うことで通信の暗号化はできますが、DirectConnectに比べレイテンシーが発生します。また二重化を行って高速化することはできません。

C（不正解）レイテンシーを少なくするために専用接続を行うDirectConnectを利用するのは正解ですが、DirectConnect内の通信が暗号化される訳ではありません。

D（正解）低レイテンシー＋通信を暗号化したい場合はこの組み合わせを使用します。

本書の参考ページ：3-9「Amazon Virtual Private Cloud」、3-12「セキュリティに関するインフラストラクチャのアーキテクチャ、実例」

問題8 **正解　C**

「アプリケーションに対する攻撃」とありますので、アプリケーション攻撃の防御が可能なWAFが記載されているCとDが候補となります。「効果的に防御したい」という点では、できるだけインターネットに近い部分で攻撃を防御したほうが、システムへの攻撃到達量が少なくなるため効果的です。

CloudFront、ALBがある場合はCloudFrontにWAFをアタッチしたほうがより効果的ということになります。

A（不正解）複数台にインストールするには手間がかかることに加え、最終的に防御するのがEC2となるため効果的とは言えません。また、一般的にIDSはアプリケーション攻撃の防御機能をもちません。

B（不正解）アプリケーションに対する攻撃は防御できません。

C（正解）AWS WAFによりアプリケーション攻撃の対策が可能です。CloudFrontはエッジロケーションと言われる、ALBやEC2が配置されるリージョンよりもアクセス元に近い場所で稼働しています。よりアクセス元に近い箇所で防御を行うことでALBやEC2へ影響をなくすことができるので効果的な対策となります。

D（不正解）この方法でも防御は可能ですが、ALBはCloudFrontより内側になるため、大量に攻撃などが来た場合にはCloudFrontにアタッチしたほうがより効果的に防御することが可能です。

問8：本書の参考ページ：3-1「AWS WAF」

問題9 **正解　A**

Lambdaのエラーの場合はIAM Role、S3側のエラーの場合はバケットポリシーやACLを疑うことになります。バケットポリシーやACLの記載が選択肢にはないため、IAM Roleが記載されているAを選択します。

A（正解）Lambda処理の中で別のAWSサービスにアクセスを行う場合、Lambdaに設定するIAM Roleの権限が不足しているとエラーになります。

B（不正解）バケットが暗号化されているからエラーになることは考えにくいです。

C（不正解）ログインしているIAMユーザーの権限はLambdaの処理に影響しません。

D（不正解）ログの大きさや処理の内容によってはエラーになることもあるかもしれませんが、この問題文からはそこは読み取れないため、Aのほうが適切です。

本書の参考ページ：2-6「IDおよびアクセス管理に関するインフラストラクチャのアーキテクチャ、実例」

問題10 正解　C

CloudTrailの履歴がデフォルトで90日間保存されているという点を知っている必要があります。その点からBは除外できます。Aに関してはリソースベースの情報となるため除外します。Dも一時的な情報として確認できる可能性がありますが、「どの程度影響があったか」確認するためにはCloudTrail（C）が一番有効な手段となります。

A（不正解）Configではアクセスキーをベースに操作履歴を確認することができません。

B（不正解）証跡情報が有効になっていない場合でも、イベント履歴の画面から90日以内の操作情報は確認することが可能です。

C（正解）イベント履歴の画面から90日以内の操作履歴をアクセスキーの情報と共に確認することが可能です。

D（不正解）GuardDutyが不正と判断した情報のみ結果に表示されるため、どのような操作や影響があったのかは確認することができません。

本書の参考ページ：5-3「AWS CloudTrail」

問題11 正解　B

CognitoのIDプロバイダーという機能を知っていればすぐにBを選択できる問題です。他を除外してBを選択するといった解き方は難しいため、知識として知っているかどうかの問題となります。

A（不正解）実装可能ですが、自分で実装するには手間がかかります。

B（正解）CognitoにはソーシャルIDプロバイダーという機能がありそれを利用してSNSのIDを使用した認証機能の実装が可能です。

C（不正解）IAMにはアプリケーション上の認証を実装するような仕組みはありません。基本的にはAWSに対する認証と認可を行うサービスになります。

D（不正解）そのようなLambda関数はありません。

本書の参考ページ：2-4「Amazon Cognito」

問題12 正解　C

DNSの変更はDHCPオプションセットで行うということを知っていればすぐにCを選択することができます。もしくは、AWS提供のDNSについてはセキュリティグループおよびネットワークACLで制御できない（AとBを除外）、ルーティングでブラックホール設定はできない（Dを除外）といった知識があれば消去法でCを選ぶこともできます。

A（不正解）セキュリティグループおよびネットワークACLではAWS提供DNSへの通信を拒否することはできません。

B（不正解）セキュリティグループおよびネットワークACLではAWS提供DNSへの通信を拒否することはできません。

C（正解）VPCのDHCPオプションセットにはDNSという項目があり、これを変更することによりAWS提供のDNS（デフォルト設定）を変更することが可能です。既存のオプションセットは変更できないので、新規作成してVPCに設定するオプションセットを変更します。

D（不正解）サブネットのルーティングでブラックホール設定はできません。

本書の参考ページ：3-9「Amazon Virtual Private Cloud」

問題13 正解　B, D

「多くの台数の効率的な管理」ということで、手間のかかるEは除外できます。Cについては他に有力な選択肢がなければ候補となりますが、Lambda開発の手間があるため除外することになります。Macieが個人情報検知目的があることを知っていればAも除外することができます。残ったBとDが正解です。InspectorとPatch Managerの概要を知っていればすぐに正解を選択できる問題です。

A（不正解）MacieはS3にある個人情報リスクをチェックするサービスでEC2の脆弱性は検知できません。

B（正解）Inspectorを使用してEC2の脆弱性検知が可能です。

C（不正解）パッチ適用処理をLambdaで実装するには手間が大きくかかるため、現実的ではありません

D（正解）Systems ManagerのPatch Managerを使用して、パッチ適用を自動的に行うことが可能です。

E（不正解）C同様、手間が大きくかかるため、現実的ではありません。

本書の参考ページ：5-5「Amazon Inspector」、5-12「ログと監視に関するアーキテクチャ、実例」、6-2「AWS Systems Manager」

問題14 **正解　B**

「サーバーのスケール」ということで、AutoScaleグループをターゲットとして指定できるElastic Load Balancingが選択肢となります（AとB）。次に「全ての通信を暗号化する」、「独自の専用プロトコル」という点について、ALBがHTTP/HTTPSのみ対応で、暗号化の解除がALB上で行われることがわかればBを選択できます。逆にCLBが専用プロトコルで暗号化処理をターゲットに流すことがわかっていてもBを選択できます。

A（不正解）Application Load BalancerはHTTP/HTTPSのみに対応しており、独自プロトコルは使用できません。また、基本的にSSLの紐解き処理（暗号化の解除）はALBで行われます。

B（正解）この構成で、EC2上でSSLの紐解き処理を行うことによって要件を満たすことができます。Network Load Balancerを使用しても同様の構成が可能ですが、選択肢にClassic Load Balancerのみある場合はこちらを選択します。

C（不正解）この構成ではサーバーのスケールが難しいため不適切です。

D（不正解）利用者全員がVPN接続可能な構成とは考えにくいため、不正解となります。

本書の参考ページ：3-6「Elastic Load Balancing」

問題15 **正解　C**

SCPを知らないと難しい問題かもしれません。知らない場合、「可能な限り一元管理」という点がポイントで、BとDのような各アカウントに設定していくという選択肢は除外します。Aに関しては問題文の課題に対して何も解決できていないので、少し怪しいと考えるべきです。

A（不正解）rootアカウントの全ての操作を禁止することは難しいですが、制限することは可能です。以降の選択肢を確認してきましょう。

B（不正解）この内容でもrootアカウントの利用を実質的に制限することは可能ですが、全てのアカウントにMFAを設定する必要があり、設定作業の手間がかかります。手間はかかるものの、可能な限りMFAは有効したほうが良いので認識しておきましょう。

C（正解）SCPを使用して、一箇所の設定でrootアカウントの利用を制限することが可能です。ただし、全ての操作を禁止に出来るわけではないため、詳しくはOrganizationsのドキュメントを確認しましょう。問題文にOrganizationsという文言が出てきているため、そこから容易にこの選択肢を選べたかもしれません。

D（不正解）IAMポリシーでrootアカウントの操作を制限することはできません。

本書の参考ページ：2-5「AWS Organizations」

問題16 正解　A, C

「より簡単に」という点から、処理実装が必要なBとEを除外します。DのAthenaに関してはS3にログがあることが前提となるため、Bが除外されたと同時に除外できます。Aの選択肢でもS3への連携は可能ですがそこまで言及されていません。

リアルタイムという観点でKinesis（A）、ログ分析という観点でOpenSearch（C）を選ぶこともできます。

A（正解）よりリアルタイムにログをAWS上に送信する場合は、Kinesisが有効な選択肢となります。

B（不正解）この内容では実装部分に手間がかかることと、Kinesis＋Amazon OpenSearch Serviceに比べリアルタイム性で劣る可能性が高いです。

C（正解）Kinesis Data FirehoseにはAmazon OpenSearch Serviceに連携する機能がついていますので、より簡単に実装が可能です。

D（不正解）AthenaはS3上のファイルをSQL形式で検索するサービスのため、Kinesisでは使用できません。

E（不正解）外部のログ管理サービスではファイルの連携方法で実装に手間がかかる可能性があります。

本書の参考ページ：5-10「Amazon Kinesis」、5-11「Amazon OpenSearch Service」

問題17 **正解　A, B, E**

選ぶべき選択肢が全選択肢（5個）の半分以上の場合は、除外できる選択肢を選ぶほうが良いでしょう。「rootアカウント」という言葉が入っていないCとDが除外できます。IAM、AWSアカウント名がrootアカウントに影響しないことを知っていれば簡単に答えられる問題でしょう。

A（正解）パスワードはrootアカウントのログインに必要な情報となるので変更する必要があります。

B（正解）アクセスキーを使用して全てのAWS操作が可能になるため、削除する必要があります。必要であれば再作成を行いますが、基本は作成せずにIAMユーザーを作成して、IAMユーザー側で必要な権限を絞ったアクセスキーを作成すると良いでしょう。

C（不正解）IAMユーザーに設定するパスワードポリシー（文字数や使用すべき文字の種類など）のため、rootアカウント変更時は特に対応不要です。

D（不正解）AWSアカウント名はrootアカウントログイン時に使用しないため、特に変更は不要です。

E（正解）MFAはパスワード同様、rootアカウントのログインに必要な情報となるので変更する必要があります。

本書の参考ページ：2-2「AWS IAM」

問題18 正解　C, D

IAMのスイッチロールの仕組みを正しく理解している必要があります。接続元のアカウントでsts:AssumeRole権限および接続先アカウントの許可をResource属性で指定し、接続先アカウントのIAMロール信頼関係で接続元を許可する必要があります。「一部のアカウントがNG」という点もポイントで、全てのスイッチロールが不可になるA、B、Eは除外することができます。

A（不正解）パスワードを入力するのは踏み台アカウントへのログイン時のみですが、一部のアカウントのみスイッチロールできないという状況なので、踏み台アカウントへはログインできている（パスワードが正しい）ということになります。

B（不正解）sts:AssumeRoleの権限が無い場合、一部のアカウントではなく全てのアカウントへスイッチロールができません。

C（正解）Resource属性で接続できるアカウントを記載している場合は、記載が漏れている一部のアカウントでスイッチロールができません。

D（正解）信頼関係には踏み台アカウントのIDを正しく記載する必要があります。一部のアカウントで間違っているとそのアカウントのみスイッチロールできないことになります。

E（不正解）踏み台アカウントが誤っていた場合は全てのアカウントにスイッチロールできないはずです。

本書の参考ページ：2-2「AWS IAM」

問題19 正解　C

ActiveDirectoryのグループはIAMロールとの紐づけという知識が無いと解答が難しかったかもしれません。AWSサービスや他のサービスに権限を与えるのは基本的にIAMロールとなるため、それを覚えておくと良いでしょう。

A（不正解）IAMユーザーを指定してActive Directoryの認証情報を対応させることはできません。

B（不正解）アクセスキーをActive Directoryのユーザーに設定することはできません。

C（正解）Active DirectoryユーザーまたはグループにアクセスICE権を付与するにはIAMロールを使用します。

D（不正解）IAMグループをActive Directoryのグループに対応させることはできません。

本書の参考ページ：2-3「AWS Directory Service」

問題20 **正解　B**

ボールトロックの仕組みを正しく理解していないと解答が難しかったかもしれません。「より簡単に」という点から、Dは除外できると思います。A、B、Cの３つからBを選ぶにはボールトロックの仕組み、制約を理解している必要あります。

A（不正解）Initiateのままロックポリシーの変更はできません。

B（正解）開始（Initiate）後24時間以内であれば、停止（Abort）を行って再度ロックポリシーの設定が可能です。

C（不正解）Bの通り停止（Abort)を行うことで修正可能です。

D（不正解）データのコピーは手間とコストがかかるうえ、ロックされたボールトはポリシー内容によっては削除ができない可能性があります。

本書の参考ページ：4-6「Amazon S3」

問題21 **正解　C**

「早急に」準備する必要があるため、カスタマイズが必要な選択肢であるAとDを除外します。デフォルトでIAMユーザーがいないということがわかればBも除外できます。職務機能のAWS管理ポリシーを知っていればCをすぐに選択できるでしょう。職務機能のポリシーにはセキュリティ監査人や閲覧専用ユーザーといった職務に応じたIAMポリシーが複数存在します。

A（不正解）これでも準備は可能ですが、準備と手間がかかるため問題に記載された「早急に」という目標を達成できません。

B（不正解）IAMユーザーはデフォルトでは存在しません。

C（正解）セキュリティ監査人という職務機能のAWS管理ポリシーがあるためそれを使用します。

D（不正解）各サービスを記載してポリシーを書くのが手間であることに加え、セキュリティ監査という観点では不要なサービスも含まれてしまう可能性があります。

本書の参考ページ：2-2「AWS IAM」

問題22 正解　C

キーポリシーの書き方を知っている必要があります。ポリシーの書き方はIAMと基本的に同様です。KMSのキーを別アカウントに許可できるということを知っている必要があり、それを知っているとCとDに絞ることができます。arn:aws:iam::[アカウントID]:rootという記載があった場合はそのアカウントの全てのIAMユーザー（ロールも）に許可を与えることになります。これを知識として知らないと回答を導き出すのは難しいです。

A（不正解）キーは他アカウントに許可可能です。

B（不正解）キーは他アカウントに許可可能です。

C（正解）arn:aws:iam::[アカウントID]:rootは全てのIAMユーザーを許可することになるため正解です。

D（不正解）arn:aws:iam::[アカウントID]:rootはrootアカウントではなく全てのIAMユーザーが含まれることになります。

本書の参考ページ：4-1「AWS Key Management Service（KMS）」

問題23 正解　D

KMSの記載はひっかけです。AWS管理のキーを使用する場合は、特にIAMユーザーに許可設定は不要です。AWS管理となるためキーポリシーも設定できません。ここからAとBを除外できます。CとDは中々難しいのですが、S3バケットはデフォルト（バケットポリシーなし）でアカウント内のIAMユーザーから許可されるという特性を知っていると、Dを選ぶことができます。なんとなく、AllowよりDenyが怪しいという考えでDを選ぶこともできるかもしれません。試験ではそういった推測で回答を選択していくことも大切です。

A（不正解）AWS管理のキーを使用しているためKMSは関係ありません。

B（不正解）AWS管理のキーを使用しているためKMSは関係ありません。

C（不正解）Allowがなくてもアカウント内はデフォルトで許可されます。

D（正解）明示的なDenyを書くとアカウント内でもアクセスが拒否されるため、これが正解です。

本書の参考ページ：4-6「Amazon S3」

問題24 **正解　C**

VPCエンドポイントを知っていればすぐにCを選択することができます。VPCエンドポイントを知らない場合は、AとBがインターネット経由になってしまうこと、Dの機能が存在しないことを知っていれば除外してCを導くことができます。

A（不正解）VPCエンドポイントを使用して閉域でS3へアクセスできます。こういった問題の要件を実現できない選択肢は不正解となる場合が多いです。

B（不正解）NAT Gatewayを使用した場合はインターネット経由になります。

C（正解）S3と閉域でアクセスする唯一の手段です。

D（不正解）S3にはVPN接続という機能はありません。

本書の参考ページ：4-6「Amazon S3」

問題25 **正解　D**

DDoS攻撃→CloudFront、HTMLなどの静的コンテンツ→S3と頭に浮かぶと良いでしょう。そこからDを選ぶことができます。EC2複数で対応することも可能ですが、コンテンツの複数配置は運用負荷もかかることに加え、S3に比べ高額になります。CloudFrontのエッジロケーションを使用した負荷分散が一番効果的な対策になります。

A（不正解）インスタンスが増えることによりDDoS攻撃を防げる可能性はありますが、負荷に応じてインスタンスをむやみに増やすと高額な利用料になってしまいます。他にもっと良い選択肢が無いか探します。

B（不正解）シングルポイントになるのでAよりさらに効果が薄いです。

C（不正解）静的サイトをS3で実現するというのは効果的ですが、リージョン単体となるためCloudFrontのほうがより効果的です。

D（正解）CloudFrontの全世界中にあるエッジロケーションに処理が分散されるため、DDoS攻撃対策には一番効果的です。費用もEC2に比べ安く済みます。

本書の参考ページ：3-5「Amazon CloudFront」

問題26 正解　B

AWS Artifactを知らないと回答は難しいかもしれません。基本的に構築するシステムではなくAWSの監査状況を確認する場合はまずAWS Artifactに監査レポートがないか確認することになります。

A（不正解）AWS Artifact からレポートダウンロードが可能です。問題の要件を満たさないので怪しい選択肢として除外しても良いでしょう。

B（正解）AWS Artifactのレポートに ISO 27001があるためそれを使用します。

C（不正解）サポートへ連絡するとBのArtifactを使用してださいとの回答になるでしょう。遠回りになるのでBと比べた結果不正解です。

D（不正解）Security HubはAWSアカウント内のセキュリティ情報を集約するサービスであって、監査状況はわかりません。

本書の参考ページ：3-11「AWS Artifact」

問題27 正解　A

「インターネット上で通信を行いたくない」という問題文の記載から、インターネットという文言が含まれるCとDを除外すると良いでしょう。Peering（B）かPrivate Link（A）の2択になりますが、アプリケーションだけなど、限定的な利用の場合はPrivate Linkがよりセキュアになります。PeeringではSGやネットワークACLで許可されると全EC2間でアクセスが可能になるからです。

A（正解）アプリケーションだけなど、特定のポートのみで他アカウントからアクセスする場合はPrivate Linkが一番セキュアな方法となります。

B（不正解）Peeringでも接続は可能ですが、VPC全体でVPC間で接続することになるためAのほうがよりセキュアです。また、Peeringは互いのVPCでルーティングを設定するなど、Private Linkに比べて手間もかかります。

C（不正解）インターネットを経由する時点で不正解となります。

D（不正解）インターネットを経由する時点で不正解となります。VPNで通信は暗号化されますが通信はインターネット上を通ることになります。

本書の参考ページ：4-6「Amazon S3」

問題28 正解 C

AWS WAFという文言が問題文にはないので、問題文からAWS WAFを頭に浮かべるのは難しいかもしれません。「一番効果的」とはどういうことか考えてみると、よりリクエストに近い側（AWSリソースから遠い側）、この構成ではCloudFrontで拒否するほうが良いことがわかります。

その考えとAWS WAFでIPアドレス拒否を設定できることを知っていればCを選択できるでしょう。

A（不正解）これでも拒否は可能ですが、より効果的な方法がないか、ほかの選択肢を探してみます。また、ネットワークACLの場合はサブネット全体で拒否がかかるため、ほかの同サブネットに所属するEC2に影響が出ないか確認する必要があります。

B（不正解）セキュリティグループで設定できるのは許可設定のみで、特定のIPアドレスの拒否設定はできません。

C（正解）CloudFrontでアクセスを拒否できるため、Aより効果的にアクセスを遮断できます。Dos攻撃に対してもこちらが効果的です。

D（不正解）CloudFrontの拒否ルールというものは存在しません。

本書の参考ページ：3-1「AWS WAF」

問題29 正解 C

「より簡単に」という点から、Lambda実装が必要なAと、移行とソフトウェア設定が必要なDは除外して良いでしょう。デフォルト暗号化（B）に関しては、「検知したい」という問題の論点がずれているため不正解です。Amazon Macieの基本機能を知っていれば簡単に正解のCを選べたと思います。

A（不正解）これでも実装は可能ですが、Lambda実装の手間を考えると不正解になります。

B（不正解）暗号化をしても検知できる訳ではありません。また、バケットのデフォルト暗号化を行ってもAWS内では復号された状態でアクセスできるため注意が必要です。

C（正解）S3上にあるクレジットカードやAWSシークレットキーの情報をMacieが検知してくれます。

D（不正解）EC２移行、ソフトウェア設定の手間、費用面で考えても不正解です。

本書の参考ページ：6-7「Amazon Macie」

問題30 正解　C, E

「インターネットを通さない」という問題文の内容からNAT Gatewayを使用するAを除外します。あとはKMSへの通信がインターネット経由になるかどうかという点です。基本的に、VPC内で作成できないサービスについては、インターネット経由でアクセスすることになります。VPC内で作成できないサービスにプライベートでアクセスするにはVPCエンドポイントが鉄則になります。

こういった知識からCのVPCエンドポイントを選択します。Cが選べれば自動的にEにあるエンドポイントからの許可設定を選ぶことができます。

A（不正解）インターネット経由となるため不正解です。

B（不正解）KMSへのアクセスは通常インターネット経由となります。S3と同様です。

C（正解）プライベートにKMSへアクセスするにはVPCエンドポイントを作成する必要があります。

D（不正解）EC2のIPアドレスでも許可設定は可能ですが、VPCから許可したい点、EC2が増えた際やIPが変更になった際の運用を考えるとEが最適です。

E（正解）「aws:SourceVpce」という属性を使用して、作成したエンドポイントからのみ許可することが可能です。

本書の参考ページ：4-6「Amazon S3」

問題31 正解　D

VPCにおける通信許可設定についての問題です。セキュリティグループとNetwork ACLの両方に設定する必要があり、セキュリティグループはステートフル、Network ACLはステートレスで動作することを把握しておく必要があります。

A（不正解）セキュリティグループの確認項目としては正しいのですが、Network ACLの確認項目が抜けています。

B（不正解）セキュリティグループはステートフルで動作するため、通信の往路が許可されていれば復路の通信も自動的に許可されます。また、Aと同様にNetwork ACLの確認項目が抜けています。

C（不正解）セキュリティグループの確認項目としては正しいのですが、Network ACLはステートレスで動作するため、通信の往路、復路が共に許可されている必要があります。

D（正解）セキュリティグループで往路の通信、Network ACLで往路、復路の通信が許可されていることを確認しているので、これが正解です。

本書の参考ページ：3-10「Security Group」

問題32 **正解　B**

KMSを利用するアプリケーションの実装に関する問題です。AWS暗号化SDKの機能を把握していれば即答できる問題ですが、把握していなくとも選択肢のとおりに実装した場合の動作を考えることで消去法から正答を導くことが可能です。

A（不正解）たしかにAPIリクエストの頻度は減りますが、暗号化対象を減らしてしまうとセキュリティレベルが低下します。よってこの選択肢は不適当であると判断できます。

B（正解）データキーキャッシュ機能を有効にすることで、取得したデータキーをキャッシュに保持し再利用することで、キャッシュを保持している間のKMSへのAPIリクエストをなくすことが可能です。

C（不正解）ランダムな待ち時間を入れてもAPIリクエストの総数が減るわけではないので根本的な解決策とは言えません。

D（不正解）リトライを実装することでアプリケーションの処理が失敗する頻度は減らせますが、APIリクエストの総数が減るわけではないので根本的な解決策とは言えません。

本書の参考ページ：4-1「AWS Key Management Service（KMS）」

問題33 **正解　A**

アクセスキーの生成後の経過期間を検知できるサービスはどれか？　ということを問われる問題です。少し引っ掛け要素があり、AWS Configでアクセスキーの生成後の経過期間を検知することはできるのですが、問題における期間がAWS Configでの設定範囲を超えていることがポイントとなります。

A（正解）Lambda関数を作成する必要があり手間が掛かる方法ですが、この問題の条件ではほかに適切な手段がないため、これが正解となります。

B（不正解）AWS Configのaccess-keys-rotatedルールでアクセスキーの生成後の経過期間を検知することは可能ですが、設定できる期間は最大90日です。よって問題の条件では不適切となります。

C（不正解）IAMポリシーには○日間という形で有効期限を設定する機能はありません。Conditionブロックにて具体的な日付を指定し、「○月×日まで有効」とすることは可能ですが、この問題の条件には合致しません。

D（不正解）CloudWatchにアクセスキーの生成後の期間というメトリクスはありません。

本書の参考ページ：6-3「Amazon CloudWatch」

問題34 正解　D

運用においてよく発生するトラブルの一例です。SNSは送信されたメールの本文にサブスクリプションを無効化するためのリンクが含まれており、メールを受け取ったユーザーが誤ってリンクをクリックしてしまい、気付かぬうちにサブスクリプションが無効化されてしまうことがあります。

なお、設定によってこのリンクを無効化することが可能です。

A（不正解）SNSのメール通知設定に有効期限はありません。

B（不正解）設定後にIAMユーザーの有無や権限の変更の影響を受けることはありません。

C（不正解）IAMユーザーのアクセスキーはSNSのメール送信機能に関係ありません。

D（正解）SNSを利用したことがあれば即答できる問題だと思いますが、ほかの選択肢が明らかに間違っているため、消去法でも正答を導けると思います。

本書の参考ページ：6-3「Amazon CloudWatch」

問題35 正解　D

CloudFront配下のプライベートコンテンツへの限定的なアクセスを提供する必要がある場合の対応についての問題です。限定的なアクセスには署名付きURLや署名付きCookieを発行してアクセスに利用します。どちらを利用するかは利用する用途に応じて決定します。今回は複数のファイルとなるHLS形式の動画ストリーミングデータへのとなるアクセスなので個別のファイルを指定することになる署名付きURLではなく、署名付きCookieを用いて対象のファイル群への限定的なアクセスを提供することになります。

A（不正解）KMSの暗号化では限定的なアクセスを実現できません。

B（不正解）通常のURLでは限定的な限定的なアクセスを実現できません。

C（不正解）署名付きURLはHLS形式の動画ストリーミングのような複数ファイルへのアクセスには適しません。

D（正解）複数ファイルへの限定的なアクセスを提供するには署名付きCookieを利用します。

本書の参考ページ：3-5「Amazon CloudFront」

問題36 正解　A, B

KMSのキーインポートの意義を問う問題です。管理方法が複数選択できて同じように利用できる機能はそれぞれの管理方法のメリット/デメリット、制約事項を把握しておきましょう。なお、この問題は制約事項を知っていれば消去法で正答を導くこともできます。

A（正解）AWSが自動生成したキーはエクスポートできないので、オンプレミス環境でも同じキーを利用したい場合はユーザーが作成してインポートする必要があります。

B（正解）ユーザーがキーを作成するので、指定した暗号化アルゴリズムで作成されたことが保証できます。

C（不正解）インポートできるキーは256bitの対称鍵のみとなります。制約事項として知っていれば除外できる選択肢です。

D（不正解）AWSが自動生成したキーは自動復旧されますが、インポートしたキーは自動復旧されません。制約事項として知っていれば除外できる選択肢です。

本書の参考ページ：4-1「AWS Key Management Service（KMS）」

問題37 正解　A, C, F

不正アクセス検知時のフォレンジック調査に関する問題です。何を行えば十分といった決まりがないので、状況に応じて必要な調査内容が変わってきます。そのため、AWSで提供されているサービスでカバーできない内容もあり、AWSのサービスに頼らない場合のオペレーションのための知識が問われます。

フォレンジック調査においては、侵入されたサーバーの状態を保存すること、状況分析のための情報を収集すること、収集したデータを解析することが主な内容となります。これに対応する選択肢を正しく取捨選択することが求められます。

A（正解）揮発性メモリはインスタンス停止の際に消失してしまいます。よって状態保存のためにはインスタンスを停止させずにメモリダンプを行います。

B（不正解）インスタンスを停止するとメモリの情報は消えてしまい、メモリダンプができなくなってしまうので不適です。

C（正解）フォレンジック調査に特化したAWSサービスは存在しないため、現時点では専用のツールを用意して調査するケースが多くなります。侵入されたインスタンスを隔離する場合もフォレンジックサーバーとの通信は許可するように設定しておく必要があります。

D（不正解）AWS Artifactは監査レポートのダウンロードや個別契約確認を行うサービスです。なじみのないサービス名が出たときに引っかからないように、一通りのサービス名と概要は把握しておきましょう。

E（不正解）EBSのスナップショットを取得することは正しいのですが、前述のとおりインスタンスを停止/終了すると揮発性メモリの内容が保存できないため不適となります。

F（正解）不正侵入によって仕掛けられたプログラムなどにより、情報を外部に送信し始めるなどインスタンスの挙動が変わることがあるため、情報収集の1つとしてネットワークログを取得することも必要となります。VPC Flow LogなどをストリームデータとしてKinesisへ送ることでデータ解析を行いやすくすることができます。

本書の参考ページ：5-10「Amazon Kinesis」、6-11「インシデント対応に関するアーキテクチャ、実例」

問題38 **正解　C**

CMKを誤って削除したときの対応に関する問題です。削除待機期間が終了し、削除されてしまったCMKは復旧できないので、その時点で読み取れるデータを早急にバックアップして対応する必要があります。

A（不正解）削除してしまったCMKは復旧できません。

B（不正解）サポートへ問い合わせても削除してしまったCMKは復旧できません。

C（正解）EBSがアタッチされた状態であればEC2インスタンスがメモリ上にデータキーを保持しているため、暗号化されたEBSのデータを取得することが可能です。

D（不正解）CMKが削除された状態では暗号化されたS3のデータを復号することはできません。

本書の参考ページ：4-3「Amazon EBS」

問題39 **正解　A**

VPC環境でActive Directoryサーバーを利用するときに必要な設定に関する問題です。

Active Directory環境のクライアントはドメインコントローラの場所の特定にDNSサーバーを利用します。VPC環境のデフォルトであるAmazonProvidedDNSにはドメインコントローラの場所を特定する機能がないため、Active Directoryサーバーの提供するDNSサーバーを指定する必要があります。

この制約とVPC環境のDNSサーバー指定はDHCPオプションセットを利用するということが把握できていれば即答できる問題ですが、知識がないと難しいかもしれません。

A（正解）VPC環境でActive Directoryサーバー環境を利用する際にはVPCのDHCPオプションセットでDNSサーバーを変更する必要があります。

B（不正解）同じIPアドレス範囲をもつVPC同士はVPCピアリングを設定することができません。

C（不正解）VPC-AのサーバーがActive Directoryサーバーを利用できていること、VPCピアリングによって同一ネットワーク相当の通信経路が確立されているため、通信経路上の問題であるとは考えにくいです。

D（不正解）Active Directoryの利用はクライアントからActive Directoryサーバーへのリクエストによって行われるため、Active Directoryのアウトバウンド通信の問題とは考えにくいです。

本書の参考ページ：3-9「Amazon Virtual Private Cloud」

問題40 正解　C

ADの認証情報を利用してAWSコンソールにログインする方法を問う問題です。IAMロールを利用したスイッチロールと、AWS SSOを使ったログイン方法があります。一見どちらでも良いように思えますが、複数のAWSアカウントにログインできるようにするにはAWS SSOを利用します。

A（不正解）AD ConnectorでAD情報で認証しても、コンソール画面にログインすることはできません。

B（不正解）ADの認証情報を利用してコンソール画面にログインすることは可能です。しかし、ADとAWSアカウントが1対1で紐づくため、複数のAWSアカウントにログインするにはもうひと工夫必要です。

C（正解）複数のAWSアカウントにログインできるようにするにはこのようにAWS SSOを利用します。

D（不正解）CognitoでIAMロールに紐づく一時キーを得ても、コンソール画面にログインすることはできません。またCognito IDプールで直接ADと連携することはできず、間に認証連携のための実装が必要です。

E（不正解）ADのグループとIAMグループを紐付けることはできません。IAMロールとの紐付けになります。

本書の参考ページ：2-5「AWS Organizations」

索引

※2021年9月8日に、Amazon Elasticsearch ServiceからAmazon OpenSearch Serviceにサービス名称が変更となりました。Kibanaもその対象となり、KibanaからOpenSearch Dashboardsに名称が変更となります。本文中は名称変更を施しましたが、索引では意図的に旧サービス名称を残してあります。

数字・アルファベット

あ～な行

は～わ行

要点整理から攻略する

『AWS認定セキュリティ-専門知識』

2020年7月26日　初版第1刷発行
2022年7月29日　初版第6刷発行

著　者：NRIネットコム株式会社、佐々木 拓郎、上野 史瑛、小林 恭平

発行者：滝口 直樹
発行所：株式会社 マイナビ出版
〒101-0003　東京都千代田区一ツ橋2-6-3　一ツ橋ビル2F
TEL：0480-38-6872（注文専用ダイヤル）
TEL：03-3556-2731（販売部）
TEL：03-3556-2736（編集部）
編集部問い合わせ先：pc-books@mynavi.jp
URL：https://book.mynavi.jp

ブックデザイン：深澤 充子（Concent, Inc.）
DTP：富 宗治
担当：畠山 龍次

印刷・製本：シナノ印刷株式会社

ISBN：978-4-8399-7094-9